Marcus Schoßig

Schädigungsmechanismen in faserverstärkten Kunststoffen

VIEWEG+TEUBNER RESEARCH

Marcus Schoßig

Schädigungsmechanismen in faserverstärkten Kunststoffen

Quasistatische und dynamische Untersuchungen

Mit einem Geleitwort von
Prof. Dr. rer. nat. habil. Wolfgang Grellmann

VIEWEG+TEUBNER RESEARCH

Bibliografische Information der Deutschen Nationalbibliothek
Die Deutsche Nationalbibliothek verzeichnet diese Publikation in der
Deutschen Nationalbibliografie; detaillierte bibliografische Daten sind im Internet über
<http://dnb.d-nb.de> abrufbar.

Dissertation Martin-Luther-Universität Halle-Wittenberg, 2010

1. Auflage 2011

Alle Rechte vorbehalten
© Vieweg+Teubner Verlag | Springer Fachmedien Wiesbaden GmbH 2011

Lektorat: Ute Wrasmann | Sabine Schöller

Vieweg+Teubner Verlag ist eine Marke von Springer Fachmedien.
Springer Fachmedien ist Teil der Fachverlagsgruppe Springer Science+Business Media.
www.viewegteubner.de

Das Werk einschließlich aller seiner Teile ist urheberrechtlich geschützt. Jede Verwertung außerhalb der engen Grenzen des Urheberrechtsgesetzes ist ohne Zustimmung des Verlags unzulässig und strafbar. Das gilt insbesondere für Vervielfältigungen, Übersetzungen, Mikroverfilmungen und die Einspeicherung und Verarbeitung in elektronischen Systemen.

Die Wiedergabe von Gebrauchsnamen, Handelsnamen, Warenbezeichnungen usw. in diesem Werk berechtigt auch ohne besondere Kennzeichnung nicht zu der Annahme, dass solche Namen im Sinne der Warenzeichen- und Markenschutz-Gesetzgebung als frei zu betrachten wären und daher von jedermann benutzt werden dürften.

Umschlaggestaltung: KünkelLopka Medienentwicklung, Heidelberg
Gedruckt auf säurefreiem und chlorfrei gebleichtem Papier
Printed in Germany

ISBN 978-3-8348-1483-8

Geleitwort

Auf Grund der Möglichkeiten zur Eigenschaftsoptimierung für verschiedenste Einsatzgebiete besitzen glasfaserverstärkte Verbundwerkstoffe mit Polyolefin-Matrix eine stetig wachsende industrielle Bedeutung, wobei der größte Marktanteil auf faserverstärkte Formteile mit PP-Matrix entfällt. Hohe Zuwachsraten werden auch von PE/GF- und PB-1/GF-Verbunden erwartet, die neue Anwendungsgebiete, wie im Rohrleitungsbau, in der Medizintechnik und im Haushaltsgerätebau erobern werden. Grundvoraussetzung für den gezielten Einsatz sind Kenntnisse über quantitative Morphologie-Eigenschafts-Korrelationen und die festigkeits- und verformungsbestimmten Deformations- und Bruchmechanismen.

Ziel der Arbeit von Herrn Schoßig ist aus werkstoffwissenschaftlicher Sicht eine umfassende Bewertung des mechanischen Eigenschaftsprofils der drei oben angeführten kurzglasfaserverstärkten Polyolefinwerkstoffen unter quasistatischer und dynamischer Beanspruchung als Basis für ein vertieftes Verständnis der komplexen Zusammenhänge zwischen Werkstoffzusammensetzung und auftretenden Schädigungsmechanismen. Neben der Bewertung des Steifigkeits- und Festigkeitsniveau und der Härte wurde die Beurteilung der Zähigkeit mit Hilfe von bruchmechanischen Methoden zur Ermittlung von geometrieunabhängigen Werkstoffkennwerten in den Mittelpunkt gedrückt. Dabei sollte mit Hilfe der Schallemissionsanalyse die Beschreibung der Schädigungskinetik sowohl unter quasistatischer als auch dynamischer Beanspruchung erfolgen. Dabei wird der fortgeschrittene Stand in der Technik, z.B. zu der Frequenzanalyse unter Nutzung der Fourier-Transformation und Wavelet-Transformation genutzt.

Besonders interessant sind z.B. auch die ausgezeichneten Beiträge zum Werkstoffverhalten in Abhängigkeit von der Dehnrate, z.B. zum Bruchverhalten der Werkstoffe im Hochgeschwindigkeitszugversuch oder die Untersuchungen zur Schädigungskinetik. Analoges gilt auch für entsprechende Untersuchungen zum Biegeversuch.

Der aus der Sicht der Werkstoffprüfung und -diagnostik wertvollste Teil der Arbeit beschäftigt sich mit den Ergebnissen zur Bewertung der Schädigungskinetik der faserverstärkten Verbundwerkstoffe durch die simultane Aufzeichnung der Schallemissionen, die unter sorgfältiger Berücksichtigung des Einflusses der experimentellen Bedingungen diskutiert werden. So wurde für die Validierung der akustischen Sensoren eine Prozedur auf der Basis eines unter festgelegten Bestimmungen durchgeführten Bleistiftminenbruches zur Sicherstellung der Funktionsfähigkeit erarbeitet.

Unter Nutzung von *in-situ* Zugversuchen in einem ESEM konnten Korrelationen zwischen den gemessenen Schallemissionen und den auftretenden Mechanismen für alle betrachteten Werkstoffsysteme abgeleitet werden und eine Festlegung von drei charakteristischen Frequenzbereichen aus den mittels Wavelet-Transformation ermittelten Frequenzen der transienten Signale erfolgen.

Die Arbeit macht in der Einheit von Inhalt und Form einen sehr geschlossenen Eindruck. Besonders hervorzuheben ist die Vielfalt der eingesetzten werkstoffphysikalischen Untersuchungsmethoden, die eine komplexe Bewertung des Versagensverhaltens der untersuchten Werkstoffsysteme ermöglichten.

Gleichzeitig werden in der Zusammenfassung Wege für eine weitere vertiefende wissenschaftliche Betrachtung der anspruchsvollen Aufgabenstellung aufgezeigt.

Wolfgang Grellmann
Merseburg und Halle, im Oktober 2010

Danksagung

Die vorliegende Dissertation ist im Ergebnis meiner Tätigkeit in der Arbeitsgruppe „Werkstoffdiagnostik/Werkstoffprüfung" am Zentrum für Ingenieurwissenschaften der Martin-Luther-Universität Halle-Wittenberg entstanden. Mein ganz besonderer Dank gilt meinem Doktorvater Herrn Prof. Dr. rer. nat. habil. Wolfgang Grellmann für seine Vermittlung des Anspruchs an eine wissenschaftliche Arbeitsweise, die interessante Aufgabenstellung, seine stete Unterstützung und die konstruktiven Hinweise und Diskussionen.

Ich möchte mich auch ganz besonders herzlich bei Herrn Dr.-Ing. Christian Bierögel für die wertvolle wissenschaftliche Betreuung meiner Arbeit und seine hilfreichen Anregungen, Ideenansätze und Hinweise bedanken. Ohne seinen steten Zuspruch und die Förderung meiner wissenschaftlichen Entwicklung hätte diese Arbeit nicht in dieser Form entstehen können.

Mein Dank gilt auch Herrn Dr. Thomas Mecklenburg von der LYONDELLBASELL POLYOLEFINE GMBH, FRANKFURT, für die zur Verfügung gestellten Werkstoffsysteme, seine Diskussionsbereitschaft und die wertvollen Hilfestellungen.

Weiterhin gilt mein Dank Herrn Dr. Reinhard Bardenheier, ZWICK GMBH, ULM (ehemals INSTRON LTD, HIGH WYCOMBE, UK), für die Ermöglichung zweier Gastaufenthalte in HIGH WYCOMBE zur Durchführung der Hochgeschwindigkeitszugversuche, seine Unterstützung bei der Realisierung der Experimente und seine konstruktiven Hinweise und Diskussionen.

Ganz herzlich möchte ich mich bei Herrn Dr.-Ing. Armin Zankel und Herrn PD Dr.-Ing. Peter Pölt für den angenehmen Gastaufenthalt am Zentrum für Elektronenmikroskopie in Graz, Österreich bedanken, der wesentlich zum Gelingen dieser Arbeit beigetragen hat. In besonderer Erinnerung wird mir die bis in die Nacht hineinreichende Bereitschaft von Herrn Dr. Armin Zankel zur ausführlichen Diskussion fachlicher und sonstiger Themen bleiben.

Weiterhin gilt mein Dank Herrn Prof. Dr.-Ing. habil. Hans-Joachim Radusch und Herrn PD Dr.-Ing. habil. René Androsch vom Zentrum für Ingenieurwissenschaften der Martin-Luther-Universität Halle Wittenberg, für die Zusammenarbeit und Durchführung der röntgenographischen Untersuchungen, Herrn Dr.-Ing. André Wutzler, Polymer Service GmbH Merseburg, für die DSC-Untersuchungen der Polybuten-1-Werkstoffe, Herrn Prof. Dr. rer. nat. habil. Goerg H. Michler und Frau Cornelia Becker vom Institut für Physik der Martin-Luther-Universität Halle-Wittenberg, für die Anfertigung der REM-Aufnahmen.

Für ihre wertvolle Hilfe bei der Bearbeitung wissenschaftlicher Aufgabenstellungen, ihre Geduld bei teils langwierigen Diskussionen über die Abfassung von Veröffentlichungen gilt mein besonderer Dank Frau Dr.-Ing. Katrin Reincke. Ich möchte außerdem ganz herzlich allen Kollegen der Arbeitsgruppe „Werkstoffdiagnostik/Werkstoffprüfung" dafür danken, dass sie mich bei meiner Arbeit stets unterstützt haben und mir mit Rat und Tat zur Seite standen.

Meinen Eltern und meiner Oma Lisa möchte ich von ganzen Herzen für die Ermöglichung meines Bildungsweges sowie die moralische und sonstige Unterstützung während meines Studiums und meiner Promotionszeit danken.

Inhaltsverzeichnis

Verzeichnis der verwendeten Formelzeichen, Abkürzungen und Kurzzeichen für Kunststoffe xiii

1 Einleitung und Motivation 1

2 Stand der Forschung zur Beschreibung der mechanischen Eigenschaften kurzglasfaserverstärkter Werkstoffe 4

2.1 Einfluss des Faseranteils und der Faserorientierung auf das mechanische Eigenschaftsniveau 4

2.2 Kristallstrukturen und polymorphe Umwandlung von Polybuten-1 10

2.3 Werkstoffverhalten bei hohen Dehnraten 13

2.4 Bewertung der Schädigungskinetik von faserverstärkten Kunststoffen mit Hilfe der Schallemissionsanalyse 20

    2.4.1 Grundlagen der Schallemissionsanalyse 20

    2.4.2 Literaturanalyse zur Beschreibung der Werkstoffeigenschaften von Faserbunden mit Hilfe der Schallemissionsanalyse 22

    2.4.3 Interpretation der unterschiedlichen Frequenzbereiche für den Schädigungsmechanismus „Faserbruch" 29

3 Experimentelle Methoden zur Bestimmung der Eigenschaften unter quasistatischer und dynamischer Beanspruchung 33

3.1 Überblick über die untersuchten Werkstoffe 33

    3.1.1 Bestimmung des Faservolumengehalts und der Faserorientierung 33

    3.1.2 Ermittlung der Glasfaserlängenverteilung 35

3.2 Mechanische und bruchmechanische Grundcharakterisierung 35

    3.2.1 Bewertung der Steifigkeits- und Festigkeitseigenschaften bei quasistatischer Zug- und Biegebeanspruchung 35

    3.2.2 Ermittlung der Härte im Kugeleindruckversuch und mittels registrierender Mikrohärteprüfung 37

    3.2.3 Konventionelle Zähigkeitsbewertung mit Hilfe des Schlag- und Kerbschlagbiegeversuchs 39

    3.2.4 Bruchmechanische Bewertung des Rissinitiierungs- und Rissausbreitungsverhaltens im instrumentierten Kerbschlagbiegeversuch 39

3.3 Ermittlung der Eigenschaften von Polybuten-1 bei medial-thermischer Auslagerung 43

3.4 Bestimmung der Festigkeit im Hochgeschwindigkeitszugversuch 45

3.5 Schallemissionsanalyse unter quasistatischer und dynamischer Belastung 47

    3.5.1 Durchführung der Schallemissionsanalyse, Validierung von akustischen Sensoren und Auswertung der aufgezeichneten Schallemissionen mittels Wavelet-Transformation 47

    3.5.2 Kopplung des Zugversuchs mit der schädigungssensitiven Schallemissionsanalyse 52

    3.5.3 Simultane Aufzeichnung der Belastung und der Schallemissionen in der Biegeanordnung 52

    3.5.4 Kopplung des instrumentierten Kerbschlagbiegeversuchs mit der Schallemissionsanalyse 53

3.6 *In-Situ* Zugversuch mit simultaner Aufzeichnung der Schallemissionen 54

4 Ergebnisse der mechanischen Charakterisierung der kurzglasfaserverstärkten Polyolefinwerkstoffe 58

4.1 Werkstoffcharakterisierende Eigenschaften 58

    4.1.1 Mengenanteil und Glasfaserorientierung 59

    4.1.2 Aussagen über die Glasfaserlängenverteilung 62

4.2 Mechanische Grundcharakterisierung der PP-, PE-HD- und PB-1-Werkstoffe 64

    4.2.1 Einfluss des Glasfasergehalts auf das Steifigkeits- und Festigkeitsniveau der Werkstoffsysteme 64

    4.2.2 Bewertung des Härteniveaus in Abhängigkeit vom Glasfasergehalt ... 66

    4.2.3 Konventionelle Zähigkeitscharakterisierung 67

    4.2.4 Ermittlung der Risszähigkeit mit bruchmechanischen Konzepten als Widerstand gegenüber instabiler Rissausbreitung 69

4.3 Einfluss der medial-thermischen Auslagerung auf die Eigenschaften von Polybuten-1 74

4.4 Werkstoffverhalten in Abhängigkeit von der Dehnrate 79

4.5 Bewertung der Schädigungskinetik unter quasistatischer und dynamischer Beanspruchung 85

4.5.1	Ergebnisse der Validierung der akustischen Sensoren und Einfluss der experimentellen Parameter auf die aufzuzeichnenden Schallemissionen	85
4.5.2	Bewertung der Schädigungskinetik im Zugversuch an gekerbten Prüfkörpern	91
4.5.3	Ermittlung der Biegeeigenschaften gekerbter Prüfkörper mit simultaner Schallemissionsanalyse	99
4.5.4	Charakterisierung der Schädigungskinetik unter schlagartiger Belastung	101
4.6	Korrelation der auftretenden Schädigungsmechanismen mit den Schallemissionsereignissen im quasistatischen *in-situ* Zugversuch	106

5 Zusammenhang zwischen den auftretenden Schädigungsmechanismen und der Schallemissionscharakteristik unter quasistatischer und schlagartiger Beanspruchung 122

6 Zusammenfassung und Ausblick 129

7 Literatur 137

Anhang

Danksagung

Formelzeichen, Abkürzungen und Kurzzeichen xiii

Formelzeichen

a	(mm)	Ausgangsrisslänge; physikalische Risslänge, die vor dem Versuchsbeginn eingestellt wird
a, b, c	(10^{-10} m, Å)	Gitterkonstanten zur Beschreibung der kristallinen Struktur
a_{BS}	(mm)	Bruchspiegel; der auf der Bruchfläche markierte Anteil des stabilen Risswachstums am Rissausbreitungsprozess
a_{cN}	(kJ/m^2)	Charpy-Kerbschlagzähigkeit nach DIN EN ISO 179-1
a_{cU}	(kJ/m^2)	Charpy-Schlagzähigkeit nach DIN EN ISO 179-1
a_{eff}	(mm)	effektive Risslänge beim Einsetzen des instabilen Risswachstums
a/W		Verhältnis von Ausgangsrisslänge zu Prüfkörperbreite
A	(V, dB)	Amplitude
A_m	(dB)	mittlere Amplitude
A_p	(dB)	Peak-Amplitude
A_{pmax}	(dB)	maximaler Peak-Amplitudenwert
A_{el}	(Nmm)	elastischer Anteil der Verformungsenergie A_G des Prüfkörpers
A_G	(Nmm)	Verformungsenergie; ergibt sich aus der Fläche unter dem Kraft-Durchbiegungs-Diagramm bis F_{max}
A_H	(Nmm)	Schlagenergie
$A_p(h)$	(mm^2)	projizierte Kontaktfläche des Eindrucks des Indenters nach DIN EN ISO 14577-1
A_{pl}	(Nmm)	plastischer Anteil der Verformungsenergie A_G des Prüfkörpers
A_R	(Nmm)	Rissverzögerungsenergie
$A_s(h)$	(mm^2)	Kontaktfläche des Eindrucks des Indenters nach DIN EN ISO 14577-1
A_s	(Nmm)	die bis zur Schädigungsinitiierung auftretende Schlagarbeit; ermittelt mit Hilfe der Schallemissionsanalyse
A_{tot}	(Nmm)	Arbeit (Fläche) unter dem Kraft-Durchbiegungs-Diagramm
b	(mm)	Prüfkörperbreite nach DIN EN ISO 179-1
b_1	(mm)	Breite des planparallelen Teils des Prüfkörpers nach DIN EN ISO 527-1
b_2	(mm)	Breite an den Schultern des Prüfkörpers nach DIN EN ISO 527-1
b_N	(mm)	Restbreite des Prüfkörpers im Kerbgrund nach DIN EN ISO 179-1 (Ligamentlänge)
B	(mm)	Prüfkörperdicke
c	(m/s)	Geschwindigkeit der elastischen Spannungswellen
C		Counts (Impuls)
C		Kernbereich der Faserorientierung nach dem 3-Schicht-Modell
C	(mm/N)	Prüfkörpernachgiebigkeit (*Compliance*)
d_F	(μm)	Faserdurchmesser

E	(MPa)	Elastizitätsmodul
E_{AE}	(nVs)	Signalenergie; wird durch Integration des Amplituden-Zeit-Diagramms erhalten
E_c	(MPa)	Elastizitätsmodul eines Verbundwerkstoffes
E_d	(MPa)	Elastizitätsmodul; ermittelt bei der im Experiment gewählten Prüfgeschwindigkeit am ungekerbten Prüfkörper
E_f	(MPa)	Biegemodul nach DIN EN ISO 178
E_F	(MPa)	Elastizitätsmodul der Faser
E_i	(MPa)	Elastizitätsmodul des Indenters
E_{IT}	(MPa)	elastischer Eindringmodul nach DIN EN ISO 14577-1
E_M	(MPa)	Elastizitätsmodul der Matrix
E_t	(MPa)	E-Modul im Zugversuch nach DIN EN ISO 527-1
f	(mm)	Durchbiegung
f_{gy}	(mm)	die bei der Kraft F_{gy} auftretende Durchbiegung
f_{max}	(mm)	die bei der Kraft F_{max} auftretende Durchbiegung
f_s	(mm)	die bei der Schädigungsinitiierung auftretende Durchbiegung; ermittelt mit Hilfe der Schallemissionsanalyse
F	(N)	Kraft; Last
F_{gy}	(N)	Schlagkraft beim Übergang vom elastischen zum elastisch-plastischen Werkstoffverhalten
F_m	(N)	Prüfkraft; welche auf den Indenter wirkt, nach DIN EN ISO 2039-1
F_{max}	(N)	maximale Schlagkraft; die Kraft, bei der ein erheblicher Kraftabfall, verursacht durch einsetzendes instabiles Risswachstum, ohne Zunahme der Durchbiegung, auftritt
F_{max}	(N)	maximal aufgebrachte Prüfkraft
F_s	(N)	die bei der Schädigungsinitiierung auftretende Kraft; ermittelt mit Hilfe der Schallemissionsanalyse
h	(mm)	Prüfkörperdicke nach DIN EN ISO 178, DIN EN ISO 179-1, DIN EN ISO 527-2
h	(mm)	Eindringtiefe bei wirkender Prüfkraft nach DIN EN ISO 14577-1
h_c	(mm)	Tiefe der Kontaktfläche des Indenters bei F_{max} nach DIN EN ISO 14577-1
h_r	(mm)	reduzierte Eindringtiefe nach DIN EN ISO 2039-1
H		Hit (Ereignis)
HB	(N/mm^2)	Kugeldruckhärte nach DIN EN ISO 2039-1
HM	(N/mm^2)	Martenshärte
J_F	(mm^4)	Flächenträgheitsmoment
J_{Ic}	(N/mm)	kritischer J-Wert beim Einsetzen instabiler Rissausbreitung, statische Beanspruchung, geometrieunabhängig

Formelzeichen, Abkürzungen und Kurzzeichen   xv

J_{Id}^{ST}	(N/mm)	kritischer J-Wert beim Einsetzen instabiler Rissausbreitung, dynamische Beanspruchung, geometrieunabhängig, Näherungsverfahren von Sumpter und Turner
J_{Qd}^{ST}	(N/mm)	kritischer J-Wert beim Einsetzen instabiler Rissausbreitung, dynamische Beanspruchung, geometrieabhängig, Näherungsverfahren von Sumpter und Turner
J_{Si}	(N/mm)	J-Wert bei der Schädigungsinitiierung; ermittelt mit Hilfe der Schallemissionsanalyse
k_Z	(%)	Kerbempfindlichkeit, Quotient aus a_{cN} und a_{cU}
K	(MPamm$^{1/2}$)	Spannungsintensitätsfaktor
K_{Ic}	(MPamm$^{1/2}$)	Bruchzähigkeit; kritischer Wert beim Einsetzen instabiler Rissausbreitung bei Rissöffnungsart I, statische Beanspruchung, geometrieunabhängig
K_{Id}	(MPamm$^{1/2}$)	Bruchzähigkeit; kritischer Wert beim Einsetzen instabiler Rissausbreitung bei Rissöffnungsart I, dynamische Beanspruchung, geometrieunabhängig
K_{Qd}	(MPamm$^{1/2}$)	Bruchzähigkeit; kritischer Wert beim Einsetzen instabiler Rissausbreitung, dynamische Beanspruchung, geometrieabhängig
K_{Si}	(MPamm$^{1/2}$)	Spannungsintensitätsfaktor bei der Schädigungsinitiierung; ermittelt mit Hilfe der Schallemissionsanalyse
l	(µm)	Faserlänge
l_c	(µm)	mittlerer Wert der Glasfaserlänge, ermittelt mit Hilfe der Gauß-Funktion
l_{krit}	(µm)	kritische Faserlänge
l_n	(µm)	arithmetischer Mittelwert der Faserlänge l
L	(mm)	Prüfkörperlänge im Zugversuch nach DIN EN ISO 527-1
L	(mm)	Stützweite nach DIN EN ISO 179-1
L_0	(mm)	Ausgangsmesslänge im Zugversuch nach DIN EN ISO 527-1
L_B	(mm)	Prüfkörperverlängerung zum Zeitpunkt des ultimativen Versagens nach DIN EN ISO 527-1
MVR	(cm^3/10min)	Schmelze-Volumenfließrate nach DIN EN ISO 1133
n		Rotationsfaktor
N		Anzahl reflektierter Schwingungen
r_N	(µm)	Radius im Kerbgrund nach DIN EN ISO 179-1
$\dot{Q}$	(W)	Wärmestrom
$R_{p0,2}$		Streckgrenze bei einer Dehnung von 0,2 % nach DIN EN 10002-1
R_m		Zugfestigkeit nach DIN EN 10002-1
s	(mm)	Stützweite
s_c	(mm)	konventionelle Durchbiegung, die dem 1,5fachen der Dicke h des Prüfkörpers im Biegeversuch nach DIN EN ISO 178 entspricht

S		Oberflächenschicht der Faserorientierung nach dem 3-Schicht-Modell
t	(s)	Zeit
t_{ED}	(µs)	Ereignisdauer eines transienten Signals
t_{RT}	(µs)	Anstiegszeit; ist die Zeit, in der nach Überschreiten des Schwellwerts T der Peak-Amplitudenwert A_p erreicht wird
T	(dB)	Schwellwert; beim Überschreiten wird das transiente Signal aufgezeichnet (Triggerschwelle)
T	(°C, K)	Temperatur
T_m	(°C)	Schmelztemperatur
T_{pm}	(°C)	Peak-Temperatur des Schmelzvorganges nach DIN EN ISO 11357-1
T_{pm1HL}	(°C)	Peak-Temperatur des Schmelzvorganges, ermittelt aus dem 1. Heizlauf der DSC-Messung
v_T	(mm/min)	Traversengeschwindigkeit
V_G		Gesamtvergrößerung
V_{GF}	(mm³)	Volumen der Fasern
V_P	(mm³)	Volumen des Polymers
W	(mm)	Prüfkörperbreite
W_c	(J)	korrigierte Arbeit; die Arbeit, die aufgenommen wird, um den Prüfkörper zu brechen nach DIN EN ISO 179-1
W_{elast}	(Nmm)	elastische Rückverformungsarbeit nach DIN EN ISO 14577-1
W_{plast}	(Nmm)	plastischer Anteil an der mechanischen Arbeit nach DIN EN ISO 14577-1
W_{total}	(Nmm)	aufgewendete mechanische Arbeit nach DIN EN ISO 14577-1
Z		Ordnungszahl
β		Proportionalitätsfaktor im Geometriekriterium des LEBM-Konzeptes
δ		Sekundärelektronenausbeute
$δ_{Id}$	(mm)	kritischer δ-Wert beim Einsetzen instabiler Rissausbreitung, dynamische Beanspruchung, geometrieunabhängig
$δ_{Qd}$	(mm)	kritischer δ-Wert beim Einsetzen instabiler Rissausbreitung, dynamische Beanspruchung, geometrieabhängig
$δ_{Si}$	(mm)	δ-Wert bei der Schädigungsinitiierung; ermittelt mit Hilfe der Schallemissionsanalyse
$ΔH_m$	(J/g)	Schmelzenthalpieänderung
$ΔH_m^°$	(J/g)	Schmelzenthalpieänderung eines 100 % kristallinen Materials
ε		Proportionalitätsfaktor im Geometriekriterium des J-Integral-Konzeptes
ε	(%)	Dehnung

ε_B	(%)	normative Bruchdehnung aus dem Zugversuch nach DIN EN ISO 527-1
ε_f	(%)	Biegedehnung nach DIN EN ISO 178
ε_{tB}	(%)	nominelle Bruchdehnung aus dem Zugversuch nach DIN EN ISO 527-1
ε_y	(%)	Streckdehnung im Zugversuch nach DIN EN ISO 527-1
ε_w	(%)	wahre Dehnung, ermittelt unter Kenntnis der Länge über den zeitlichen Verlauf des Zugversuchs
$\dot{\varepsilon}$	(s^{-1})	Dehnrate
η		Rückstreukoeffizient
η_0		Faktor, welcher die Faserorientierung berücksichtigt
η_1		Faktor, welcher die Faserlängenverteilung berücksichtigt
$\eta_{el;\,pl}$		Geometriefunktionen zur Bewertung des elastischen bzw. plastischen Anteils an der Gesamtverformungsarbeit; verwendet in der J-Integral-Auswertemethode nach Sumpter und Turner
η_{IT}	(%)	elastischer Anteil der Eindringarbeit nach DIN EN ISO 14577-1
ν		Poissonzahl (Querkontraktionszahl)
ν_s		Poissonzahl des Prüfkörpers
ν_i		Poissonzahl des Indenters
ξ		Proportionalitätskonstante im Geometriekriterium des C(T)OD-Konzeptes
ϱ	(g/cm³)	Dichte
ϱ_I	(g/cm³)	Dichte der hexagonalen Struktur von Polybuten-1
ϱ_a	(g/cm³)	Dichte der amorphen Phase von Polybuten-1
ϱ_P	(g/cm³)	Dichte des verstärkten Polymers
σ	(MPa)	Spannung
σ_C	(MPa)	Spannung eines Verbundwerkstoffes
σ_d	(MPa)	Streckgrenze; ermittelt im Schlagversuch bei der im Experiment gewählten Prüfgeschwindigkeit am ungekerbten Prüfkörper
σ_f	(MPa)	Biegespannung nach DIN EN ISO 178
σ_{fc}	(MPa)	Biegespannung bei der konventionellen Durchbiegung s_c nach DIN EN ISO 178
σ_{fM}	(MPa)	Biegefestigkeit nach DIN EN ISO 178
σ_{fB}	(MPa)	Zugfestigkeit der Glasfaser
σ_M	(MPa)	Zugfestigkeit nach DIN EN ISO 527-1
σ_w	(MPa)	wahre Spannung, ermittelt unter Kenntnis des Querschnitts über den zeitlichen Verlauf des Zugversuchs
τ	(MPa)	Scher- oder Schubspannung

τ_{int} (MPa) Scherfestigkeit der Grenzfläche Faser/Matrix
φ_V Füllstoff- bzw. Faservolumenanteil
χ (%)   Kristallisationsgrad
Ψ Füll- bzw. Fasermasseanteil

Abkürzungsverzeichnis

C-Glas	Glasfasertyp mit guter chemischer Beständigkeit
CF	Kohlenstofffaser
C(T)OD	*Crack (Tip) Opening Displacement* (Rissöffnungsverschiebung)
DIN	Deutsches Institut für Normung
DMS	Dehnmessstreifen
DSC	*Differential Scanning Calorimetry* (= DDK – Dynamische Differenz Kalorimetrie)
E-Glas	Glasfasertyp mit guten elektrischen Isolationseigenschaften (Elektro-Glas)
EDZ	Ebener Dehnungszustand
EN ISO	Europäische Norm (EN), in die eine internationale Norm (ISO) unverändert übernommen wurde und deren deutsche Fassung den Status einer deutschen Norm erhalten hat (DIN EN ISO)
ESEM	*Environmental Scanning Electron Microscope*
ESZ	Ebener Spannungszustand
FBM	Fließbruchmechanik
FEM	*Finite Element Method*
GF	Glasfaser
HDT	*Heat-Distortion Temperature* (Wärmeformbeständigkeitstemperatur nach DIN EN ISO 75)
HL	Heizlauf
HM-Faser	Kohlenstofffaser mit hoher Steifigkeit (*High Modulus*)
HT-Faser	Kohlenstofffaser mit hoher Festigkeit (*High Tenacity*)
IF	*Interstitial Free*
IKBV	Instrumentierter Kerbschlagbiegeversuch
ISO	International Organization for Standardization
LC	*Low carbon*
LEBM	Linear-Elastische Bruchmechanik
LFD	*Large Field Detector*
LM	Lichtmikroskopie
LVDT	linear variabler Differential-Transformator
M	Matrix
M-Glas	Glasfasertyp mit minimaler Transmittanz für Sonnenlicht (M wegen der Form der Transmissionsfunktion)
MSA	Maleinsäureanhydrid
PE	Primärelektronen
RE	rückgestreute Elektronen
REM	Rasterelektronenmikroskopie
R/S-Glas	hochfester Glasfasertyp (*Résistance, Strength*)
RT	Raumtemperatur
SA	Standardabweichung
SAXS	*Small Angle X-ray Scattering* (Röntgenkleinwinkelstreuung)
SE	Sekundärelektronen

SEA	Schallemissionsanalyse
SHPB	*Split*-HOPKINSON *Pressure Bar*
SSD	*Solid State Detector* (Rückstreuelektronendetektor)
ST	J-Integral Auswertemethode nach Sumpter und Turner
SZH	Stretchzonenhöhe
SZW	Stretchzonenweite
TE	transmittierte Elektronen
UD	unidirektional
V	Verbund
WAXS	*Wide Angle X-ray Scattering* (Röntgenweitwinkelstreuung)

Kurzzeichen für Kunststoffe

ABS	Acrylnitril-Butadien-Styrol
EPDM	Ethylen-Propylen-Dien-Copolymer
PA	Polyamid
PB-1	Polybuten-1
PC	Polycarbonat
PE-HD	Polyethylen, hoher Dichte
PEEK	Polyetheretherketon
PEK	Polyetherketon
PET	Polyethylenterephthalat
PP	Polypropylen

1 Einleitung und Motivation

Die Anforderungen an einen modernen Kunststoff sind vielfältig und stehen häufig miteinander in direkter Verbindung. Der Werkstoff muss neben höchsten mechanischen Ansprüchen auch den Anforderungen an die elektrischen, optischen und akustischen Eigenschaften genügen. Diese Vielfalt wird ergänzt durch technische Erfordernisse an die Verarbeitbarkeit und Recyclingfähigkeit, welche wiederum wirtschaftlichen Zwängen unterliegen.

Um diesen Ansprüchen gerecht zu werden, sind in der Kunststoffprüfung und -diagnostik in den letzten Jahren viele Anstrengungen unternommen worden. Ziel dabei ist es häufig, die physikalischen Eigenschaften des Werkstoffes mit den Ergebnissen morphologischer Untersuchungen in Verbindung zu bringen und so Struktur-Eigenschafts-Beziehungen abzuleiten [1]. Dabei stehen mechanische Eigenschaften wie Festigkeit, Steifigkeit und Zähigkeit besonders im Mittelpunkt des Interesses. Aufgrund der viskoelastischen Eigenschaften von Kunststoffen ist auch die Beschreibung der mechanischen Eigenschaften in Abhängigkeit von der Prüf- bzw. Beanspruchungsgeschwindigkeit mit experimentellen Verfahren und geeigneten Werkstoffmodellen von besonderer anwendungstechnischer Bedeutung. Zunehmend werden von der Industrie Kennwerte gefordert, die das Werkstoffverhalten sowohl unter quasistatischer, dynamischer und hochdynamischer Beanspruchung beschreiben. Es sei hier als Beispiel die Notwendigkeit derartiger Kennwerte für die Crashsimulation mittels FEM (*Finite-Elemente-Methode*) genannt.

Für die Anwendung von Kunststoffen ist eine stetiger Aufwärtstrend zu beobachten. Jedoch ist bezüglich der Erweiterung der Einsatzgebiete von Kunststoffen, die mit dem maßgeschneiderten Einstellen aller relevanten Eigenschaften einhergeht, eine zuverlässige und reproduzierbare quantitative Charakterisierung der Eigenschaften von besonderer Bedeutung. Aufgrund der vielfältigen Einsatzmöglichkeiten von glasfaserverstärkten Verbundwerkstoffen mit Polyolefin-Matrix besitzt diese Werkstoffgruppe eine wachsende industrielle Bedeutung, wobei das größte Marktvolumen auf den Bereich der Automobilindustrie entfällt. Im Hinblick auf Kostenersparnis und Gewichtsreduzierung haben im Spritzguss verarbeitete kurzfaserverstärkte Formteile auf der Basis von Polypropylen eine große praktische Bedeutung erlangt [2]. Neuere Trends gehen dahin, auch Polyethylen und Polybuten-1 mit Glasfasern zu verstärken und somit weitere technische Anwendungsgebiete wie z.B. im Rohrleitungsbau, in der Medizintechnik und im Weißgerätebau zu erschließen [3, 4]. Besonders neuartigen PB-1-Werkstoffen wird dabei aufgrund ihrer sehr geringen Kriechneigung im Vergleich zu PP- oder PE-HD-Werkstoffen ein großes Potential zugeschrieben.

Eine Grundvoraussetzung für die gezielte Weiterentwicklung von kurzfaserverstärkten Verbundwerkstoffen ist die Kenntnis der festigkeits- und verformungsbestimmten Deformations- und Bruchmechanismen. Entscheidend für die Verbundeigenschaften sind aus werkstoffseitiger Sicht die folgenden Aspekte:

- Einfluss der Matrixeigenschaften (z.B. Molekulargewicht, Kristallinitätsgrad),
- Einfluss der Fasern (z.B. Anteil, Orientierung, Verteilung und Geometrie) und
- Wirkung von Modifikatoren (z.B. Stabilisatoren, Schlagzähigkeitsmodifikatoren, und Faser-Matrix-Haftvermittler).

Zur Optimierung dieser komplexen Einflussgrößen steht eine Palette von Zusatzstoffen zur Verfügung, für die ein exaktes Wissen über die Beeinflussung der Wechselwirkung zwischen Matrix und Faser fehlt. Hieraus leitet sich unmittelbar die Notwendigkeit ab, glasfaserverstärkte Verbundwerkstoffe unter dem Aspekt der vollständigen Ausnutzung der Werkstoffeigenschaften hinsichtlich ihrer Anwendungsgrenzen mit modernen diagnostischen Methoden zu bewerten, die eine erhöhte Werkstoffinformation gegenüber konventionellen Prüfverfahren liefern. Weiterhin spielt gerade für die Anwendung kurzglasfaserverstärkter

Polyolefinwerkstoffe z.B. im Weißgeräte- oder Automobilbau die Kenntnis der Veränderung der mechanischen Eigenschaften, insbesondere der Zähigkeit, durch eine thermische bzw. thermisch-mediale Beanspruchung eine wichtige Rolle [5]. Um diesbezüglich zuverlässige Aussagen treffen zu können, ist die sorgfältige Auswahl kunststoffdiagnostischer Methoden nötig. Durch eine Kombination mechanischer bzw. bruchmechanischer mit zerstörungsfreien Prüfmethoden ist es möglich, ein vertieftes Verständnis des Werkstoffverhaltens zu erreichen. So kann beispielsweise die Veränderung der Grenzfläche zwischen Faser und Matrix, die zu einer Variation der Schädigungsmechanismen bei mechanischer Beanspruchung führen kann, durch eine Kopplung des Zugversuches mit der Schallemissionsanalyse als eine hybride Methode der Kunststoffdiagnostik indirekt nachgewiesen werden. Die Schallemissionsanalyse als quasizerstörungsfreie Prüfmethode ermöglicht prinzipiell die Bewertung der Schädigungskinetik faserverstärkter Kunststoffe. Darüber hinaus ist es mit Hilfe der Frequenzanalyse der aufgezeichneten Schallemissionen möglich, die auftretenden Schädigungsmechanismen mit charakteristischen Frequenzbereichen zu korrelieren [6–9]. Voraussetzung für eine zuverlässige Anwendung dieser Verfahren ist eine vorherige an Modellwerkstoffen oder mit *in-situ* Prüfmethoden durchgeführte Validierung. Bei der Schallemissionsanalyse wird der Umstand ausgenutzt, dass die durch die plötzliche Freisetzung von im Werkstoff gespeicherter elastischer Energie generierten Schallemissionen in einen direkten Bezug zu den zugrundeliegenden Ursachen stehen und damit eine Zuordnung zu den Schädigungsmechanismen möglich ist.

Ein Ziel der vorliegenden Arbeit war die umfassende Bewertung des mechanischen Eigenschaftsprofils von kurzglasfaserverstärkten Polyolefinwerkstoffen unter quasistatischer und dynamischer Beanspruchung als Basis für ein vertieftes Verständnis der komplexen Zusammenhänge zwischen Werkstoffzusammensetzung und auftretenden Schädigungsmechanismen. Dabei sollte die Bewertung der Steifigkeits- und Festigkeitseigenschaften, der Härte sowie der Zähigkeit mit Hilfe von bruchmechanischen Methoden zur Ermittlung von geometrieunabhängigen Werkstoffkennwerten im Mittelpunkt stehen. Als Werkstoffsysteme für die Untersuchungen wurden kurzglasfaserverstärkte Polyolefine mit einer Polypropylen (PP)-, Polyethylen hoher Dichte (PE-HD)- und Polybuten-1 (PB-1)-Matrix mit einer breiten Variation des Glasfaservolumenanteils ausgewählt. Aufgrund des hohen Entwicklungspotentials von PB-1 sollte für diesen Werkstoff darüber hinaus der Einfluss einer medial-thermischen Beanspruchung auf die Werkstoffeigenschaften, insbesondere die Zähigkeit untersucht werden. Dazu wurde eine Auslagerung in Luft und Wasser bei erhöhten Temperaturen sowie die anschließende experimentelle Bewertung der Eigenschaftsänderungen realisiert.
Mit der Anwendung des Hochgeschwindigkeitszugversuches sollte die Charakterisierung der Festigkeitseigenschaften der kurzglasfaserverstärkten Polyolefine in einem weiten Dehnratenbereich auch in Abhängigkeit vom Glasfaseranteil ermöglicht werden. Weiterhin sollte auf der Basis der experimentellen Ergebnisse die Anwendung phänomenologischer Modelle zur quantitativen Beschreibung des dehnratenabhängigen Werkstoffverhaltens überprüft werden.
Eine weitere Zielstellung der vorliegenden Arbeit bestand in der Aufstellung von Struktur-Eigenschafts-Korrelationen auf der Basis morphologischer Untersuchungen und der Anwendung hybrider Methoden der Werkstoffdiagnostik. Mit Hilfe der Schallemissionsanalyse sollte die Beschreibung der Schädigungskinetik sowohl unter quasistatischer als auch dynamischer Beanspruchung erfolgen. Die Aufzeichnung der Schallemissionen in einem Kunststoffprüfkörper, der z.B. mittels instrumentiertem Kerbschlagbiegeversuch schlagartig beansprucht wird, stellt eine Erweiterung der bestehenden experimentellen Basis dar. In der Literatur wurden bisher nur Ergebnisse für metallische Werkstoffe [10–12] beschrieben. Der

Gewährleistung von reproduzierbaren Schallemissionsmessungen kommt eine besondere Bedeutung zu, da die Interpretation der Ergebnisse im hohen Maße durch die gewählten Beanspruchungsparameter beeinflusst wird. Durch umfangreiche systematische, experimentelle Untersuchungen galt es deshalb zunächst, sicherzustellen, dass eine reproduzierbare Datenaufzeichnung möglich ist, die die Grundlage für eine zuverlässige, vergleichende Auswertung und eine werkstoffwissenschaftliche Interpretation der Ergebnisse darstellt.

Neben der Bewertung der Schädigungskinetik ist die Zuordnung von Schallemissionsereignissen zu konkreten Schädigungsmechanismen von großem technischem Interesse. Zu diesem Zweck sollten quasistatische *in-situ* Zugversuche an gekerbten Prüfkörpern in einem atmosphärischen Rasterelektronenmikroskop (*Environmental Scanning Electron Microscope*, ESEM) durchgeführt werden. Aufgrund der Funktionsweise ist ein ESEM für die Realisierung von *in-situ* Versuchen an elektrisch nichtleitenden Werkstoffen [13, 14] geeignet. Die zusätzliche Einbeziehung der Schallemissionsanalyse sollte eine morphologische Bewertung der an der Rissspitze ablaufenden Schädigungsmechanismen erlauben. Diese Kopplung dreier Methoden der Kunststoffprüfung und -diagnostik stellt eine neuartige Entwicklung dar, und die Anwendung dieses Verfahrens sollte zur Aufklärung des Zusammenhanges zwischen akustischen Ereignissen und Schädigungsmechanismen in kurzglasfaserverstärkten Kunststoffen beitragen.

Eine Herausforderung der Arbeit bestand weiterführend darin, die unter quasistatischer Beanspruchung erzielten Erkenntnisse auf die Ergebnisse schlagartiger Untersuchungen zu übertragen. Somit sollte es möglich sein, durch Kopplung des instrumentierten Kerbschlagbiegeversuches mit der Schallemissionsanalyse eine Bewertung der Schädigungsinitiierung mit Hilfe bruchmechanischer Kenngrößen vorzunehmen. Die vorliegende Arbeit sollte demzufolge einen wesentlichen Beitrag zur Charakterisierung der Schädigungskinetik und -mechanismen in kurzglasfaserverstärkten Kunststoffen liefern und somit die Basis für die Überführung dieser experimentellen Methoden in die bestehende Prüfpraxis schaffen.

2 Stand der Forschung zur Beschreibung der mechanischen Eigenschaften kurzglasfaserverstärkter Werkstoffe

Eine umfassende werkstoffphysikalische Beschreibung des Eigenschaftsniveaus von verstärkten Polymerverbunden durch geeignete Kenngrößen ist aufgrund der Anforderungen an die Sicherheit und Funktionsauslegung von Bauteilen sowie im Bereich der Werkstoffforschung und -entwicklung unabdingbar. Eine Bewertung des Werkstoffverhaltens unter Nutzung des kompletten Leistungspotentials ist nur mit geeigneten Prüfmethoden möglich [1, 2]. Aus den in den letzten Jahren durchgeführten Untersuchungen konnte gezeigt werden, dass mit Hilfe bruchmechanischer Prüfmethoden die Bewertung der Zähigkeit besonders empfindlich auf mikrostrukturelle Größen, wie Faserdurchmesser, Durchmesser/Längen-Verhältnis (*aspect ratio*) oder unterschiedliche Haftungsverhältnisse reagiert [15–17]. Es ist damit möglich, die bei der Belastung auftretenden Spannungs- und Deformationsüberhöhungen an den Verstärkungsstoffen zu bewerten und die an den Grenzflächen Matrix/Faser ablaufenden mikromechanischen Wechselwirkungen zu berücksichtigen. Ebenso stellen Schädigungen wie die Hohlraumbildung in der Größenordnung der vorliegenden Struktureinheiten eine Kerbwirkung dar, was zum Bruch des Werkstoffs bei einer für den Matrixwerkstoff unkritischen Spannung führen kann. Ausgehend von diesem Sachverhalt leitet sich die Notwendigkeit ab, die Werkstoffe hinsichtlich ihres Widerstandes gegenüber Risseinleitung und -ausbreitung zu untersuchen. Die vorliegenden Ergebnisse zur bruchmechanischen Werkstoffprüfung von Faserverbundwerkstoffen weisen darauf hin, dass entscheidende Fortschritte auf dem Gebiet der Kunststoffentwicklung nur durch eine mehrparametrige Beschreibung des Risswiderstandsverhaltens zu erwarten sind. Vorangegangene Untersuchungen zeigten, dass sich Änderungen in der Morphologie wesentlich stärker auf das Rissausbreitungsverhalten und damit verbunden auf das Energiedissipationsvermögen auswirken, als auf das Rissinitiierungsverhalten [18].

2.1 Einfluss des Faseranteils und der Faserorientierung auf das mechanische Eigenschaftsniveau

Unter einem faserverstärkten Kunststoff wird ein Kunststoff mit deutlich höherer Festigkeit gegenüber dem unverstärkten Homopolymer verstanden, wobei hochfeste Fasern in die Polymermatrix eingearbeitet werden. Glasfasern werden zur Verbesserung der Festigkeit und Zähigkeit eingesetzt, und die Verstärkungswirkung hängt wesentlich von den Haftungsverhältnissen, dem Faseranteil und Längen/Durchmesser-Verhältnis (*aspect ratio*) sowie der Faserorientierung in Bezug auf die Rissausbreitungsrichtung ab [19]. Die für Thermoplaste üblichen Verarbeitungstechnologien können bei der Verwendung von Kurzglasfasern beibehalten werden. Unter Kurzglasfasern werden Fasern mit einer maximalen Faserlänge von 1000 µm [20] (5000 µm [21]) verstanden. Glasfasern werden hinsichtlich ihrer Festigkeit in verschiedene Klassen eingeteilt (Tabelle 2.1), wobei das Elektro-Glas (E-Glas) das beste Preis-Leistungs-Verhältnis besitzt und damit der am häufigsten eingesetzte Typ ist [22]. Das E-Glas wird aus reinen Quarzschmelzen mit Zusätzen aus Kalkstein, Kaolin und Borsäure hergestellt und enthält außerdem Anteile verschiedener Metalloxide. Die unterschiedliche Zusammensetzung bestimmt die Eigenschaften der Gläser, so dass auch höher feste Glasqualitäten entsprechend dem Anforderungsprofil realisiert werden können (siehe Tabelle 2.1). Die Glasfasern werden zur Verbesserung der Eigenschaften im Ziehprozess mit einem Schlichtesystem versehen, um sowohl die Verarbeitbarkeit als auch die Haftung in der polymeren Matrix zu verbessern.

Theorie

Tabelle 2.1: Physikalische Eigenschaften von Glasfasern und Kohlenstofffasern (C-Fasern) [20, 21, 23–26]; E-Glas (Elektro-Glas), R/S-Glas (hochfester Glasfasertyp), M-Glas (Glasfasertyp mit minimaler Transmittanz für Sonnenlicht, C-Glas (Glasfasertyp mit guter chemischer Beständigkeit), HT-Faser (C-Faser mit hoher Steifigkeit, HM-Faser (C-Faser mit hoher Festigkeit)

Eigenschaften	Einheit	Glasfaser				Kohlenstofffaser	
		E-Glas	R/S-Glas	M-Glas	C-Glas	HT-Faser	HM-Faser
Zugfestigkeit*	MPa	2400	3600	7000	2100	3600	2300
Zug-E-Modul	MPa	73000	86000	125000	71000	240000	400000
Bruchdehnung	%	2,2–4,5	2,8–5,2	5,5	2,3	1,5	0,57
Dichte	g/cm³	2,55	2,49		2,45	1,74	1,83
Faserdurchmesser	µm		3–25			7–8	6,5–8,0
Thermischer Ausdehnungskoeffizient	$10^{-6} \cdot K^{-1}$	5–6	4		7,2	-0,1–(-0,7)	-0,5–(-1,3)
Schmelzpunkt	°C	846	985		689		

* angegeben ist die Zugfestigkeit in Faserrichtung

Die Eigenschaften des Verbundes werden durch die drei mikrostrukturellen Komponenten Polymermatrix, Faser und die Grenzfläche (*Interface*) zwischen beiden Komponenten bestimmt [27, 28]. Der Bruch beginnt mit Mikrohohlraumbildung bzw. Mikrorissen, und hängt von den verschiedenen mikromechanischen Mechanismen ab. Es können folgende Mechanismen definiert werden [22, 27–30]:

- Deformation und Bruch der Matrix (Sprödbruch, duktiler Bruch),
- Faser/Matrix Ablösung (*debonding*),
- Abgleiten der Faser in der Ablöseregion (Riss umläuft Faser),
- Herausziehen von Fasern aus der Matrix mit und ohne Matrixfließen (*pull-out*),
- Faserbruch.

Alle diese Schädigungsmechanismen verbrauchen Energie und leisten damit einen Beitrag zur Zähigkeit des Werkstoffs. Welcher Mechanismus zeitlich und örtlich mit welchem Anteil auftritt, hängt sehr stark von den Eigenschaften der drei mikrostrukturellen Komponenten, den Belastungsbedingungen und von der Geometrie und der Art der Verstärkung ab. Bild 2.1 zeigt schematisch die auftretenden Deformationsmechanismen in faserverstärkten Polymerverbunden.

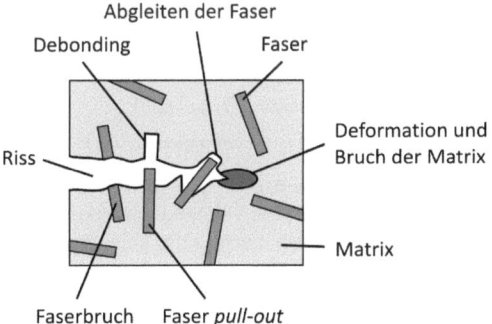

Bild 2.1: Schematische Darstellung der in Faserverbunden auftretenden Schädigungsmechanismen [27]

Einfluss der Faserlänge

Wesentliche Bedeutung für die Verstärkungswirkung hat das Verhältnis der Faserlänge l zur kritischen Faserlänge l_{krit}, welches sich nach Gl. 2.1 ergibt [27].

$$l_{krit} = \frac{1}{2} \cdot d_F \cdot \frac{\sigma_F}{\tau_{int}} \qquad 2.1$$

d_F ... Faserdurchmesser
σ_F ... Festigkeit der Glasfaser
τ_{int} ... Scherfestigkeit der Grenzfläche Faser/Matrix

Ist die Faserlänge l kleiner als die kritische Länge l_{krit}, so ist die Schädigung des faserverstärkten Werkstoffs durch die energieabsorbierenden Mechanismen des *pull-out* und des Matrixbruchs gekennzeichnet [27]. Bei $l > l_{krit}$ hat die Faserorientierung bezüglich der Rissausbreitungsrichtung wesentlichen Einfluss darauf, ob Faserbruch oder *pull-out* als dominanter Schädigungsmechanismus auftritt. Die kritische Faserlänge hängt, wie in Gl. 2.1 ersichtlich, von der Scherfestigkeit der Grenzfläche Faser/Matrix τ_{int} ab und ist damit temperatur- und geschwindigkeitsabhängig. Bei niedrigeren Temperaturen und höheren Beanspruchungsgeschwindigkeiten nimmt l_{krit} ab und vice versa [28]. Eine Abschätzung der kritischen Faserlänge l_{krit} kann über die Scherfestigkeit der Polymermatrix τ gegeben werden, welche sich für fließfähige Werkstoffe nach der Schubspannungshypothese von TRESCA berechnen lässt [31]. Für den Sonderfall des einachsigen Spannungszustandes ergibt sich aus der Zugfestigkeit des Matrixwerkstoffs die Scherfestigkeit zu $\tau \approx 1/2 \cdot \sigma_M$. In Bild 2.2 ist der funktionale Zusammenhang (Gl. 2.1) am Beispiel von E-Glasfasern mit einem Durchmesser d_F von 10 µm graphisch dargestellt. Zusätzlich wurden die abgeschätzten kritischen Faserlängen für Polypropylen (PP), Polyethylen hoher Dichte (PE-HD) und Polybuten-1 (PB-1) angegeben und es ist ersichtlich, dass mit abnehmender Scherfestigkeit der polymeren Matrix die kritische Faserlänge zunimmt und damit bei gleicher Faserlänge die Wahrscheinlichkeit des Faserbruchs abnimmt.

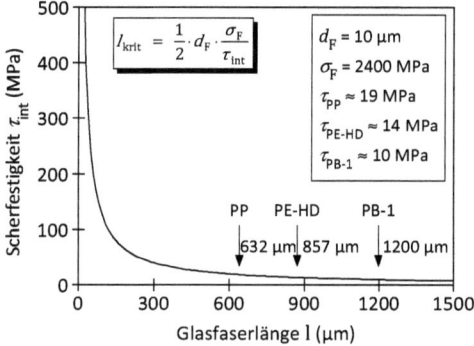

Bild 2.2: Funktionaler Zusammenhang zwischen Scherfestigkeit τ_{int} und Faserlänge l

Neben der kritischen Faserlänge ist das *aspect ratio* (l/d) entscheidend für die Verstärkungswirkung. Ab $l/d \geqq 20$ wird eine deutliche Verstärkungswirkung erreicht [32]. Im Gegensatz dazu wird insbesondere bei kleinerem *aspect ratio* keine Verstärkung erzielt. Die Wirkung beschränkt sich, z.B. bei Glaskugeln mit einem *aspect ratio* von 1, auf die Zunahme der Steifigkeit, d.h. die Glaskugeln stellen einen Füllstoff dar, da energiedissipative Prozesse wie das *pull-out* nicht induziert werden und es zur Koaleszenz von um die Glaskugeln gebildeten Hohlräumen kommt, was zum ultimativen Versagen des Werkstoffs führt [28].

Einfluss der Grenzfläche Faser/Matrix und der Faserorientierung

Der Einfluss der Grenzfläche Faser/Matrix ist für die Festigkeits- und Zähigkeitseigenschaften als bedeutend anzusehen. Im Vergleich zu vollständig angebundenen Fasern, bei denen eine Kraftübertragung während einer mechanischen Beanspruchung möglich ist, ist die durch nicht oder nur teilweise angebundene Fasern erreichbare Zähigkeits- und Festigkeitssteigerung gering. Bei geringer oder keiner Haftung ist weniger Energie zum Ablösen der Faser nötig und eine Kraftübertragung aufgrund der fehlenden Wechselwirkung in der Grenzfläche zwischen Faser/Matrix ist nicht möglich. Desweiteren führt die Grenzschicht bei hinreichendem Füllstoffgehalt zur lokalen Duktilität in der angrenzenden Matrix und damit zur Reduzierung von Spannungskonzentrationen [22]. Eine qualitative Beurteilung der Haftung der Fasern in der Polymermatrix ermöglichen rasterelektronenmikroskopische Aufnahmen (REM-Aufnahmen). In Bild 2.3 ist die Bruchflächentopographie von Polypropylen-Glasfaser (PP/GF)-Verbunden mit unterschiedlichen Haftungsbedingungen dargestellt [22, 33].

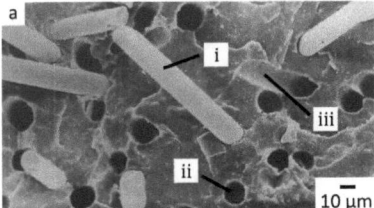 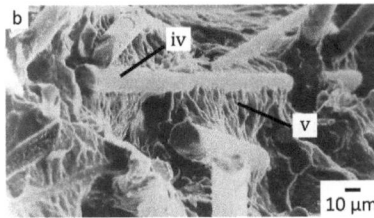

Bild 2.3: Bruchflächenaufnahmen eines PP/GF-Verbundes mit fehlender (a) und guter Grenzflächenhaftung (b); i – nicht mit Matrixmaterial bedeckte Fasern, ii – Lochbildung infolge herausgezogener Fasern, iii – Faserabdruck, iv – an die Matrix angebundene Faser und v – lokal plastisch deformierter Matrixbereich [22, 33]

In Bild 2.3a ist ersichtlich, dass keine Bedeckung der Fasern mit Matrixmaterial vorliegt (i) und eine plastische Verformung im Bereich der Fasern und der Löcher (ii und iii) in Abhängigkeit von den Matrixeigenschaften und der Belastungsgeschwindigkeit nicht beobachtet werden kann. Bild 2.3b zeigt dagegen eine Bruchfläche mit guter Grenzflächenhaftung. Die Schädigungsinitiierung ist durch das Aufbrechen von Bindungen an der Fasergrenzschicht (iv), bevorzugt an den Faserenden, gekennzeichnet und führt bei einer spröden Matrix zum *pull-out* oder zum Faserbruch mit einer sehr geringen Matrixdeformation. Bei einer duktilen Matrix können die Prozesse des *debonding* und *pull-out* durch lokale plastische Fließprozesse (v) mit Hohlraumbildung als dominante Schädigungsmechanismen auftreten [22, 28].

Die Faserorientierung in spritzgegossenen Prüfkörpern ist stark von der Fließgeometrie im Werkzeug, den Prozessparametern und den rheologischen Eigenschaften des Werkstoffs abhängig. Die rheologischen Eigenschaften werden durch die Viskosität der Matrix, die Faser/Matrix-Haftung, das *aspect ratio*, die Faserlängen-Verteilung und dem Faseranteil bestimmt [32]. Die Ausbildung der Faserorientierung kann für spritzgegossene kurzglasfaserverstärkte Kunststoffe vereinfachend als ein 3-Schicht-Modell beschrieben werden. In Bild 2.4a ist dies schematisch gezeigt, wobei ein Kernbereich C mit transversaler Faserorientierung und 2 Oberflächenschichten S mit longitudinaler Ausrichtung der Faser zur Schmelzfließrichtung unterschieden werden können [19]. Die Ursache für die Ausbildung dieser Morphologie ist der Verlauf des Schmelzflusses und das zugrundeliegende Geschwindigkeitsprofil bzw. der Geschwindigkeitsgradient, in dem sich die Fasern vorwiegend parallel zum Gradienten ausrichten (Bild 2.4b). So treten in den Randschichten Scher- und im Kernbereich Dehnströmungen während des Spritzprozesses auf [34], wobei insbesondere die Ausbildung der Randbereiche vom Glasfaseranteil abhängig ist. Generell besteht ein Zusammenhang zwischen Prüfkörperdicke B und der Faserorientierung (C/B) [32].

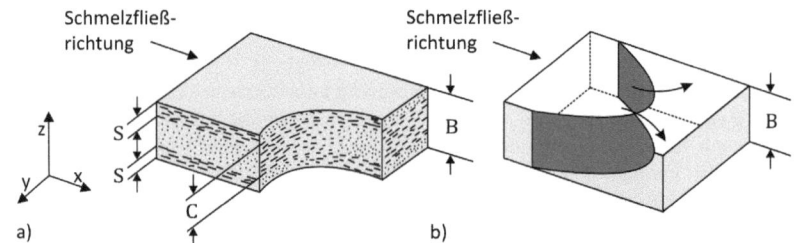

Bild 2.4: Ausbildung einer 3-Schichtstruktur (a) mit einem Kernbereich (C) und 2 Oberflächenschichten (S) und Profil der Polymerschmelze (b) [32]

Die im Hinblick auf die zähigkeitssteigernden Mechanismen günstigste Faserorientierung ist die parallele Ausrichtung zur Belastungsrichtung, da in Abhängigkeit von den Haftungsverhältnissen hier die Prozesse Faser/Matrix-Ablösung, Faser *pull-out*, Fasergleiten und Faserbruch auftreten können. Die Bruchfläche ist dann durch eine zick-zack-förmige Rissausbreitung gekennzeichnet [22, 28]. Dagegen kommt es bei einer senkrechten bzw. schrägen Orientierung der Faser zur Belastungsrichtung und geringer Haftung zur Grenzflächenseparation und Lochbildung zwischen den Fasern, wobei die Matrix sowohl spröd brechen kann als auch Scherprozesse bzw. Crazebildung initiiert werden können. Bei einer guten Haftung der Fasern in der Matrix breitet sich der Riss entlang der Grenzschicht oder in der Matrix aus und schräg liegende Fasern werden herausgezogen oder brechen. Die resultierende Bruchfläche ist relativ glatt [22, 28]. Der Einfluss der unterschiedlichen Ausrichtung der Fasern ist schematisch in Abhängigkeit von den Haftungsverhältnissen in Bild 2.5 dargestellt.

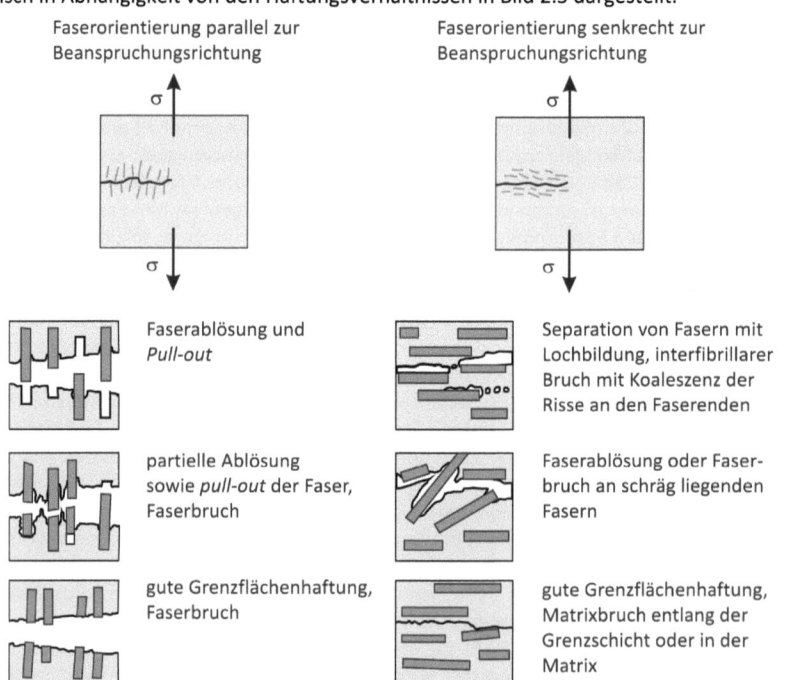

Bild 2.5: Schematische Darstellung der möglichen Schädigungsprozesse in Faserbunden in Abhängigkeit von der Faserorientierung und den Haftungsverhältnissen; nach [22, 27, 33, 35]

Theorie

Aus der unterschiedlichen Orientierung resultieren anisotrope und heterogene mechanische Eigenschaften. Im Fall der parallelen Ausrichtung der Fasern zur Beanspruchungsrichtung werden höhere Werte der mechanischen Eigenschaften erreicht. In [28] wird dieser Effekt für PA 66- und PEEK-Verbunde, die mit Glasfasern und Kohlenstofffasern in unterschiedlichen Gehalten verstärkt wurden, am Beispiel der Bruchzähigkeit K_c gezeigt. Für alle Werkstoffe mit einer parallelen Faserausrichtung wurden höhere K_c-Werte ermittelt. Diese prinzipielle Abhängigkeit konnte ebenso von Fu [36] für kurzfaserverstärkte PP/Glasfaser- und PP/Karbonfaser-Verbunde nachgewiesen werden.

Einfluss des Faseranteils

Entsprechend der Definition von Faserverbundwerkstoffen, welche i. A. aus zwei Komponenten bestehen, können für den Elastizitätsmodul E_C und die Spannung σ_C des Verbunds die Gleichungen 2.2 und 2.3 angewendet werden, welche in Form einer Mischungsregel den Anteil der jeweiligen Komponenten (Faser F und Matrix M) und mittels Faktoren die Faserorientierung (η_0) und die Faserlängen (η_1) berücksichtigen [25, 37]. Die Gültigkeit dieser Gesetzmäßigkeiten ist auf spritzgegossene, unidirektional verstärkte Prüfkörper beschränkt.

$$E_C = \eta_0 \cdot \eta_1 \cdot \varphi_V \cdot E_F + (1 - \varphi_V) E_M \qquad 2.2$$

E_F ... Elastizitätsmodul der Faser
E_M ... Elastizitätsmodul der Matrix
φ_V ... Faservolumenanteil

$$\sigma_C = \sum_{l_i < l_{krit}} \frac{\tau_{int} \cdot l_i \cdot \varphi_{V,i}}{d} + \sum_{l_j > l_{krit}} \sigma_F \cdot \varphi_{V,j} \cdot \left(1 - \frac{l_{krit}}{2 l_j}\right) + \sigma'_M \cdot (1 - \varphi_V) \qquad 2.3$$

σ_F ... Festigkeit der Faser
l_i, l_j ... Faserlänge kleiner oder größer als l_{krit}
σ'_M ... Spannung der Matrix bei Versagen des Verbundes

In [2] wurde der Einfluss des Glasfasergehaltes auf die Zähigkeitseigenschaften von PP- und PE-HD-Verbunden mittels instrumentiertem Kerbschlagbiegeversuch (IKBV) untersucht. Zur quantitativen Werkstoffbewertung wurden die ermittelten Maximalkräfte F_{max} und die dazugehörigen Durchbiegungen f_{max} sowie die energiedeterminierten J-Werte J_{Id}^{ST} nach der Auswertemethode von Sumpter und Turner (ST) herangezogen. Die sich ergebenden funktionalen Zusammenhänge sind für beide Werkstoffe normiert auf den Wert des unverstärkten Werkstoffs graphisch in Bild 2.6a–c dargestellt.

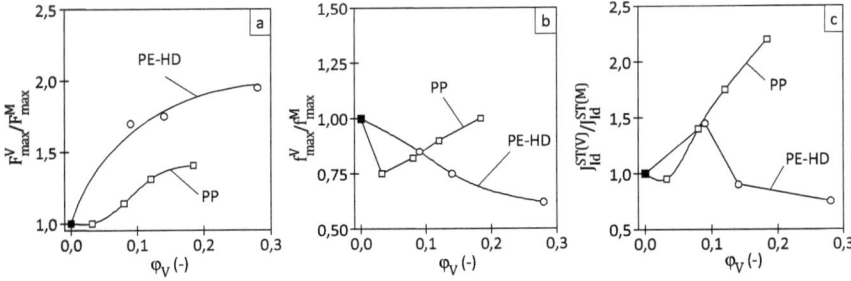

Bild 2.6: Einfluss des Glasfasergehaltes auf die Maximalkraft F_{max} (a) und die maximale Durchbiegung f_{max} (b) im IKBV sowie auf die J-Werte J_{Id}^{ST} (c) [2]

Es ergaben sich folgende Schlussfolgerungen:
- Die Zugabe von Glasfasern führt bei beiden Werkstoffen zu einem Anstieg der maximalen Schlagkraft, wobei der Einsatz von Glasfasern sich bei PE-HD stärker auswirkt.
- Die maximale Durchbiegung nimmt für die PE-HD-Werkstoffe mit zunehmenden Fasergehalt ab, während für PP nach einer initialen Abnahme bei höheren Gehalten eine Zunahme zu beobachten ist.
- Die J_{Id}^{ST}-Werte weisen für PE-HD ein Maximum bei $\varphi_V = 0{,}09$ auf und dagegen ist die Zähigkeitssteigerung bei den PP-Werkstoffen im Vergleich zu den PE-HD-Werkstoffen aufgrund der positiven Beeinflussung der Kraft und Verformung deutlich größer.

Auffällig ist dabei, dass bei den PP-Verbunden bei den ermittelten Kenngrößen im Bereich von kleinen Füllstoffgehalten ein konstantes Verhalten (F_{max}) oder eine Abnahme (f_{max}, f-Wert) registriert wird. Ursächlich kann dieser Verlauf der Funktionalität durch die fehlende Interaktion der Fasern bei niedrigen Faseranteilen erklärt werden. Mit Zunahme des Fasergehalts und geringerem Abstand der Fasern treten Wechselwirkungen zwischen benachbarten Glasfasern auf, die die Spannungsverteilung beeinflussen und die Spannungsintensität verringern [21, 38]. Neben den diskutierten Einflussfaktoren auf die Zähigkeitssteigerung haben auch die Steifigkeit, Festigkeit und Geometrie der verwendeten Fasern entscheidende Bedeutung für das Festigkeits-, Deformations- und Zähigkeitsverhalten der Verbunde. Von Friedrich [28] wurde angeführt, dass bei der Verwendung von Kohlenstofffasern (C-Fasern) aufgrund des höheren E-Moduls und der höheren Festigkeit (siehe Tabelle 2.1) sowie der Möglichkeit ein erhöhtes *aspect ratio* zu erzielen, eine deutlichere Verstärkungswirkung gegenüber Glasfasern gegeben ist. In [17] konnte für einen PA 6/CF-Werkstoff ein optimales Zähigkeitsniveau in Abhängigkeit vom E-Modul der verwendeten C-Fasern nachgewiesen werden. Die Risszähigkeit J_{Id} als Widerstand gegenüber instabiler Rissausbreitung nimmt mit Überschreiten eines kritischen E-Moduls der C-Fasern von 400 GPa ab, was auf die deutliche Verringerung der Verformungsfähigkeit gegenüber der niedrigeren Zunahme der Lastaufnahmefähigkeit zurückgeführt werden kann.

2.2 Kristallstrukturen und polymorphe Umwandlung von Polybuten-1

Die Einsatzfelder für kurzglasfaserverstärkte Kunststoffprodukte umfassen im zunehmenden Maße auch Anwendungen, z.B. im Automobilbau oder im Weißgerätebau, welche einer medial-thermischen Beanspruchung ausgesetzt sind. Insbesondere Erzeugnisse aus PB-1 wird aufgrund der geringen Kriechneigung ein großes Potential vorausgesagt. Bisher wurde der Zusammenhang zwischen der Polymorphie von PB-1 und des Einflusses einer medial-thermischen Auslagerung auf die mechanischen Eigenschaften nicht ausreichend untersucht. Isotaktisches Polybuten-1 (PB-1) ist ein lineares Polymer, welches per Kettenfaltung kristallisiert und eine sphärolitische Überstruktur mit Lamellen bildet. Für PB-1 konnten drei verschieden Kristallstrukturen mit fünf Modifikationen bestimmt werden, die als Typ I, I', II, II' und III bezeichnet werden. Die Ausbildung der Kristallstrukturen und respektive der Modifikationen ist an komplexe Wechselwirkungen gebunden. So entsteht bei der Kristallisation aus einer Lösung sowohl der orthorhombische Typ III als auch der hexagonale Typ I' [39–43]. Die orthorhombische Kristallstruktur liegt in einer 4_1-Helix und die hexagonale in einer 3_1-Helix vor. Beim Kristallisieren von PB-1 aus der Schmelze entsteht zuerst der tetragonale Typ II mit einer 11_3-Helix, welcher weich und gummiartig ist [4, 39–41, 44–50]. Innerhalb von 7–10 Tagen findet bei Raumtemperatur und Normaldruck eine Kristall-Kristall-Umwandlung in den hexagonalen Typ I statt [4, 40–42, 45–48, 51]. Dieser Kristalltyp ist durch einen höheren Schmelzpunkt, höhere Dichte [39, 45, 52] sowie durch eine Erhöhung der Steifigkeit und Zunahme der Härte und Zugfestigkeit gekennzeichnet [4, 47]. In Tabelle 2.2 sind die mechanischen Eigenschaften der unterschiedlichen Modifikationen vergleichend aufgeführt.

Tabelle 2.2: Eigenschaften der Kristallmodifikationen des PB-1

Eigenschaft	Typ I	Typ II	Typ III	Typ I'	Literatur
Dichte ϱ (g/cm^3)	0,95	0,907			[48, 51]
Schmelztemperatur T_m (°C)	120–135	110–120	90–100	90–100	[39, 41, 44, 53, 54]
Mikrohärte H (MPa)	21,4–54,6	4,2–8,3			[48]

Die Modifikationen I' und II' entstehen durch direkte Kristallisation aus der Schmelze oder Lösung und unterscheiden sich dahingehend, dass sie einen weniger perfekten Kristallaufbau im Vergleich zu I und II aufweisen, was die Ursache für die geringere Schmelztemperatur ist [42, 55].

Die Umwandlungskinetik kann sowohl bei der Kristallisation aus der Lösung als auch aus der Schmelze durch die Temperatur, den hydrostatischen Druck, die Orientierung der Schmelze und die Nukleierung beeinflusst werden [39, 41, 42, 45, 46, 51, 52]. Durch die Wirkung von mechanischen Spannungen und/oder Dehnungen kann eine Erhöhung der Umwandlungsgeschwindigkeit erreicht werden, was vor allem während des Herstellungsprozesses von Bedeutung ist [39, 40, 42, 47, 51, 52]. Von MARIGO et. al. [47] wurde eine molekulare Erklärung für den Umwandlungsprozess auf der Basis von Röntgenweit- und Röntgenkleinwinkelstreuung (WAXS- und SAXS-Untersuchungen) abgeleitet. Die Kinetik kann demnach in zwei Mechanismen unterteilt werden. So beginnt die Transformation an verzerrten Lamellen, was zu einer Neuordnung der Lamellen und Lamellenstapel führt. Die weitere Kristallisation in den Typ I findet in amorphen Bereichen statt, wobei neue, dünne Lamellen und Lamellenstapel auftreten. Demzufolge findet nicht nur eine reine Umkristallisation bereits kristalliner Bereiche statt, sondern es bilden sich auch direkt kristalline Strukturen des Typ I aus, was zu einer Erhöhung des Kristallisationsgrads führt [51]. Auf Grund der unterschiedlichen Konformation des Typs II und I in Form einer 11$_3$- und 3$_1$-Helix, kommt es zu einer Verringerung des Abstandes der Helix-Ebenen um ca. 4 % (von 1,06 nm zu 1,02 nm) bei einer gleichzeitigen Kontraktion in orthogonaler Richtung von nahezu 16 % (0,525 nm zu 0,442 nm), was zur Rissbildung in den transformierten Kristallen führt [50, 52].

ERÄ und JAUHIAINEN [44] führten umfangreiche Untersuchungen zur polymorphen Umwandlung von PB-1 durch. Bild 2.7a zeigt Beugungsdiagramme der Kristallstrukturen und in Bild 2.7b sind die Ergebnisse des 1. und 2. Heizlaufs von DSC-Untersuchungen einer bei 220°C gepressten PB-1-Platte mit anschließender 2-wöchiger Lagerung bei Raumtemperatur dargestellt [44]. Die Helix-Konformationen, die Gitterkonstanten sowie die Beugungswinkel für PB-1 sind in der Tabelle 2.3 aufgeführt. Im 1. Heizlauf (HL) kann der hexagonalen Kristallstruktur eine Schmelztemperatur bei 129°C zugeordnet werden, während im 2. HL die tetragonale Struktur mit einem Schmelzpunkt von 109°C auftritt. Im 1. HL konnte ferner gezeigt werden, dass die Umkristallisation nach dem Schmelzvorgang ein vollständiger Prozess ist, da nur ein Schmelzpeak auftritt. Dies wurde in [46] durch DSC-Messungen über einen Zeitraum von 1000 Stunden ebenfalls nachgewiesen. Während der Umkristallisation treten zwei Schmelzpeaks entsprechend der kristallinen Struktur auf. Der Prozess ist bei Raumtemperatur und unter Normaldruck nach 240 Stunden beendet. Mit Hilfe der thermischen Analyse ist es in Erweiterung zu den Ergebnissen der röntgenographischen Untersuchungen möglich, den Umwandlungsprozess umfassend zu beschreiben [39, 44, 47, 51].

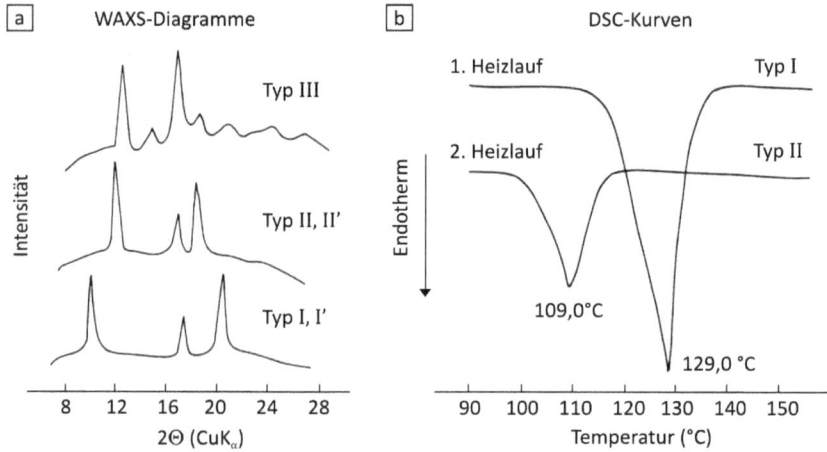

Bild 2.7: Röntgenbeugungsdiagramme der verschiedenen Kristallstrukturen von PB-1 (a) und Schmelztemperaturen der hexagonalen und tetragonalen Struktur aus einer DSC-Untersuchung (b) [44]

Die Bestimmung des Kristallisationsgrades von Polymeren beruht bei der thermischen Analyse auf der Ermittlung der Schmelzenthalpie ΔH_m, welche anschließend auf den theoretischen Wert für eine 100%ig kristalline Probe ΔH_m° bezogen wird (Gl. 2.4) [56]. Für PB-1 werden in der Literatur Werte für ΔH_m° im Bereich von 117,6–143,2 J/g angegeben [46, 48, 54, 57–59]. In [46] wurde der Kristallisationsgrad χ mit Hilfe von Dichtemessungen bestimmt und anschließend der theoretische Wert der Schmelzenthalpie über die aus der DSC-Messung erhaltene Schmelzenthalpie ΔH_m für den Typ II berechnet. Voraussetzung dafür ist die Kenntnis der theoretischen Dichte der hexagonalen Struktur (Typ I) ϱ_l, und der amorphen Phase ϱ_a. Die Berechnung erfolgt nach Gl. 2.5 und in [48] und [51] wird für ϱ_l ein Wert von 0,95 g/cm³ und für ϱ_a ein Wert von 0,868 g/cm³ angegeben.

$$\chi = \frac{\Delta H_m}{\Delta H_m^\circ} \cdot 100\% \qquad 2.4$$

$$\chi = \frac{\varrho_l}{\varrho} \cdot \frac{(\varrho - \varrho_a)}{(\varrho_l - \varrho_a)} \qquad 2.5$$

ϱ ... gemessene Dichte

Tabelle 2.3: Helix-Konformationen, Gitterkonstanten und Beugungswinkel aller 5 Modifikationen des PB-1

Kristallgitter	Helix-Konformation	Gitterkonstanten (Å)	Beugungswinkel (°)	Literatur
Hexagonal – Typ I und Typ I'	3_1	$a = b = 17,7$ $c = 6,51$	9,9/17,3/20,2/20,5	[44, 47, 54, 60]
Tetragonal – Typ II und Typ II'	11_3	$a = b = 14,91$ $c = 20,76$	11,9/16,9/18,4	[44, 47, 54, 60]
Orthorhombisch – Typ III	4_1	$a = 12,38$ $b = 8,88$ $c = 7,56$	12,2/17,2/18,6	[42–44, 61]

Damit konnte für den Kristalltyp I eine Schmelzenthalpie ΔH_m° von 141 J/g ermittelt werden, welche auch für die in dieser Arbeit berechneten Kristallisationsgrade aus den DSC-Messungen verwendet wurde. Der Kristallisationsgrad für isotaktisches PB-1 liegt im Bereich von 40–70 % [46–48, 53, 54, 59, 60].

2.3 Werkstoffverhalten bei hohen Dehnraten

Bei vielen Applikationen z.B. im Automobilbau, in der Luft- und Raumfahrttechnik sowie im Sportbereich können im Werkstoff / im Bauteil hohe Dehnraten bis zu 500 s^{-1} auftreten [62–64]. Gerade die Automobilindustrie stellt hohe Anforderungen an die Sicherheit und Zuverlässigkeit ihrer Fahrzeuge und betreibt einen hohen experimentellen und rechnerischen Aufwand, um diesen Ansprüchen zu genügen. Die Durchführung von Crashversuchen orientiert sich in Europa an dem *European New Car Assessment Programme* (EuroNCAP). Dieses ermittelt in einer Reihe von Versuchen die Eignung der Fahrzeuge im Frontalcrash, im Seitencrash, beim Fußgängerschutz sowie in weiteren relevanten Bereichen. In Bild 2.8 ist die schematische Darstellung eines Frontalcrashs sowie die zeitlichen Abläufe während des Crashs mit den dabei auftretenden maximalen Dehnraten gezeigt. Die Bestimmung der mechanischen Eigenschaften unter diesen relevanten Einsatzbedingungen ist wichtig und nötig, um einerseits eine wissenschaftlich fundierte Werkstoffauswahl treffen und andererseits eine begründete Werkstoffentwicklung durchführen zu können. Ebenso gewinnt die Bereitstellung von Werkstoffkenndaten für FEM-Simulationen immer mehr an Bedeutung [64–70].

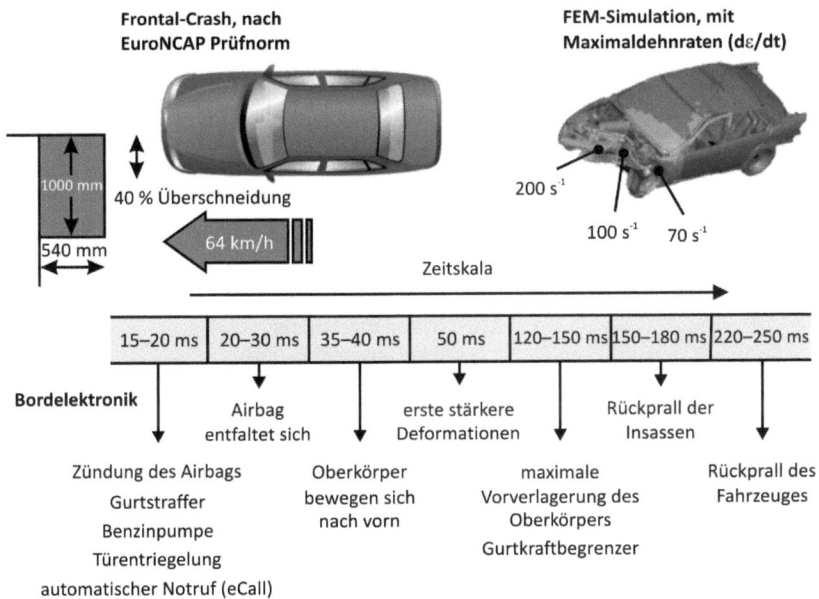

Bild 2.8: Schematische Darstellung eines Frontalaufpralls mit den dabei auftretenden charakteristischen Maximaldehnraten sowie der zeitlichen Darstellung des Crashvorganges in Anlehnung an [67, 71, 72]

Viele Arbeitsgremien, wie das *American Iron and Steel Institute* (AISI) [73], das *International Iron and Steel Institute* (IISI) [74] oder die *Society of Automotive Engineers* (SAE) [75, 76], beschäftigen sich derzeit mit der Erarbeitung einer Norm zur Durchführung von Hochgeschwindigkeitszugversuchen. Das Stahlinstitut VDEh hat im Februar 2007 die technische Regel SEP 1230 (**S**tahl-**E**isen-**P**rüfblätter) „Ermittlung mechanischer Eigenschaften an Blechwerkstoffen bei hohen Dehnraten im Hochgeschwindigkeitsdehnversuch" vorgelegt [77], welche für Deutschland Gültigkeit besitzt. Für die Durchführung des Hochgeschwindigkeitszugversuchs an Kunststoffen ist seit dem Jahr 2007 die im Rahmen des *Technical Committees* (TC) 61 der *International Organization for Standardization* (ISO) erarbeitete Norm „*Plastics – Determination of tensile properties at high strain rates*" (ISO 18872) gültig [78].

Der Einfluss der Dehnrate auf die Festigkeit wird in der Literatur besonders für Metalle, auch bei höheren Temperaturen, vielfältig beschrieben [79–88]. Dabei wird auch der Einfluss der Messtechnik auf die Auswertbarkeit der σ-ε-Diagramme und damit auf die Aussagefähigkeit der Ergebnisse diskutiert. Es wird das gesamte Spektrum der Dehnraten, ausgehend von quasistatischen bis hin zu hochdynamischen Prozessen, berücksichtigt. Einen Überblick über die Prüfmethoden zur Ermittlung der Werkstoffeigenschaften unter den jeweiligen Beanspruchungsbedingungen mit den realisierbaren Dehnraten gibt Tabelle 2.4.

Tabelle 2.4: Prüfmethoden zur Werkstoffbeschreibung bei hohen Dehnraten [64, 81, 89]

Nominale Dehnrate (s^{-1})	Beanspruchsart	Prüftechnik
< 0,1	Druck	Elektromechanische Universalprüfmaschine
0,1–100		Servo-hydraulische Prüfmaschine
0,1–500		*Cam plastometer*, Fallversuch
200–10^4		*Split*-HOPKINSON *bar* (Druckbeanspruchung)
10^4–10^5		Ballistik, Projektile
< 0,1	Zug	Elektromechanische Universalprüfmaschine
0,1–100 (300)		Servo-hydraulische Prüfmaschine
100–10^4		*Split*-HOPKINSON *Bar* (Zugbeanspruchung)
10^4		Sprengstoffbeschleunigung: Platte (*flyer plate*)
> 10^5		Ring (*expanding ring*)
< 0,1	Scherung	Elektromechanische Universalprüfmaschine
0,1–100		Servo-hydraulische Prüfmaschine
10–10^3		Stoßversuch (Torsionsanordnung) (*torsional impact*)
100–10^4		*Split*-HOPKINSON *Bar* (Scheranordnung)
10^3–10^4		Interlaminarer Schertest eines doppelt gekerbten Prüfkörpers (*double-notch shear test*)
10^4–10^7		*Pressure-shear plate impact*

Der Split-HOPKINSON Bar nimmt, seit der Vorstellung des Prinzips im Jahr 1914, bei der Ermittlung des Werkstoffverhaltens unter Dehnraten $> 100\ \text{s}^{-1}$ aufgrund seiner vielfältigen Anwendung und ständigen Weiterentwicklung insbesondere auch durch die Realisierbarkeit unterschiedlicher Beanspruchungsarten eine Vorrangstellung ein [90]. Mit servo-hydraulischen Prüfmaschinen kann der für technische Anwendungen wichtige Dehnratenbereich von < 300 s^{-1} bei unterschiedlichen Beanspruchungsarten abgedeckt werden, weshalb insbesondere der Hochgeschwindigkeitszugversuch an Bedeutung gewinnt, was sich in der vermehrten internationalen Aktivität zur Standardisierung bemerkbar macht [74–76, 91–93]. In Bild 2.9 sind neben den Dehnraten auch die charakteristischen Versuchszeiten sowie die in Metallen und Kunststoffen (am Beispiel von isotaktischen und schlagzähmodifizierten Polypropylen [94]) ablaufenden Deformationsprozesse dargestellt. Mit modernen servohydraulischen Prüfmaschinen kann ein Dehnratenbereich von 10^{-3} bis 10^{+3} abgedeckt werden [95], was in Bild 2.9 grau hervorgehoben ist.

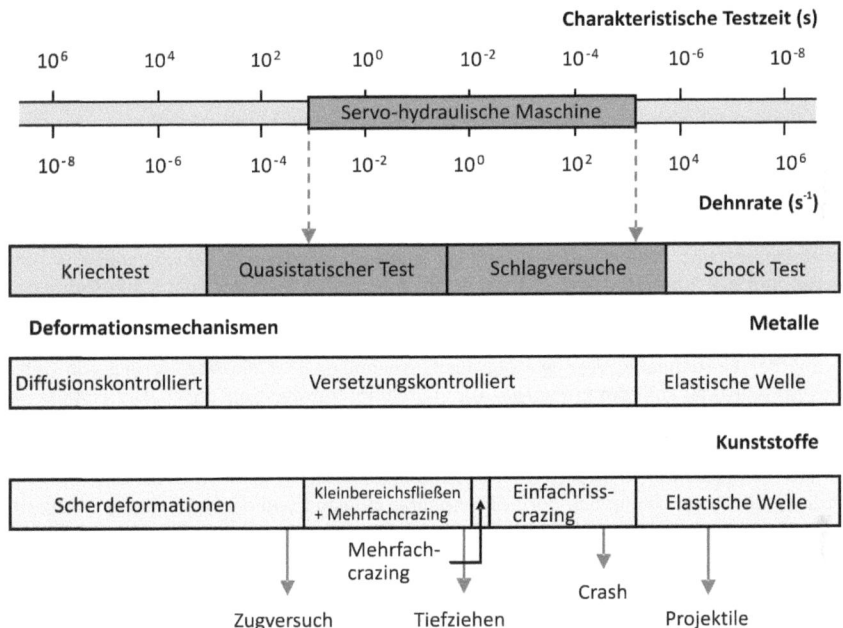

Bild 2.9: Praktisch relevante, charakteristische Versuchszeiten, Dehnraten sowie Deformationsmechanismen in Anlehnung an [85, 94–96]

Bei servo-hydraulischen Hochgeschwindigkeitsprüfmaschinen erfolgt die Belastung des Prüfkörpers nicht wie z.B. im quasistatischen Zugversuch nach dem Prinzip der Kraftkopplung, sondern nach dem Energietransferprinzip. Dies bedeutet, dass die kinetische Energie schlagartig als Verformungsarbeit in den Prüfkörper eingeleitet wird [89, 95]. Die gewählte Prüfgeschwindigkeit wird über eine Vorlaufstrecke erreicht, wobei ein Vorlaufbolzen an den Prüfkörper angeklemmt ist. Am Ende der Vorlaufstrecke wird der Prüfkörper kraftschlüssig eingekoppelt.

Bei Dehnraten größer als 1 s^{-1} treten Schwingungen auf, die den Informationsgehalt der Spannungs-Dehnungs-Kurven mindern und die Auswertung komplizierter machen. Diese Schwingungen sind auf die schlagartige Einleitung der Energie in den Prüfkörper zurückzuführen und werden maßgeblich von der gesamten Prüfmaschine sowie vom Dämpfungsverhalten des Werkstoffes beeinflusst [64, 97, 98] und sind in Hochgeschwindigkeitszugversuchen nicht vermeidbar. In [64] wird als Kriterium der Auswertbarkeit von aufgezeichneten Kurven im mittleren Dehnratenbereich von 1–100 s^{-1} die Anzahl der elastisch reflektierten Schwingungen N (Gl. 2.6 und 2.7) definiert.

$$N = \frac{\varepsilon_y \cdot c}{v_T} \quad \text{mit} \qquad \qquad 2.6$$

$$c = \sqrt{\frac{E_t}{\varrho}} \qquad \qquad 2.7$$

Dabei ist ε_y die Streckdehnung, c die Geschwindigkeit der elastischen Spannungswellen, v_T die Traversengeschwindigkeit, E_t der Elastizitätsmodul und ϱ die Dichte. Die minimale Anzahl von Schwingungen für eine gleichmäßige Spannungsverteilung ist in [76] mit 10 und in Anlehnung an die Auswertung von SHPB-Versuchen (Split-HOPKINSON *pressure bar*) in [64] mit 3 vollständigen Schwingungen angegeben. Bei einer genügend hohen Anzahl kann von einer gleichmäßigen Spannungsverteilung im Prüfkörper ausgegangen werden, wobei dieser Zustand nicht vergleichbar mit der homogenen Spannungsverteilung im quasistatischen Zugversuch ist.

Das Ziel ist es daher einerseits, die auftretenden maximalen Amplituden der Schwingungen zu minimieren und anderseits die Anzahl der elastisch reflektierten Schwingungen zu optimieren, um die Auswertbarkeit und damit die Aussagefähigkeit der Spannungs-Dehnungs-Kurven zu erhöhen. Dazu finden sich in der Literatur unterschiedliche Ansätze. Neben einer experimentellen Optimierung (Prüfkörperform, Dämpfungselemente im Kraftstrang, Modifizierung der Einspannung, Verringerung der Einspannlänge) ist die Applizierung von Dehnmessstreifen (DMS) auf dem Prüfkörper zur indirekten Kraftmessung üblich. Der Einfluss der Applizierung von DMS auf die Aufnahme und Auswertbarkeit von Spannungs-Dehnungs-Diagrammen wird in [63, 80, 82, 86, 89, 99–101] diskutiert. Es kann allgemein festgestellt werden, dass durch die indirekte Kraftmessung die Aussagekraft deutlich erhöht wird. Einschränkend wirken sich jedoch der hohe Applizieraufwand und die nötige Kalibrierung der DMS bei jedem Prüfkörper aus. Allerdings wird in [80] darauf hingewiesen, dass bei der Prüfung von metallischen Werkstoffen unter hohen Dehnraten der Einsatz von DMS alternativlos ist.

Eine Aussage über das Schwingungsverhalten von Magnesiumlegierungen, martensitischer Stähle sowie Aluminiumlegierungen bei hohen Dehnraten wird in [82] getroffen. Hier erfolgte auch eine grobe Abschätzung des Schwierigkeitsgrades bei der Durchführung von dynamischen Prüfungen an Metallen. Das Verhältnis von Streckgrenze und Zugfestigkeit ($R_{p0,2}/R_m$) zur Bruchdehnung ε_B stellt dabei ein empirisches Maß für den Schwierigkeitsgrad dar. Nach [82] erschweren hohe Streckgrenzenverhältnisse sowie geringe Duktilitätswerte die Durchführung und Auswertbarkeit von Hochgeschwindigkeitszugversuchen deutlich. Dies trifft auf Magnesiumlegierungen sowie martensitische Stähle zu. Dementsprechend wirken sich niedrigere Streckgrenzenverhältnisse sowie höhere Duktilitäten positiv aus. Als unkritisch wird die Prüfung von Aluminiumlegierungen angesehen. In Bild 2.10 ist ein Beispiel für die Kompensation von versuchsbedingt auftretenden Schwingungen mit DMS gezeigt [63].

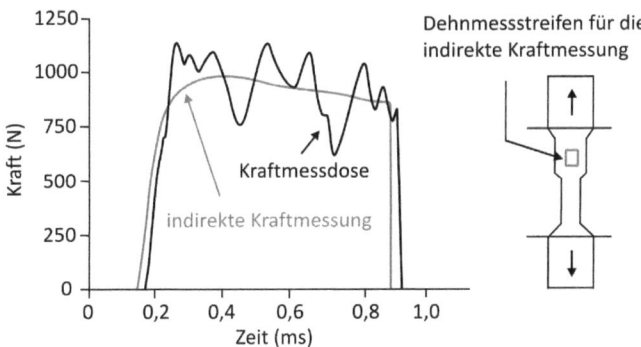

Bild 2.10: Beispiel einer Kompensation von versuchsbedingt auftretenden Schwingungen mit Hilfe von DMS zur indirekten Kraftmessung [63]

Die Messung der Verformung erfolgt beim Schnellzerreißversuch nicht, wie im quasistatischen Zugversuch üblich, über einen Ansatzdehnungsaufnehmer, sondern über den Maschinenweg mittels **l**inear **v**ariablen **D**ifferential-**T**ransformator (LVDT) oder über berührungslose Verfahren. Eingesetzt werden optische Extensometer, Laserextensometrie oder Hochgeschwindigkeitskameras (direkt oder mit anschließender Grauwertkorrelation) [63, 66, 89, 95, 100, 102]. Prinzipiell kann eine Einteilung in die integrale bzw. lokale Dehnungsmessung vorgenommen werden. Die Bestimmung der Dehnung über eine Hochgeschwindigkeitskamera mit anschließender Grauwertkorrelation kann sowohl als integrale als auch als lokale Messung ausgelegt sein [89, 103].

In [102] wird ein Vergleich zwischen der über das LVDT-Signal ermittelten Dehnung und über die lokale Bestimmung der Dehnung mittels optischer Dehnfeldanalyse beschrieben. In Bild 2.11 ist der schematische Versuchsaufbau sowie die Versuchsdurchführung an einem beschichteten Prüfkörper eines unverstärkten thermoplastischen Kunststoffes (PC+ABS) dargestellt.

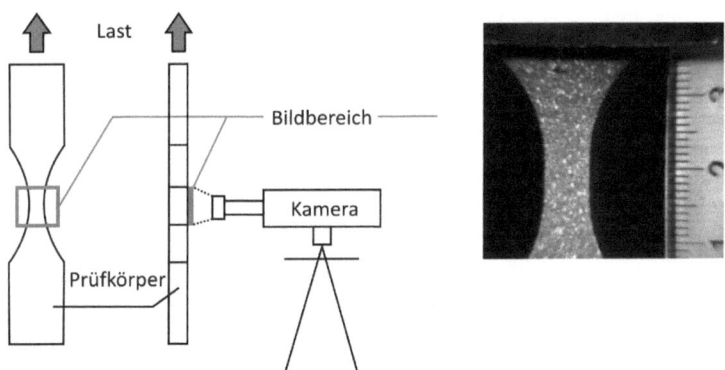

Bild 2.11: Schematischer Versuchsaufbau der Messung der Verlängerung mit einer Hochgeschwindigkeitskamera und Darstellung eines beschichten Prüfkörpers [102]

Aus dem Ergebnis lassen sich eindeutige Unterschiede im Dehnungsverhalten ableiten. Erfolgt die Ermittlung der Dehnung berührungslos mittels lokaler Dehnfeldanalyse, werden im Vergleich mit dem LVDT-Signal höhere Werte bestimmt, was in der Geometrie des Prüfkörpers begründet liegt. Die Messung über das LVDT-Signal zeigt die Ausbildung einer Streck-

grenze, worauf in [102] nicht eingegangen wird, und es wird eine deutlich geringere Bruchdehnung infolge des Bezugs der Verlängerung auf die Einspannlänge erreicht.
In der Automobilbranche häufig verwendete Leichtbauwerkstoffe, wie verschiedene Stahlbleche [85, 86] oder spezielle Magnesium-, Titan- und Aluminiumlegierungen [87, 88] sind besonders von Interesse und hinsichtlich ihrer Werkstoffeigenschaften bei hoher Beanspruchungsgeschwindigkeit vielfältig untersucht worden. Stahlbleche mit einem niedrigen bzw. sehr niedrigen Kohlenstoffanteil (*Low Carbon* – LC) sowie IF Stahl (*Interstitial Free*) zeigen eine deutliche Zunahme der Steckgrenze und Zugfestigkeit bei höheren Dehnraten sowie niedrigeren Temperaturen [85]. *Dual Phase* Stahl und mit Phosphor legierte Stähle weisen dagegen ein geringeres dehnratenabhängiges Werkstoffverhalten auf, was auf den geringeren Einfluss der thermisch aktivierten Prozesse zurückzuführen ist [85]. Erst bei sehr hohen Dehnraten bzw. niedrigen Temperaturen ist eine deutlichere Zunahme der Streckgrenze und Zugfestigkeit festzustellen.

Für Aluminium wird in [88] und [89] von einer negativen Dehnratenabhängigkeit berichtet, welche auf die adiabatische Erwärmung während des Versuches und die dadurch hervorgerufene Erweichung zurückgeführt wird [67, 89]. In [87] wird weiterführend eine Erklärung für die Abnahme der Spannungswerte bei höheren Dehnraten und höheren Dehnungen gegeben. Demnach spielen neben dem Mechanismus der Spannungserweichung auch die fortschreitenden Strukturschädigungen, wie Bildung, Wachstum und Koaleszenz von Mikrolöchern (bei Aluminium- und Titanlegierungen) sowie die Initiierung und das Wachstum von Mikrorissen (bei Magnesiumlegierung) während des Deformationsprozesses eine entscheidende Rolle.

Für die Beschreibung des dehnratenabhängigen Werkstoffverhaltens mit besonderer Berücksichtigung des Einflusses der Temperatur gibt es in der Literatur vielfältige Ansätze von Werkstoffmodellen. Möglich sind physikalisch begründete Modelle auf der Basis von thermodynamischen Aktivierungsprozessen, wie das Modell des thermisch aktivierten Fließens [104] oder phänomenologische Modelle unter Verwendung von experimentell ermittelten Daten, wie das COWPER-SYMONDS- [105–107] oder das JOHNSON-COOK-Modell [108]. Dabei hat das JOHNSON-COOK-Modell eine größere Verbreitung gefunden. Die Beschreibung der Fließspannung erfolgt beim JOHNSON-COOK-Modell unter Berücksichtigung des Dehnrateneinflusses, des Temperatureinflusses sowie einer Verfestigungskomponente mit anzupassenden Parametern, welche auch die thermische Entfestigung mit berücksichtigen können. Ergebnisse für Metalle finden sich in folgenden Literaturstellen [84, 88, 109–111].

Für amorphe und teilkristalline polymere Werkstoffe gibt es ebenfalls Ansätze, die das dehnratenabhängige Werkstoffverhalten beschreiben. Die amorphen Kunststoffe sind bei höheren Dehnraten besonders durch die intrinsische Spannungserweichung gekennzeichnet. Dieser Fakt findet im Werkstoffmodell nach MATSUOKA [112, 113] besondere Berücksichtigung. Für teilkristalline Polymere wird das phänomenologische G'SELL-JONAS-Modell verwendet [113–119]. Dieses Modell dient zur Beschreibung der Fließkurve in Abhängigkeit von der Dehnrate, der Dehnung und der Temperatur (Gl. 2.8).

$$\sigma(\dot{\varepsilon},\varepsilon,T) = K \cdot (\dot{\varepsilon})^m \cdot e^{h\cdot\varepsilon^2} \cdot (1 - e^{-W\cdot\varepsilon}) \cdot e^{\frac{a}{T}} \qquad 2.8$$

Hierbei ist T die absolute Temperatur und K, a, W, h und m sind Materialkonstanten. Das Modell umfasst den viskoelastischen $(1 - e^{-W\cdot\varepsilon})$ und den viskoplastischen Anteil $(\dot{\varepsilon})^m$ sowie die plastische Dehnungsverfestigung $e^{h\cdot\varepsilon^2}$ und den Einfluss der Prüftemperatur $e^{a/T}$.
In [113] und [118] wird die Anwendbarkeit des G'SELL-JONAS-Modells an einem Polyamid 12 für verschiedene Dehnraten gezeigt. Im Ergebnis der Untersuchungen kann zusammengefasst werden, dass für niedrige Dehnraten eine gute Übereinstimmung vorliegt, wobei es bei

Theorie

höheren Dehnraten nicht möglich ist, das Werkstoffverhalten mit denselben Regressionsparametern hinreichend genau zu beschreiben. Das wird auf verschiedene Mikrostrukturprozesse während der Deformation in Abhängigkeit von der Dehnrate zurückgeführt. Eine ausführliche Darstellung der Deformationsmechanismen in Abhängigkeit von der Dehnrate wird für isotaktisches Polypropylen (iPP) und schlagzähmodifiziertes Polypropylen (PP/EPR) in [94] gegeben. In Bild 2.12 sind die Deformationsmechanismen von iPP, ermittelt an CT-Prüfkörpern, bis zu einer Dehnrate von ca. 700 s^{-1} dargestellt.

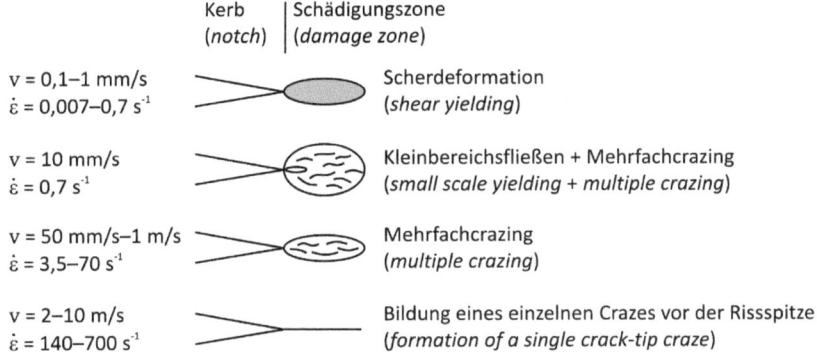

Bild 2.12: Änderung der Deformationsmechanismen mit Zunahme der Geschwindigkeit; unter Berücksichtigung der verwendeten CT-Prüfkörper ergibt sich ein Dehnratenbereich von 0,007 s^{-1} bis ca. 700 s^{-1} [94]

Neben den verschiedenen beschriebenen Deformationsmechanismen tritt auch ein Übergang im Rissausbreitungsverhalten von dominierend stabil zu dominierend instabil mit höheren Dehnraten auf. Dies wird in Bild 2.13 deutlich, in der die Bruchzähigkeit K_{IQ} in Abhängigkeit von der Prüfgeschwindigkeit bzw. der Dehnrate dargestellt ist. Die Prozesse, die dieses Verhalten maßgeblich beeinflussen, können in zwei Teile separiert werden. Zum einen ist die benötigte Zeit zur Relaxation der Spannungskonzentration an der Rissspitze mit Erhöhung der Geschwindigkeit nicht mehr gegeben und zum anderen ist die Energiedissipation an der Rissspitze in Form von Wärmeentwicklung auf einen kleineren Bereich beschränkt. Diese beiden Prozesse stehen in Verbindung miteinander und die Autoren [94] erklären den semistabilen (*semi-stable*) Bereich damit, dass ein Übergang stattfindet, der zu einer lokalen Erweichung führt. Dieses Verhalten ist auf einen engen Geschwindigkeitsbereich begrenzt und anschließend dominiert der Prozess der Relaxation der Spannungskonzentration. Dabei ist der erste Übergang vom stabilen zum instabilen Bereich auf die adiabatische Erwärmung zurückzuführen und nicht auf die Erhöhung der Prüfgeschwindigkeit. Dieses Verhalten gewinnt bei höheren Geschwindigkeiten deutlich an Bedeutung. An dieser Stelle sein einschränkend bemerkt, dass für eine werkstoffphysikalische Beschreibung des energiedissipativen Bruchprozesses das *J*-Integral-Konzept der FBM angewendet werden muss. Der Spannungsintensitätsfaktor *K* der LEBM berücksichtigt nur den Kraftanteil des Bruchprozesses, wohingegen das *J*-Integral-Konzept sowohl den Kraft- als auch den Verformungsanteil erfasst und damit eine energetische Bewertung des Bruchprozesses ermöglicht.

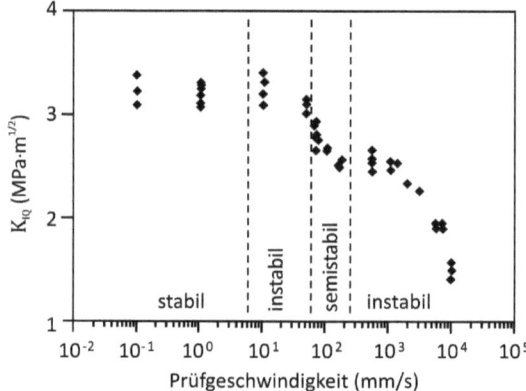

Bild 2.13: Bruchzähigkeit von iPP in Abhängigkeit von der Prüfgeschwindigkeit und Bewertung des Widerstandes gegenüber instabiler Rissausbreitung [94]

Van der Wal [120] hat an der Rissspitze bei einem EPDM-modifizierten PP bei einer Geschwindigkeit von 1 m/s eine Temperaturerhöhung um 50 K festgestellt. Ebenso konnte STEINER [121] während des stabilen Risswachstums unter schlagartiger Beanspruchung eine Zunahme der Temperatur von > 50°K für ein PA6-Werkstoff nachweisen. HAMDAN und SWALLOWE [122] ermittelten für ein PEEK- und PEK-Werkstoff einen Übergang vom isothermen zum adiabatischen Verhalten bei einer Dehnrate von über 500 s^{-1}.

2.4 Bewertung der Schädigungskinetik von faserverstärkten Kunststoffen mit Hilfe der Schallemissionsanalyse

2.4.1 Grundlagen der Schallemissionsanalyse

Die Schallemissionsanalyse (SEA) ist ein quasizerstörungsfreies Prüfverfahren, das an schädigungsinduzierende Prozesse gebunden ist. Die dabei freigesetzten Schallemissionen können durch mechanische, biologische oder chemische Beanspruchungen sowohl im mikroskopischen wie auch im makroskopischen Bereich hervorgerufen werden. Damit hat sich für die Schallemissionen die Definition nach BARDENHEIER bewährt, welcher in [123] angibt: „Schallemissionen (SE) treten in jedem Festkörpern immer dann auf, wenn mit dem Überschreiten bestimmter Werkstoffanstrengungen elastische Energiemengen in Form mechanischer Spannungswellen freigesetzt werden". Die mechanischen Spannungswellen breiten sich kugelförmig von der Schallemissionsquelle als Volumenwellen aus, werden in Oberflächenwellen transformiert und können mit Hilfe piezoelektrischer Wandler (SE-Sensor) in analoge, elektrische Signale überführt werden. Allerdings erfährt das ursprüngliche Signal, welches als Rechteckimpuls definiert werden kann, durch die Ausbreitung im Werkstoff eine starke Veränderung durch Dispersion und Reflexionen sowie Wellenmodenwandlung. So kann aus dem Rechteckimpuls ein langes, langsam an- und abschwellendes Signal werden, welches zusätzlich durch immanente Verlustmechanismen eine exponentielle Abnahme zeigt [123]. In Bild 2.14 ist schematisch die Signalverarbeitung bei der Schallemissionsanalyse gezeigt.

Theorie 21

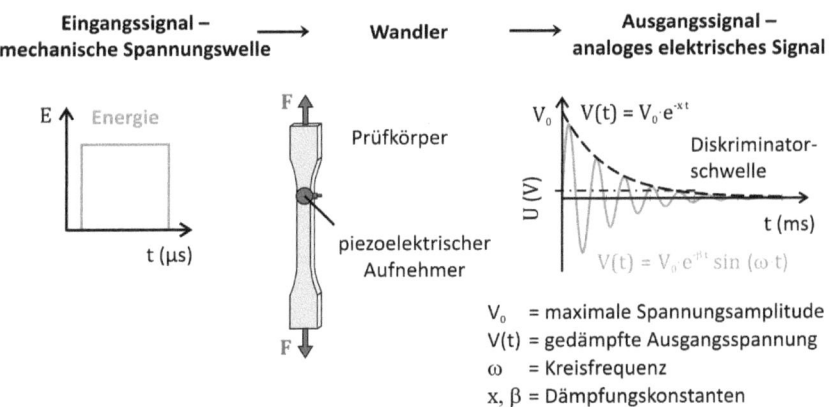

Bild 2.14: Signalverarbeitung bei der Schallemissionsanalyse in Anlehnung an [123]

Die aufgezeichneten Signale können prinzipiell in 2 Typen klassifiziert werden. So wird in der DIN EN 1330-9 [124] ein trotz hoher Zeitauflösung nicht trennbares Signal als kontinuierliche Emission und Ereignisse, welche voneinander getrennt werden können als Burst-Emission bzw. transiente Signale bezeichnet. Charakteristische Beispiele für kontinuierliche Emissionen sind plastische, homogene Verformungen von Metallen, Leckageströmungen oder Fließvorgänge. Diskontinuierlich auftretende Ereignisse wie Rissbildungs- und Rissfortschrittsvorgänge sowie bei faserverstärkten Werkstoffen Faser *pull-out* und Faserbruch führen zu Burst-Emissionen. Die aufgezeichneten Signale können vielfältig analysiert werden. So wird zur Darstellung die Impuls-, die Energie- und Ereignismessung sowohl im Summen- (kumulativ) wie auch im Ratenmodus (distributiv) gewählt. Darüber hinaus kann eine Amplituden- und Frequenzanalyse erfolgen [6, 123]. Die Möglichkeiten der Auswertung der Schallemissionen sind schematisch in Bild 2.15 dargestellt. Die Darstellung der Ergebnisse in Summen- und Ratenform dient der Charakterisierung der Signaldynamik und damit der Schädigungsentwicklung und -akkumulation. Dagegen können über die Darstellung der Amplitudenwerte und mit Hilfe der Frequenzanalyse Aussagen über die Schädigungsmechanismen und die zeitliche Zuordnung getroffen werden. Es wird in [125] allerdings darauf hingewiesen, dass die Darstellung über die Amplitudenanalyse nur bedingt Rückschlüsse auf die Schädigungen aufgrund der Schwächung der mechanischen Spannungswellen durch den im Werkstoff zurückgelegen Weg und damit vom Abstand der Schallemissionsquelle zum Sensor zulässt. In diesen Fällen ist nur mittels der Frequenzanalyse eine Zuordnung der Schädigungsmechanismen möglich [125, 126].

Die SEA wird unter zwei wesentlichen Gesichtspunkten angewendet. Zum einen sind Applikationen im technischen Sinne, z.B. im Bereich der Bauteilüberwachung von Behältern oder in der Überwachung des Risswachstums an Brücken und Staudämmen [127, 128], möglich und zum anderen liegt der Anwendungsbereich im werkstoffwissenschaftlichen Feld in der Aufklärung von Schädigungsmechanismen und daraus ableitbaren Korrelationen zu Werkstoffkennwerten.

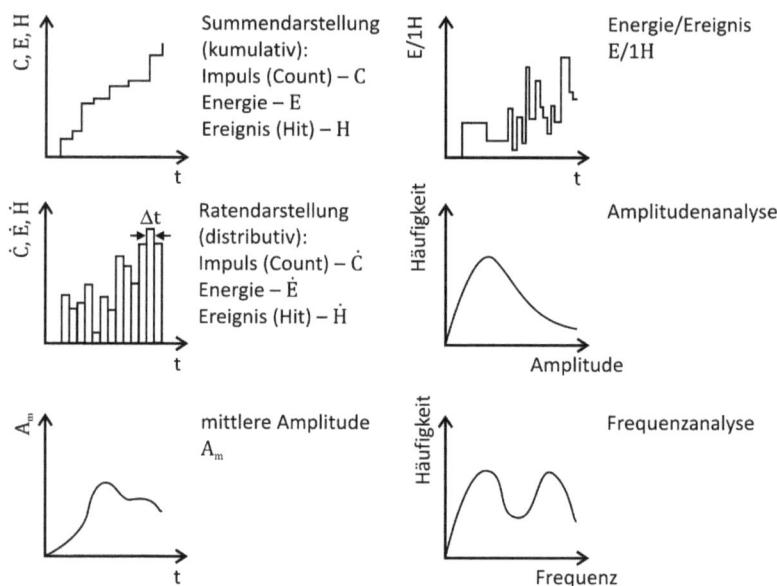

Bild 2.15: Darstellungsmöglichkeiten der Schallemissionsanalyse in Anlehnung an [123]

2.4.2 Literaturanalyse zur Beschreibung der Werkstoffeigenschaften von Faserbunden mit Hilfe der Schallemissionsanalyse

Im Folgenden werden Literaturergebnisse von Schallemissionsmessungen an faserverstärkten Kunststoffen vorgestellt und diskutiert.

In [129] erfolgte die Bewertung der Schädigungskinetik im quasistatischen Zugversuch für mit 40 M.-% kurz- und langglasfaserverstärkte PP-Werkstoffe mit unterschiedlichen *aspect ratio*-Werten und Haftungsverhältnissen. Hierfür wurden Streifenprüfkörper aus 2,5 mm starken Platten präpariert und die Glasfaserlänge betrug 0,5–150 mm, so dass die Werte des *aspect ratio* im Bereich von 35,7–9400 liegt. Eine Angabe über die verwendete Glasfaserart erfolgte nicht. Der Zugversuch wurde mit einer Geschwindigkeit von 2 mm/min durchgeführt und eine qualitative Bewertung der Haftungsverhältnisse sowie der Deformationsmechanismen erfolgte durch REM-Aufnahmen. Für die Schallemissionsmessungen wurde ein Breitbandsensor (200 kHz–1000 kHz) genutzt. Aufgrund der Realisierung von unterschiedlichen *aspect ratio*-Werten und Haftungsverhältnissen konnten aus dem Zusammenhang zwischen der Anzahl der akustischen Ereignisse (AE-Events) und den Amplitudenwerten Bereiche festgelegt werden, welche bestimmten Deformationsmechanismen zuzuordnen sind:

- 40–55 dB → Matrixversagen
- 60–65 dB → Grenzflächenbruch
- 65–85 dB → Faser *pull-out*
- 85–95 dB → Faserbruch

Die Schädigungsmechanismen wurden zusätzlich unter Nutzung der REM-Aufnahmen qualitativ bewertet, allerdings muss infolge der verwendeten Messtechnik und insbesondere durch die elektrische Verstärkung der AE-Signale beachtet werden, dass aus diesen Ergebnissen kein allgemeingültiger Zusammenhang abgeleitet werden kann. Darüber hinaus erfolgte keine kritische Diskussion hinsichtlich der Güte der aufgezeichneten Signale, da eine Abhängigkeit der aufgezeichneten Schallemissionen von der Entstehungsquelle besteht. Signale mit

längerem Weg erfahren eine höhere Dämpfung, wodurch niedrigere Amplitudenwerte gemessen werden. Aus diesem Grund ist die oben genannte Bereichsunterteilung nur bedingt aussagefähig.
SÉGARD [130] untersuchte im Kriechversuch PP-Werkstoffe mit 40 M.-% Kurzglasfasern, welche zur Differenzierung der Schädigungsmechanismen mit und ohne speziellen Haftvermittler versehen waren. Aussagen über den verwendeten Haftvermittler, den Glasfasertyp oder experimentelle Details bezüglich der Durchführung der Schallemissionsmessungen wurden nicht angegeben. Bei der Bewertung der Schädigungsmechanismen durch die Ermittlung von Amplitudenbereichen wurde auf die Ergebnisse von [129] mit einer geringen Anpassung hinsichtlich der Amplitudenbereiche zurückgegriffen. Darüber hinaus erfolgte die Bestimmung der jeweiligen Schädigungsanteile sowohl für die angebundenen wie auch nicht angebundenen Glasfasern. Dabei zeigte sich, dass die Matrixschädigung, damit ist die Bildung von Mikrorissen sowie der Rissfortschritt gemeint, den größten Anteil an den auftretenden Schädigungsmechanismen besitzt. Der Anteil beträgt bei guter Faser/Matrix-Haftung 98,25 % und bei geringer Haftung 93,6 %. Faser *pull-out*, Reibung in der Grenzfläche Faser/Matrix und Faserbruch sind nur mit einem geringen Teil, im Falle der angebundenen Fasern 1,75 % und bei den nicht angebundenen Fasern 6,4 %, beteiligt. Dies steht im Widerspruch zu den in [28] getroffenen Aussagen, dass besonders Faser *pull-out* bei Faserlängen unterhalb der kritischen Faserlänge l_{krit} die dominierende Versagensart ist.
In [131] wurden unidirektional glasfaserverstärkte Polyesterharze untersucht, welche typischerweise als Rohrwerkstoffe eingesetzt werden. Eine Signalidentifizierung erfolgte durch die Untersuchung von reinem, unverstärktem Polyesterharz sowie durch in 45° und 90° *off-axis* verstärkte Polyesterharze. Im Ergebnis konnten zwei verschiedene Amplitudentypen bestimmt werden, welchen zum einen der Matrixkavitation (Typ A) und zum anderen der Dekohäsion bzw. Delamination (Typ B) zuzuordnen sind. Der Unterschied zwischen Typ A und B liegt in der Amplitudenhöhe und Signaldauer, welche im Fall der Delamination höher und das Signal kürzer ist. So konnte nachgewiesen werden, dass der Amplitudentyp A im Fall der 90° off-axis Verstärkung 70 % und bei 45° Orientierung nur 20 % der Gesamtsignale ausmacht. Eine Frequenzanalyse der separierten Amplitudentypen wurde nicht vorgenommen. Eine Bewertung des Einflusses der Faserorientierung auf die Deformationsmechanismen von glasfaserverstärkten und karbonfaserverstärkten Polyesterharzen erfolgte ebenso in [132] und [133]. Als dominierender Mechanismus konnte bei Belastung in Faserrichtung der Faserbruch detektiert werden und bei einer Orientierung von 45° treten die Mechanismen Matrixdeformation und Delamination bevorzugt auf.
MOUHMID [134] untersuchte die Schädigungsmechanismen in PA 66-Werkstoffen, welche mit geschnittenem E-Glas verstärkt wurden. Informationen zu der Glasfaserlängenverteilung sowie dem *aspect ratio* liegen hier nicht vor. Aus der simultanen Aufzeichnung der Schallemissionen im quasistatischen Zugversuch an ungekerbten Prüfkörpern konnten die Kraft-Zeit-Kurven in 3 Bereiche eingeteilt werden, welche für eine unterschiedliche akustische Aktivität stehen. In Bild 2.16 ist dies beispielhaft für ein mit 15 M.-% verstärktes PA 66 gezeigt. Die Autoren führen den Übergang vom Bereich A, welcher durch eine vernachlässigbare akustische Emission charakterisiert ist, zum Bereich B auf das Erreichen der Streckgrenze und der damit verbundenen Zunahme plastischer Deformationen zurück. Der Bereich B ist durch zahlreiche akustische Emissionen gekennzeichnet, welche der Matrixplastizität sowie der Bildung von Mikrorissen zugeschrieben werden. Der Bereich C unterscheidet sich durch den Bereich B dahingehend, dass mehr Schallemissionen mit höheren Amplitudenwerten auftreten.

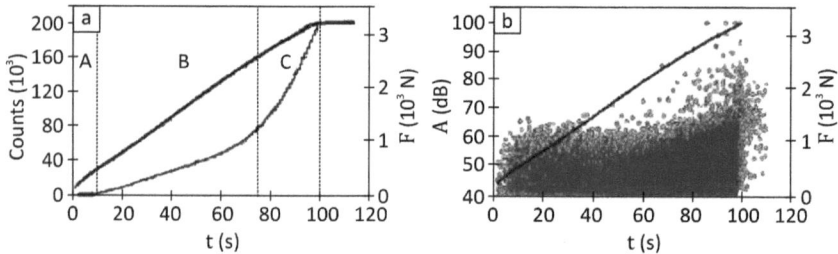

Bild 2.16: *Count*-Zeit- und Kraft-Zeit-Diagramm (a) sowie Amplituden-Zeit- und Kraft-Zeit-Diagramm (b) für PA 66 mit 15 M.-% Glasfasern; A – Bereich mit geringer akustischen Aktivität, B – Bereich mit mittlerer Aktivität und C – Bereich der durch ultimatives Versagen gekennzeichnet ist [134]

In [135] wurde das Schädigungsverhalten von Polyethylenwerkstoffen untersucht, die mit Maishüllen gefüllt waren. Zur besseren Interpretierbarkeit der Ergebnisse wurde ein Modellwerkstoff mit nur einer Maishülle hergestellt. Ein zusätzlicher Vorteil ergab sich durch die nur 0,5 mm dicken Platten, welche eine optische Beobachtung der während der Belastung auftretenden Deformationsprozesse aufgrund der Transluzenz ermöglicht. So konnte in Analogie zu [129] und [130] eine Korrelation zwischen den Amplitudenwerten und Schädigungsmechanismen hergestellt werden:

- < 25 dB → Matrixdeformation
- 26–40 dB → *pull-out* der Maishüllen
- > 41 dB → Maishüllenbruch

Die Ermittlung der Schädigungsmechanismen von buchholzgefüllten Polypropylenwerkstoffen waren Gegenstand von Untersuchungen in [136]. Das Holzmehl wurde nach erfolgter Siebung (Maschenweite 1 mm) und Trocknung aufgrund des hydrophilen Charakters ohne Verwendung eines Haftvermittlers der Polypropylen-Matrix im Gehalt von 10–40 Massenprozent zugegeben. Die Holzfaserlänge betrug 2–3 mm und anschließend wurden im Spritzgussverfahren Vielzweckprüfkörper hergestellt. Der quasistatische Zugversuch wurde mit einer Traversengeschwindigkeit von 20 mm/min durchgeführt und die Aufzeichnung der Schallemissionen erfolgte mit Hilfe eines Breitbandsensors. Die Ergebnisse des Zugversuches zeigten eine Zunahme der Steifigkeit und Abnahme der Festigkeit, was die Autoren auf die nicht vorhandene Anbindung des Holzmehls an die Matrix zurückführten. Das Holzmehl hat demzufolge nur eine Füllstofffunktion. Angaben über die Längenverteilung der nach der Verarbeitung vorliegenden Holzfasern wurden nicht gemacht. Die bei der Schallemissionsprüfung aufgezeichneten akustischen Signale wurden vornehmlich dem *Debonding* zugeordnet. Ein Bruch der Holzfasern konnte aufgrund der nicht vorhandenen Anbindung an die Polymermatrix sowie der von den Autoren nicht näher spezifizierten zu geringen Faserlänge ausgeschlossen werden. Die Anzahl der Schallemissionen (*Hits*) nimmt mit höherem Anteil an Holzfasern kontinuierlich ab, was auf die schlechte Verteilung und die damit verbundenen Faseraggregationen zurückgeführt wird.

In [137] erfolgte eine Bewertung des Einflusses einer Klima- und Wasserlagerung auf das Deformationsverhalten von glasfaserverstärkten Polycarbonatwerkstoffen im quasistatischen Biegeversuch. Zur Verstärkung wurden 20 M.-% mit Schlichte versehene und zu Referenzwecken ohne Schlichtesystem versehene E-Glasfasern hinzugegeben. Im Ergebnis konnten pro Schallemissionsereignis (*Hit*) mehrere *Counts* (positive Überschwingungen) für die Glasfasern mit Schlichte ermittelt werden. Es wird davon ausgegangen, dass durch eine gute Faser/Matrix-Haftung ein höherer Energiebetrag freigesetzt wird, als dies bei einer ungenügenden Haftung der Fall ist. Die Deformationsmechanismen sind durch Delamination und Faser *pull-out* gekennzeichnet. Aufgrund der gemessenen mittleren Glasfaserlänge vor und nach Durchführung des Biegeversuchs konnten Glasfaserbrüche ausgeschlossen werden. Aufgrund der Annäherung der Häufigkeitsverteilung der *Counts/Hit* zwischen den behandelten und unbehandelten Fasern wird infolge der Klima- und Wasserlagerung sowohl von einer Verringerung der Haftungsverhältnisse, die Autoren sprechen von einer „Lockerung der Verbundhaftung", als auch von einer Versprödung der Polymermatrix ausgegangen. Schallemissionsmessungen an Talkum-gefüllten Polypropylen-Werkstoffen unter schlagartiger Beanspruchung sind von Xu [138] durchgeführt worden. Anhand der Variation der Größe von Talkumpartikeln sowie den Einsatz unterschiedlicher Haftvermittlerkonzentrationen wurde unter schlagartiger Beanspruchung im instrumentierten Kerbschlagbiegeversuch (IKBV) die Schädigungskinetik mittels Schallemissionsprüfung ermittelt. Die Kerbtiefe und der Kerbradius der spritzgegossenen Prüfkörper (70x10x4 mm^3) betrugen 2,5 mm und 0,25 mm. Weiterführende Angaben über die zugrundeliegende Prüfnorm, die Prüfgeschwindigkeit oder über die Realisierung der Datenaufzeichnung im IKBV wurden nicht getätigt. Für die Schallemissionsmessungen wurde ein resonanter Sensortyp verwendet. Aufgrund der gewählten experimentellen Bedingungen und den dargelegten Ergebnisse kann davon ausgegangen werden, dass eine bruchmechanische Zähigkeitsbewertung unter Berücksichtigung der mit Hilfe der Schallemissionsanalyse ermittelten Schädigungskinetik nicht Gegenstand der Untersuchungen war. In Bild 2.17 sind die Spannungs-Zeit- (σ-t-) bzw. Amplituden-Zeit-Diagramme (A-t-Diagramme) der PP-Werkstoffe mit gleicher Partikelgröße aber unterschiedlichen Talkumgehalten dargestellt. Die Darstellung der Spannung in Abhängigkeit von der Zeit ist im IKBV nicht üblich und kann nur so erklärt werden, dass die Autoren die gemessene Schlagkraft auf den Restquerschnitt bezogen haben. Dies gilt allerdings nur näherungsweise unter Berücksichtigung dass keine Rissausbreitung stattfindet. Die Autoren gehen auf diese Problematik nicht ein, so dass die angegebenen Spannungen nur einen informativen Charakter besitzen. Unter den Amplitudenwerten A verstehen die Autoren alle positiven Überschwingungen (*Counts*) mit ihren Dezibel-Werten (dB-Werten).

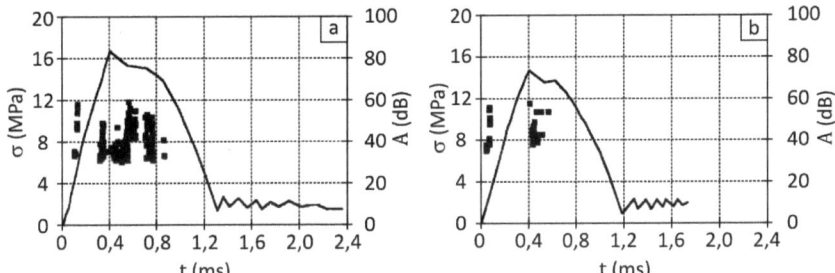

Bild 2.17: σ-t- und A-t-Diagramm für PP mit 30 (a) und 50 M.-% (b) Talkum [138]

Die ersten auftretenden Amplitudenwerte werden mit der Rissinitiierung erklärt und die bei den höheren Füllgraden beobachteten geringeren Schallemissionen werden auf die Agglomeration der Talkumpartikel zurückgeführt. Der zwischen der Rissinitiierung und -ausbreitung liegende Bereich mit fehlender akustischer Aktivität wird mit der geringen Haftung der Talkumpartikel in der PP-Matrix erklärt.
BOHSE [126]untersuchte die auftretenden Deformationsmechanismen von Polypropylen/Polyethylen hoher Dichte-Blends (PP/PE-HD-Blends) mit und ohne Verwendung eines Haftvermittlers. In Bild 2.18 sind die Ergebnisse der an beidseitig gekerbten Prüfkörpern im quasistatischen Zugversuch durchgeführten Schallemissionsuntersuchungen gezeigt. Der Kerbradius betrug 3 mm und die Prüfgeschwindigkeit 100 mm/min. Die Schallemissionen

wurden mit einem Breitbandsensor aufgezeichnet. Angaben über die genaue Positionierung, d.h. über den Abstand zwischen Kerbe und Sensor existieren nicht. Für das reine PP sind nur wenige akustische Emissionen festzustellen und das Werkstoffversagen ist durch eine instabile Rissausbreitung gekennzeichnet (Bild 2.18a). Im Gegensatz dazu ist in Bild 2.18b sowohl ein signifikant anderes mechanisches wie akustisches Verhalten der PP/PE-HD-Blends zu erkennen. Durch die Zugabe von PE-HD ändert sich die Rissausbreitungskinetik von dominierend instabil zu stabil. Es werden eine Vielzahl von Ereignissen (*Hits*) pro Zeiteinheit detektiert, was der Autor auf die unterschiedlichen Bruchdehnungen von PP und PE-HD zurückführt. So konnte mit Hilfe von REM-Aufnahmen gezeigt werden, dass eine starke Änderung in der Fibrillierung stattfindet. Da die Bruchdehnung des PE-HD geringer als die des PP ist, findet ein Bruch der sich ausgebildeten PE-HD-Fibrillen statt. Die Anzahl und die beim *Debonding* freigesetzte Energie sowie der Bruch der Fibrillen nehmen deutlich mit kleineren PE-HD-Inklusionen und der Verwendung von Haftvermittlern (Faktor 10) zu. Zusätzlich konnte in [126] und [8] anhand von Modellwerkstoffen eine Korrelation der Schädigungsmechanismen mit den dazugehörigen Frequenzspektren erfolgen. Dafür wurde in eine Epoxidmatrix eine einzelne Karbonfaser eingearbeitet.

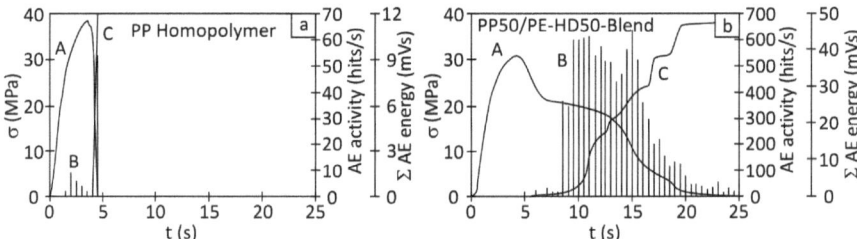

Bild 2.18: Akustisches Verhalten von PP (a) und PP50/PE-HD50-Blend (b) mit Haftvermittler; Spannungs-Zeit-Diagramm (A), AE-Aktivität (B) und akkumulierte AE-Energie (B) [126]

Solche Modellwerkstoffe werden in der Literatur als Einzel-Faser-Verbunde (*single-fiber composites*) bezeichnet. So konnte für die Bildung von Matrixrissen ein Frequenzbereich von 100–350 kHz und für die Karbonfaser-Fragmentierung von 350–700 kHz angegeben werden. Es wird darauf hingewiesen, dass das Frequenzspektrum nicht nur von den akustischen Eigenschaften des Werkstoffes, sondern auch von den durch die äußere Beanspruchung (Zug, Druck, Scherung) stimulierten Wellenmoden abhängt.

In [125] sind ebenfalls Untersuchungen an unidirektional glasfaserverstärkten PP-Werkstoffen (PLYTRON™) zur Identifizierung der Schädigungsmechanismen unter Nutzung der mit Hilfe der Frequenzanalyse gewonnenen primären Frequenz durchgeführt worden. Die akustischen Signale wurden mit einem Breitbandsensor unter Verwendung eines Transientenrekorders im quasistatischen Zugversuch (5mm/min) aufgezeichnet. Das Prinzip der Auswerteprozedur ist in Bild 2.19 gezeigt. Alle aufgezeichneten transienten Signale sind mit Hilfe der schnellen Fouriertransformation (FFT – *Fast Fourier Transform*) in den Frequenzraum überführt worden und die primäre Frequenz, d.h. die Frequenz mit dem höchsten Peak, diente zur Charakterisierung der Schädigungsmechanismen.

Theorie 27

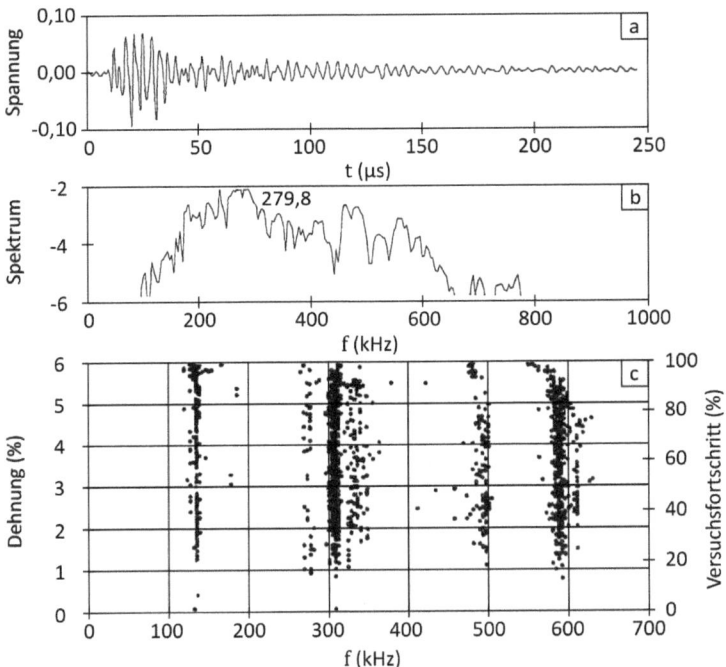

Bild 2.19: Transientes Signal (a), FFT-Leistungsspektrum (b) und Darstellung der Hauptfrequenzen (c) für in Richtung der Belastung (0°) unidirektional verstärktes PP [125]

Hierfür wurden alle Frequenzen in ein Dehnungs-Frequenz-Diagramm (Bild 2.19c) eingetragen und aus diesem funktionalen Zusammenhang konnte unter Auswertung unterschiedlicher Faserorientierungen zur Belastungsrichtung eine Korrelation zu den Schädigungsmechanismen hergestellt werden:

- 100–120 kHz → Faser/Matrix *debonding*
- 200–300 kHz → Fasergleiten und Faser *pull-out*
- 450–550 kHz → Faserbruch

Gegenstand der Untersuchungen von Yu [139] war ebenso die Zuordnung von charakteristischen Frequenzbereichen zu konkreten Schädigungsmechanismen. Dazu wurden unidirektional karbonfaserverstärkte Epoxidharze im quasistatischen Zugversuch an gekerbten Prüfkörpern untersucht. Für die ermittelten unterschiedlichen Frequenzbereiche konnten unter Berücksichtigung der Karbonfaserorientierung parallel (0°) sowie transversal (90°) zur Belastungsrichtung folgende Korrelationen abgeleitet werden:

- 100 kHz → Matrixversagen
- 200–400 kHz → Faserbruch

In [140] wurden, wie in [126], an Einzel-Faser-Verbunden die während der Belastung aufgezeichneten akustischen Signale mittels FFT ausgewertet und die Frequenzbereiche den Schädigungsmechanismen zugeordnet. Dabei stand der Einfluss unterschiedlicher Matrizes (Polyesterharz und Epoxidharz) sowie der Karbonfaserdurchmesser (6 μm und 12 μm) im Vordergrund des Interesses. Die Untersuchungen wurden im quasistatischen Zugversuch mit einer Geschwindigkeit von 0,1 mm/min an ungekerbten Prüfkörpern durchgeführt und die Aufzeichnung der akustischen Emissionen erfolgte mit einem Breitbandsensor (10–1000 kHz). So konnte für den Polyesterharz-Werkstoff (Faserdurchmesser 6 µm) aus den registrierten Schallemissionen eine Frequenz von 30 kHz dem Karbonfaserbruch zugeordnet werden, während der Frequenzbereich von 100–1000 kHz keinem spezifischen Mechanismus zugewiesen wird. Bei den Epoxidharz-Werkstoffen bestätigt sich der ermittelte Frequenzbereich von 100–1000 kHz, allerdings ergaben sich für die Faserbrüche unterschiedliche Ergebnisse. So konnte keine Frequenz für den Bruch der 6 µm starken Karbonfaser angegeben werden, während für die 12 µm starke Karbonfaser eine Frequenz von 90 kHz angeben wird. Eine Erklärung für dieses konträre Ergebnis wurde nicht gegeben.

Ebenso wie die schon diskutierten Resultate an verstärkten Duromeren hat auch DE GROOT [141] das Schädigungsverhalten von unidirektional karbonfaserverstärkten Epoxidharzen mittels Schallemissionsanalyse untersucht. Um eine Separierung der auftretenden Schädigungsarten zu erreichen wurden sowohl unterschiedliche Orientierung der Faserlagen als auch Untersuchungsmethoden verwendet. Dazu wurden Faserlagen in 0° (alle Schädigungsarten), 90° (hauptsächlich Matrixbruch) und 10° (nahezu kein Faserbruch) zur Belastungsrichtung realisiert und dann wurden Zug-, DCB- (*double cantilever beam*) und Zugscher-Versuche durchgeführt. Für die Schallemissionsmessungen wurden ein Breitbandsensor und ein Vorverstärker (100–1000 kHz) verwendet. Unter Berücksichtigung aller Werkstoffe und Untersuchungsmethoden konnten die folgenden Frequenzbereiche festgelegt werden:

- 90–150 kHz → Matrixbruch
- 180–310 kHz → *pull-out* mit *debonding*
- > 300 kHz → Faserbruch

Vereinzelt auftretende Frequenzen von 480 kHz und ~540 kHz konnten mit den durchgeführten Untersuchungen von den Autoren nicht erklärt werden.

NI [142] wertete die aufgezeichneten transienten Signale eines Modellwerkstoffes mit Hilfe der Wavelet-Transformation aus. Untersucht wurde ein Epoxidharz mit einer einzeln eingearbeiteten Karbonfaser mit einem Durchmesser von 6,9 µm. Zur Validierung der Schädigungszuordnung durch die Angabe von Frequenzbereichen erfolgte vorher eine systematische Untersuchung des Einflusses der Sensorposition zur Schallemissionsquelle. Dazu diente ein akustischer Sensor als Quelle und ein zweiter Sensor als Empfänger. Die Signale sind mit drei unterschiedlichen Frequenzen per Signalgenerator erzeugt worden. Die Ergebnisse für die Auswertung der Hauptamplitude (Peak-Amplitude) sowie die per Wavelet-Transformation ermittelten Frequenzen sind in Bild 2.20 dargestellt.

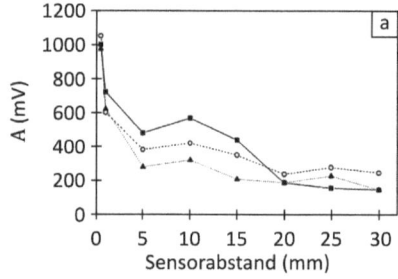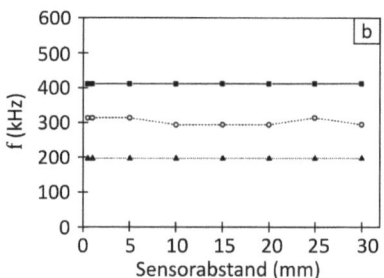

Bild 2.20: Schwächung der Peak-Amplituden (a) und Frequenzcharakteristik des akustischen Signals (b) für unterschiedlicher Abstände von Schallemissionsquelle und Sensorposition [142]

Wie aus der funktionalen Darstellung in Bild 2.20a hervorgeht, ist mit zunehmendem Abstand eine nichtlineare Abnahme der Peak-Amplituden-Werte aufgrund von inhärenten Verlustmechanismen zu erkennen. Dagegen bleibt die Frequenz des Quellsignals durch die Variation des Sensorabstandes unbeeinflusst (Bild 2.20b). Damit ist eine Zuordnung der

Theorie

Schädigungsmechanismen unter Berücksichtigung des Frequenzinhaltes des zugrundeliegenden Schallemissionssignals gegenüber der Amplitudenanalyse zu bevorzugen. Durch die Auswertung des Fragmentierungstestes – unter quasistatischer Beanspruchung wird nach einem definierten Abbruchkriterium der Versuch beendet und die mikromechanischen Mechanismen werden ermittelt – konnten folgende Beziehungen zwischen Schädigungsart und Peak-Frequenz hergestellt werden:

- < 100 kHz → Matrixbruch
- 200–300 kHz → *Debonding*
- 400–450 kHz → Faserbruch

2.4.3 Interpretation der unterschiedlichen Frequenzbereiche für den Schädigungsmechanismus „Faserbruch"

In diesem Abschnitt werden die in der Literatur ermittelten unterschiedlichen Frequenzbereiche für den Faserbruch diskutiert. Dazu sind in Bild 2.21 unter Beachtung der in [141] aufgeführten Literaturergebnisse die Frequenzbereiche für die jeweiligen Werkstoffsysteme unter Berücksichtigung der jeweiligen Prüfkörperart (Einzelfaser-Verbund, unidirektional (UD) verstärkter Verbund) graphisch zusammengefasst.

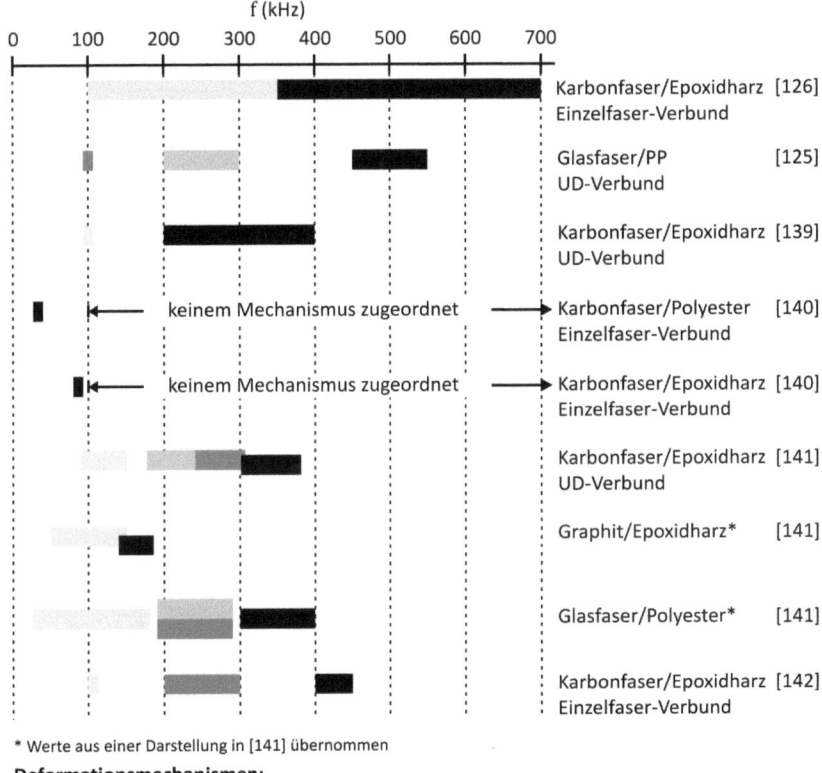

* Werte aus einer Darstellung in [141] übernommen

Bild 2.21: Überblick über die in der Literatur angegebenen Korrelationen zwischen Schädigungsmechanismen und Frequenzbereichen

Wie aus dem Vergleich zu erkennen ist, kann für den Faserbruchmechanismus ein Frequenzbereich von 30–700 kHz angenommen werden. Dieses breite Spektrum kann auf unterschiedliche Einflussfaktoren zurückgeführt werden. So sind neben der Orientierung der Fasern in Bezug zur Beanspruchungsrichtung sowie zur Rissausbreitungsrichtung ebenso die Haftungsbedingungen der Fasern in der Matrix, der Fasertyp, der Fasergehalt, die Faserlänge, die inhärenten Verlustmechanismen sowie die von der äußeren Belastung hervorgerufenen Wellenmoden von Bedeutung [126]. Um den Einfluss der Faserorientierung sowie des Fasergehaltes auf die Schallemissionsmessungen zu erläutern, soll im Folgenden näher auf die Spannungsverteilung einer in einer polymeren Matrix eingebetteten Einzelfaser eingegangen werden. Vorausgesetzt wird eine optimale Haftung sowie symmetrische Anordnung der Faser in der Matrix. Im Bild 2.22a–b sind schematisch die sich ausbildenden Spannungsverläufe für eine senkrecht sowie parallel zur Beanspruchungsrichtung orientierten Faser sowie der Grenzfläche für den Fall einer elastischen und plastischen Matrix dargestellt. Die Verstärkungswirkung ist, wie in Kapitel 2.1 ausgeführt, dadurch gekennzeichnet, wie die wirkenden Kräfte in Bezug zur Faserachse aufgenommen und eingeleitet werden.

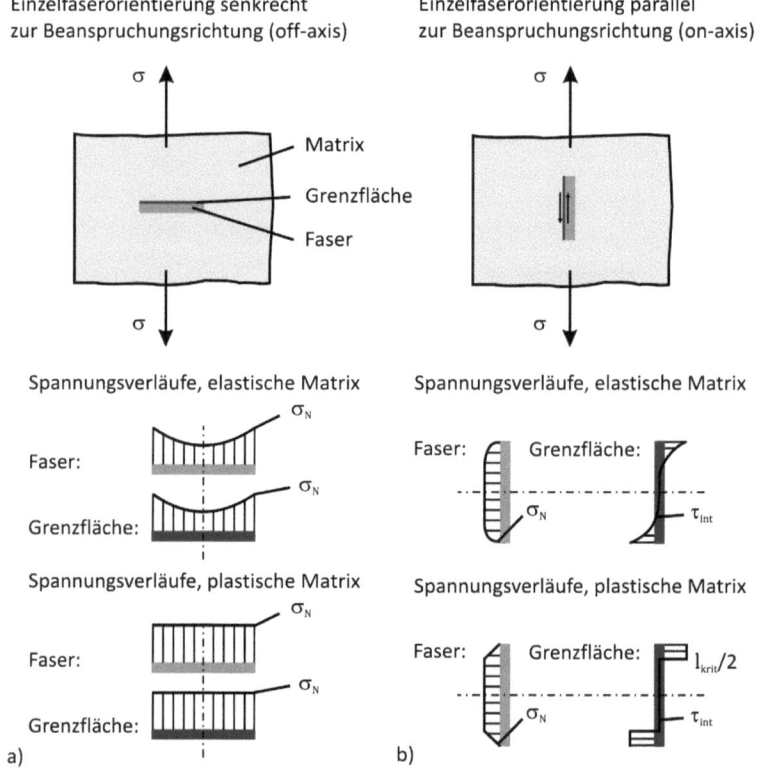

Bild 2.22: Schematische Darstellung einer in einer Matrix eingebetteten Einzelfaser senkrecht (a) und parallel (b) zur Beanspruchungsrichtung sowie die daraus resultierenden Spannungsverläufe für die Faser und die Grenzfläche für den Fall einer elastischen und plastischen Matrix [21, 30, 38]

Die senkrechte Orientierung der Faser zur Beanspruchungsrichtung führt zu Spannungsspitzen an den Faserenden (Bild 2.22a), von wo aus bei Überschreiten der Fließspannung der

Matrix oder der Grenzflächenschubspannung die Schädigungen initiiert werden. Aufgrund der höheren Festigkeit der Faser gegenüber der Matrix sind die bevorzugten Schädigungsmechanismen die Rissbildung an den Faserenden und die daraus resultierenden Rissausbreitung in der Matrix, was zum ultimativen Versagen des Werkstoffs führt. Die parallele Krafteinleitung in die Faser führt dagegen zu den in Bild 2.22b dargestellten Spannungsverläufen in der Faser und der Grenzfläche, wobei es aufgrund der Orientierung und der unterschiedlichen Dehnbarkeit der Matrix und Faser zur Ausbildung einer Schubspannung τ_{int} in der Grenzfläche kommt, welche an den Faserenden ein Maximum erreicht. Wird ein plastisches Verhalten der Matrix angenommen, ist die Zunahme der Spannung in der Matrix von der konstanten Scherspannung der Matrix beeinflusst und der sich ausbildende Spannungszustand hängt maßgeblich von der kritischen Länge l_{krit} und damit von der Möglichkeit ab, Spannungen in die Faser einzuleiten [30]. Die Orientierung der Faser in Richtung der Beanspruchung führt zu einer höheren Verstärkungswirkung als im umgekehrten Fall, da zum einem die Kräfte über die Grenzfläche von der Faser aufgenommen werden und zum anderen die auftretenden Schädigungsmechanismen *debonding*, *pull-out* mit und ohne Matrixfließen sowie Faserbruch mehr Energie dissipieren (vgl. Diskussion in Kapitel 2.1). Bei den in den vorliegenden Literaturstellen untersuchten Werkstoffsystemen handelte es sich um Einzel-Faser-Verbunde bzw. um unidirektional verstärkte Verbunde, wo Langfasern in die Matrix eingearbeitet wurden und die Haftung der Fasern in der Matrix ausgeprägt ist. Dies führt dazu, dass die von der Grenzfläche übertragbaren Kräfte sehr hoch sind, was begünstigt durch eine Faserlänge größer als die kritische Länge l_{krit} zu Faserbrüchen führt. Mit zunehmenden Faseranteil und damit komplexeren Spannungsfeldern kommt es ab einer kritischen Konzentration zur Spannungsüberlagerung benachbarter Fasern. Durch diese Spannungsüberlagerungen werden die Maxima an den Faserenden verringert und damit überwiegt die Verstärkungswirkung gegenüber der Kerbwirkung der eingebetteten Faser [21, 38]. Dieser Sachverhalt wird in [6] für die Abhängigkeit der Anzahl der aufgezeichneten Schallemissionen vom Glasfasergehalt verantwortlich gemacht. Darüber hinaus ergibt sich eine Determiniertheit der aus den aufgezeichneten transienten Signalen ermittelten Frequenzen f von der äußeren Beanspruchung bzw. der resultierenden Normalspannung σ_N der Faser (Bild 2.23). Bei einer guten Haftung der Fasern in der Matrix kann davon ausgegangen werden, dass mit steigender Kraft F die in der Faser vorliegende Normalspannung σ_N zunimmt. Je höher der Spannungszustand in der Faser, umso mehr elastische Energie wird gespeichert und umso höher ist der Frequenzbereich des Faserbruchs. Eine Verallgemeinerung dieser Annahme kann jedoch nicht getroffen werden, da die äußere Beanspruchung auch zum *pull-out* der Faser führen kann, was eine geringere Normalspannung der Faser zur Folge hat.

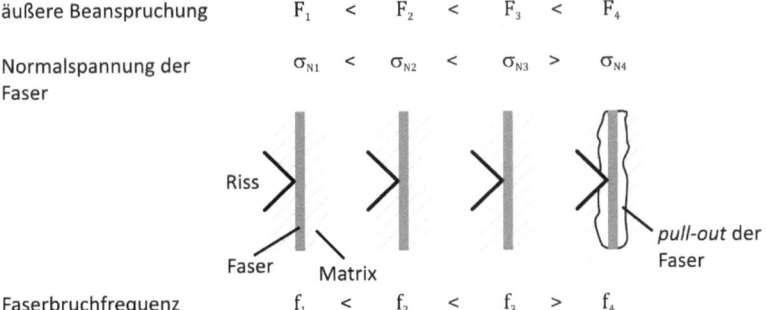

Bild 2.23: Schematische Darstellung der Abhängigkeit der Faserbruchfrequenz f von der äußeren Beanspruchung F bzw. von der Normalspannung σ_N der Faser

Infolge der Rissausbreitung kann es zum Faserbruch kommen, wenn der Riss keine Möglichkeit hat, sich entlang der Faser oder in der Matrix auszubreiten. Gründe dafür können eine hohe Beanspruchungsgeschwindigkeit, der Faseranteil und die Orientierung der Fasern zur Rissausbreitungsrichtung sein. Dieser Fall ist schematisch im Bild 2.23 für die Kraft F_4 und die resultierende Spannung σ_{N4} sowie Frequenz f_4 dargestellt. Daraus kann induktiv abgeleitet werden, dass bei einer geringen Haftung der Fasern in der Matrix sowie bei geschädigten Fasern der Frequenzbereich des Faserbruchmechanismus geringer ausfällt. Für den Faserbruch sind demnach unterschiedliche Brucharten charakteristisch. So kann die Faser infolge einer Zugbeanspruchung oder infolge einer Biegebeanspruchung durch die Rissausbreitung brechen. Letzterer Bruchmechanismus kann auch dann auftreten, wenn die Faser nicht oder nur partiell an die Matrix angebunden ist.

Eine Allegorie dieses Sachverhaltes ist die in einer unterschiedlich stark gespannten Gitarrensaite gespeicherte Energie, welche im Fall der höher gespannten Saite zu einer höheren Frequenz führt.

3 Experimentelle Methoden zur Bestimmung der Eigenschaften unter quasistatischer und dynamischer Beanspruchung

3.1 Überblick über die untersuchten Werkstoffe

Die im Rahmen dieser Arbeit untersuchten Polyolefinwerkstoffe wurden von LYONDELLBASELL INDUSTRIES (FRANKFURT AM MAIN) zur Verfügung gestellt. Es handelt sich um Polypropylen- (PP), Polyethylen hoher Dichte- (PE-HD) und Polybuten-1-Werkstoffe (PB-1), welche mit Kurzglasfasern in den in der Tabelle 3.1 aufgelisteten Glasfasergehalten verstärkt sind. Aufgrund des unpolaren Charakters der Polyolefine wurde Maleinsäureanhydrid (MSA) als Haftvermittler zur Optimierung der Anbindung der Fasern an die Matrix verwendet. KARDELKY und SCHRÖDER wiesen in [143] und [144] nach, das mit Echtblau im Vergleich zu anderen Nukleierungsmitteln für PP/GF-Verbunde bei einem Gehalt von 0,01 Masseprozent das beste mechanische Eigenschaftsniveau erzielt wird. Aus diesem Grund wurde Echtblau zu allen in dieser Arbeit untersuchten Werkstoffsystemen hinzugegeben. Für die Untersuchungen standen spritzgegossene Vielzweckprüfkörper nach DIN EN ISO 527-2 [145] mit einer Gesamtlänge l_3 von 170 mm zur Verfügung. In Bild A.1 ist der Prüfkörper mit den Abmessungen schematisch dargestellt.

Tabelle 3.1: Untersuchte Werkstoffsysteme

Matrixwerkstoffe	Glasfasergehalt in M.-%	Bezeichnung in dieser Arbeit
PP; PE-HD; PB-1	0	PP; PE-HD; PB-1
	10	PP/10; PE-HD/10; PB-1/10
	20	PP/20; PE-HD/20; PB-1/20
	30	PP/30; PE-HD/30; PB-1/30
	40	PP/40; PE-HD/40; PB-1/40
	50	PP/50; PE-HD/50; PB-1/50

3.1.1 Bestimmung des Faservolumengehalts und der Faserorientierung

Faservolumengehalt

Die Ermittlung des Glasfaservolumenanteils φ_V der 18 Werkstoffe erfolgte nach Gl. 3.1 unter Einbeziehung der Dichte der Matrix ϱ_M und der Glasfaser ϱ_{GF}.

$$\varphi_V = \frac{V_{GF}}{V_P} = \Psi \cdot \frac{\varrho_P}{\varrho_{GF}} = \frac{1}{1 + \frac{1-\Psi}{\Psi} \cdot \frac{\varrho_{GF}}{\varrho_M}} \qquad 3.1$$

V_{GF}... Volumen der Fasern
V_P... Volumen des Polymers
Ψ... Glasfasergehalt als Masseanteil
ϱ_P... Dichte des verstärkten Polymers

Der für eine korrekte Angabe von φ_V benötigte Glasfasermasseanteil wurde durch Veraschung nach DIN EN ISO 3451-1 [146] ermittelt, indem das Verfahren A mit einer Temperatur von 600°C angewandt wurde. Die Dichtebestimmung erfolgte nach DIN EN ISO 1183-1 [147] mittels dem Auftriebsverfahren, welches auf dem Archimedischen Prinzip beruht und davon ausgeht, das ein in eine Flüssigkeit getauchter Körper eine Auftriebskraft erfährt, die dem Betrag nach gleich der Gewichtskraft der durch das Volumen des Körpers verdrängten

Flüssigkeit ist. Damit ist das Volumen eines getauchten Körpers gleich dem Volumen der verdrängten Flüssigkeit. Als Flüssigkeit wurde für alle Werkstoffe aufgrund der für die unverstärkten Werkstoffe ermittelten Dichtewerte $\varrho < 1{,}0$ g/cm³ Ethanol verwendet, welches in einem Dichtebereich von 0,79–1,59 g/cm³ angewendet werden kann.

Faserorientierung

Wie in Kapitel 2.1 ausgeführt, ist die Faserorientierung eine wichtige Größe für die Verstärkungswirkung wie auch für die auftretenden Schädigungsmechanismen und wird durch viele Faktoren, wie der Matrixviskosität, der Glasfaserlänge oder von den Prüfkörperabmessungen beeinflusst. Zur qualitativen Bewertung der Faserorientierung in den spritzgegossenen Vielzweckprüfkörpern wurden sowohl lichtmikroskopische wie auch rasterelektronenmikroskopische (REM) Aufnahmen angefertigt. Zu diesem Zweck wurden aus den Vielzweckprüfkörpern für die lichtmikroskopischen Untersuchungen Proben heraus präpariert, welche anschließend in Epoxidharz eingebettet, geschliffen, geläppt und poliert wurden. Damit konnte die Orientierung orthogonal zur Schmelzfließrichtung für den Rand- und Kernbereich bewertet werden. Eine schematische Darstellung der Probenentnahme sowie der Betrachtungsebenen ist in Bild 3.1 gezeigt. Die Dokumentation der lichtmikroskopischen Aufnahmen erfolgte durch das Anfertigen von Photographien.

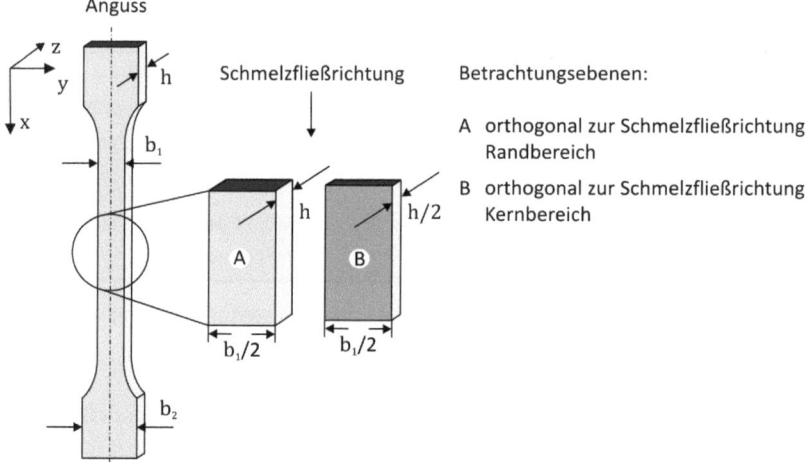

Bild 3.1: Schematische Darstellung der Probenentnahme und der Betrachtungsebenen

Zusätzlich zu den lichtmikroskopischen Aufnahmen wurden rasterelektronenmikroskopische Aufnahmen (REM-Aufnahmen) von gekerbten Prüfkörpern der mit 20 M.-% verstärkten Polyolefine angefertigt. Für die REM-Aufnahmen wurde die für spritzgegossene Prüfkörper typische Haut durch Polieren mit Siliciumcarbid-Schleifpapier der Körnung 4000 (Korngröße 5 µm) um 200 µm mittels eines speziell angefertigten Aluminiumquaders unter ständiger Kühlung mit Wasser zur Verhinderung der Erwärmung der Prüfkörperoberfläche abgetragen. Die Prüfkörper sind in dem Aluminiumquader eingeklemmt und stehen am Rand um genau 200 µm über (Bild A.2). In [148] konnte anhand der polarisationsmikroskopischen Aufnahmen von Dünnschliffen die maximale Dicke der Spritzhaut abgeschätzt werden, welche für PP bei 60 µm und für PE-HD und PB-1 bei 100 µm liegt. Die so polierten Prüfkörper hatten die Abmessungen 60x9,6x3,6 mm³ ($Lx\,Wx\,B$) und wurden anschließend auch für die Kopplung der Schallemissionsmessung mit der *in-situ* Zugbeanspruchung an gekerbten Prüfkörpern verwendet (Kapitel 3.6). Die Bestimmung der qualitativen Faserorientierung erfolgte an den in der Tabelle 3.2 aufgeführten Werkstoffen.

Tabelle 3.2: Ausgewählte Werkstoffe zur Bestimmung der Glasfaserorientierung

Werkstoff	Glasfasermasseanteil Ψ	Gesamtvergrößerung V_G
lichtmikroskopische Aufnahmen		
PP, PE-HD, PB-1	0,2	10,24x; 64x
	0,5	
rasterelektronenmikroskopische Aufnahmen		
PP, PE-HD, PB-1	0,2	50x

3.1.2 Ermittlung der Glasfaserlängenverteilung

Die Ermittlung der Glasfaserlängenverteilung wurde unter Anwendung der ISO 22314 [149] durchgeführt, welche als ersten Schritt eine Veraschung der Proben bei 625°C vorsieht. Anschließend wird die Asche auf ein mit demineralisierten Wasser bedecktes Objektträger in einer geeigneten Kristallisierschale gegeben und die Asche ohne Wirkung von mechanischen Kräften im Ultraschallbad verteilt. Der nächste Schritt sieht eine Trocknung im Ofen bei 130°C vor und anschließend erfolgt mit Hilfe von lichtmikroskopischen Aufnahmen die Ermittlung der Glasfaserlänge l. Dazu werden von drei Aufnahmen mindesten 100 Glasfasern ausgemessen, so dass insgesamt 300 Glasfasern zur Ermittlung der Länge herangezogen werden. Die Glasfaserlänge kann dabei entweder als arithmetischer Mittelwert l_n nach Gl. 3.2 [149] berechnet und in geeigneter Weise als Histogramm dargestellt oder bei einer angenommen Normalverteilung der gemessenen Glasfaserlängen l mit Hilfe der Gauß-Funktion nach Gl. 3.3 [150] bestimmt werden. Dabei sind l_c und σ spezielle Kennwerte der Normalverteilung; l_c ist der mittlere Wert und σ ist die Standardabweichung.

$$l_n = \frac{1}{n} \cdot \sum_i^n l_i \qquad 3.2$$

l_i ... Länge der *i*ten Faser
n ... Anzahl der gemessenen Fasern

$$f(l) = \frac{1}{\sqrt{2\pi} \cdot \sigma} \cdot e^{-\frac{1}{2}\left(\frac{l-l_c}{\sigma}\right)^2} \qquad 3.3$$

3.2 Mechanische und bruchmechanische Grundcharakterisierung

3.2.1 Bewertung der Steifigkeits- und Festigkeitseigenschaften bei quasistatischer Zug- und Biegebeanspruchung

ZUGVERSUCH

Die Bestimmung des Elastizitätsmodul E_t, der Zugfestigkeit σ_M sowie der Bruchdehnung ε_B im Zugversuch erfolgte nach DIN EN ISO 527-1 [151] an einer Universalprüfmaschine des Typs Zwick Z020 (ZWICK GMBH, ULM) unter Verwendung einer 20 kN-Kraftmessdose und pneumatischen Parallelspannklemmen des Typs 89079. Durchgeführt wurden die Untersuchungen an Prüfkörpern vom Typ 1A. Der Elastizitätsmodul wird im Dehnungsbereich von $\varepsilon_1 = 0,05$ % und $\varepsilon_2 = 0,25$ % mit den dazugehörigen Spannungen σ_1 und σ_2 nach Gl. 3.4 bestimmt. Die maximale Spannung σ_M während des Zugversuchs ergibt sich durch die auf den Ausgangsquerschnitt A_0 bezogene Maximalkraft F_M (Gl. 3.5). Die Bruchdehnung ε_B bzw. nominelle Bruchdehnung ε_{tB} werden entsprechend Gl. 3.6 und 3.7 ermittelt, indem die Prüfkörperverlängerung L_B zum Zeitpunkt des ultimativen Versagens auf die Messlänge des Dehnungsaufnehmers L_0 bzw. auf die Einspannlänge L bezogen wird. Für die Ermittlung des Elastizitätsmoduls wurde die Verlängerung mittels eines Ansatzdehnaufnehmers mit einer Messlänge L_0 von 50 mm bei einer Einspannlänge L von 115 mm (Bild A.1) gemessen. Die Messung der Verlängerung über den Dehnungsbereich von 0,25 % hinaus erfolgte bis zum ultimativen Versagen des Prüfkörpers über den Traversenweg. Die bevorzugte Prüfgeschwindigkeit ist bei der Ermittlung des Elastizitätsmoduls mit 1 mm/min und für die Bestimmung der Festigkeitseigenschaften mit 50 mm/min vorgegeben.

$$E_t = \frac{\sigma_2 - \sigma_1}{\varepsilon_2 - \varepsilon_1} = \frac{F_2 - F_1}{0{,}002 \cdot A_0} \qquad \text{3.4}$$

$$\sigma_M = \frac{F_M}{A_0} \qquad \text{3.5}$$

$$\varepsilon_B = \frac{L_B - L_0}{L_0} \cdot 100\% \qquad \text{3.6}$$

$$\varepsilon_{tB} = \frac{L_B - L}{L} \cdot 100\% \qquad \text{3.7}$$

BIEGEVERSUCH

Die Ermittlung des Elastizitätsmoduls bei Biegung E_f und der Norm-Biegespannung σ_{fc} erfolgte in der Dreipunktbiegeanordnung nach DIN EN ISO 178 [152] an der Universalprüfmaschine Zwick Z020 (ZWICK GMBH, ULM) unter Nutzung einer 20 kN-Kraftmessdose und der Traversenwegmessung. Der in der Norm bevorzugte Prüfkörpertyp mit den Abmessungen Länge l = 80 mm, Breite b = 10 mm und Dicke h = 4 mm wurde durch das Absägen der Schultern des Vielzweckprüfkörpers erhalten. Für die Bestimmung des Elastizitätsmoduls E_f bei einer Biegedehnung von ε_{f1}=0,05 % und ε_{f2}=0,25 % und den dazugehörigen Spannungen σ_{f1} und σ_{f2} kann allgemein Gl. 3.8 angegeben werden. Unter Einbeziehung des axialen Flächenträgheitsmoments J_F (Gl. 3.9) für einen rechteckigen Querschnitt sowie der Stützweite L und der Biegedehnungen gilt für den Elastizitätsmodul E_t der in Gl. 3.10 dargestellte funktionale Zusammenhang. Die Norm-Biegespannung σ_{fc} bei einer Biegedehnung von ε_f = 3,5 % wird entsprechend Gl. 3.11 errechnet.

$$E_f = \frac{\sigma_{f2} - \sigma_{f1}}{\varepsilon_{f2} - \varepsilon_{f1}} \qquad \text{3.8}$$

$$J_F = \frac{b \cdot h^3}{12} \qquad \text{3.9}$$

$$E_f = \frac{L \cdot h}{8 \cdot J_F} \cdot \frac{F_2 - F_1}{0{,}002} \qquad \text{3.10}$$

$$\sigma_{fc} = \frac{3 \cdot F_c \cdot L}{2 \cdot b \cdot h^2} \qquad \text{3.11}$$

Sowohl der Biege- als auch der Zugversuch wurden unter standardisierten Bedingungen bei Raumtemperatur (RT) und einer Luftfeuchtigkeit von 50 % durchgeführt, wobei zur Ermittlung der Steifigkeits- und Festigkeitseigenschaften jeweils 5 Prüfkörper geprüft wurden.

3.2.2 Ermittlung der Härte im Kugeleindruckversuch und mittels registrierender Mikrohärteprüfung

Die Härte wurde um 1900 von Martens als *Widerstand, den ein Körper dem Eindringen eines anderen (härteren) Körpers entgegensetzt*, definiert. Dabei lassen sich unterschiedliche Härtebereiche, entsprechend der aufzubringenden Kraft, definieren. So wird zwischen der Makro-, der Kleinlast-, der Mikro- und der Ultramikrohärte (Nanohärte) unterschieden [1, 96]. Die der jeweiligen Einteilung zugrundeliegenden Prüfkräfte sind in Tabelle 3.3 aufgeführt.

Tabelle 3.3: Einteilung in unterschiedliche Härtebereiche anhand der aufzubringenden Prüfkraft [96, 153]

Unterteilung	Kräftebereich (N)
Makrohärte	$50 < F \leq 30000$
Kleinlasthärte	$2 < F \leq 50$
Mikrohärte	$0{,}02 < F \leq 2$
Ultramikrohärte (Nanohärte)	$F \leq 0{,}02\ (10^{-6})$

KUGELDRUCKHÄRTE

Die Durchführung des Kugeleindruckversuchs ist in der Norm DIN EN ISO 2039-1 [154] standardisiert. Die Kugeldruckhärte *HB* errechnet sich aus der aufgebrachten Prüfkraft F_m und der Eindringtiefe h sowie dem aus der Eindringtiefe errechneten Oberflächenabdruck. Für die Durchführung des Versuchs ist eine Vorkraft F_0 von 9,8 N sowie vier unterschiedliche Prüfkräfte F_m, mit 49 N, 132 N, 358 N und 961 N, entsprechend den zu erwartenden Härtewerten, vorgesehen. Damit ist der Versuch der Makrohärtemessung zuzuordnen. Die Eindringtiefe muss im Bereich von 0,15–0,35 mm liegen, um einen nahezu linearen Zusammenhang zwischen Eindruckdurchmesser und Eindringtiefe zu gewährleisten. In Gl. 3.12 sind die funktionalen Zusammenhänge zwischen der Maximalkraft F_m, der Eindringtiefe h sowie der reduzierten Eindringtiefe h_r dargestellt. Die Eindringtiefe h errechnet sich nach Gl. 3.13, wobei die Tiefe h_1 während des Versuches unter Last innerhalb von 30 s gemessen und h_2 im Vorfeld an einer Platte aus Weichkupfer bestimmt wird. Für die reduzierte Eindringtiefe h_r ist in der DIN EN ISO 2039-1 ein Wert von 0,25 mm fest vorgegeben.

$$HB = \frac{1}{5\pi} \cdot \frac{F_m}{h_r} \cdot \frac{0{,}21}{(h - h_r) + 0{,}21} \approx 0{,}05348 \cdot \frac{F_m}{h - 0{,}04} \qquad 3.12$$

$$h = h_1 - h_2 \qquad 3.13$$

Für die Messungen wurde die Makrohärte-Prüfmaschine K-Testor K 2524 (INSTRON-WOLPERT, PFUNGSTADT) verwendet. Im parallelen Bereich des Vielzweckprüfkörpers wurden 8 Eindrücke angefertigt, die zur Ermittlung der Kugeldruckhärte verwendet wurden.

REGISTRIERENDE MIKROHÄRTEMESSUNG

Im Gegensatz zum Kugeleindruckversuch kann mit der registrierenden Mikrohärtemessung die Kraft und die Eindringtiefe aufgezeichnet und daraus ein Kraft-Eindringtiefen-Diagramm (*F-h*-Diagramm) erstellt werden. Die Durchführung der registrierenden Mikrohärtemessung erfolgte unter Einbeziehung der für metallische Werkstoffe gültigen Norm DIN EN ISO 14577-1 [153]. Der aus der Aufzeichnung der Messgrößen ableitbare Vorteil liegt in der differenzierten Bewertung der Energieanteile während des Versuchs. So ist es möglich, wie in Bild 3.2a gezeigt, den plastischen W_{plast} und elastischen W_{elast} Anteil an der Eindringarbeit zu bestimmen. Der Ablauf der registrierenden Mikrohärteprüfung kann prinzipiell kraft- oder eindringtiefengeregelt erfolgen [1, 153]. In Rahmen dieser Arbeit wurde die Mikrohärtemessung prüfkraftgeregelt mit den im Bild 3.2b–c dargestellten ableitbarem Kraft- und Eindringtiefenverlauf durchgeführt. Die Kraft wurde innerhalb von 20 s mit einer Beanspruchungsrate von 50 mN/s aufgebracht und nach einer Haltezeit von 20 s erfolgte die Entlastung unter Beibehaltung der Beanspruchungsrate. Für eine gesicherte Aussage wurden 5 Kraft-Eindringtiefen-Kurven im parallelen Bereich der Prüfkörper aufgenommen und statistisch ausgewertet.

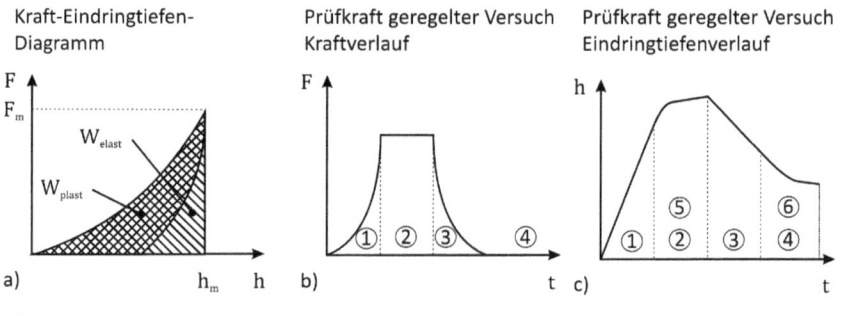

① Belastungsvorgang bis zur vorgegebenen Kraft ② Maximalkraft ③ Elastische Rückfederung beim Entlastungsvorgang
④ Lastloser Zustand ⑤ Kriechen bei Maximalkraft ⑥ Kriechen, lastlos

Bild 3.2: Energieanteile im Kraft-Eindringtiefen-Diagramm (F-h-Diagramm) (a) sowie unterschiedliche Versuchscharakteristika aufgrund des Prüfkraft geregelten Versuchs mit dem Kraft- (b) und dem Eindringtiefendiagramm (c) in Anlehnung an [153]

Als Kenngrößen wurden die Martenshärte HM, entsprechend Gl. 3.14, der elastische Eindringmoduls E_{IT} (Gl. 3.15) zur Beschreibung des elastischen Verhaltens und der elastische Anteil der Eindringarbeit W_{elast} ermittelt. Die Vickerspyramide wurde als Indenter mit einem Winkel $\alpha = 136°$ der gegenüberliegenden Flächen, in Korrelation zum Öffnungswinkel des Kugelabdrucks beim Kugeleindruckversuch, verwendet. Dabei gilt für die Vickerspyramide bei Eindringtiefen größer 6 µm für die projizierte Kontaktfläche A_p Gl. 3.16 und für die Kontaktfläche A_s Gl. 3.17. Die beim Eindringen der Vickerspyramide aufgewendete mechanische Arbeit W_{total} wird nur teilweise als plastische Deformationsarbeit W_{plast} verbraucht. Bei Rücknahme der Kraft wird die Differenz zwischen W_{total} und W_{plast} als elastische Rückverformungsarbeit W_{elast} freigesetzt. Der elastische Anteil der Eindringarbeit η_{IT} berechnet sich aus dem Verhältnis des elastischen Anteils der Energie W_{elast} zur totalen Energie W_{total} nach Gl. 3.18.

$$HM = \frac{F}{A_s(h)} = \frac{F}{26{,}43 \cdot h^2} \qquad 3.14$$

$$E_{IT} = \frac{1 - (v_s)^2}{\dfrac{1}{\dfrac{\sqrt{\pi}}{2 \cdot C \cdot \sqrt{A_p}}} - \dfrac{1 - (v_i)^2}{E_i}} \qquad 3.15$$

C ... Nachgiebigkeit des Kontaktes dh/dF
v_s, v_i ... Poissonzahl des Prüfkörpers und Indenter
E_i ... Elastizitätsmodul des Indenter

Experimentelles

$$A_p = 24{,}5 \cdot h_c^2 \qquad \text{3.16}$$

$$A_s(h) = \frac{4 \cdot \sin\left(\frac{\alpha}{2}\right)}{\cos^2\left(\frac{\alpha}{2}\right)} \cdot h^2 \approx 26{,}43 \cdot h^2 \qquad \text{3.17}$$

$$\eta_{IT} = \frac{W_{elast}}{W_{total}} \cdot 100\% \qquad \text{3.18}$$

Die Messungen wurden an dem Mikrohärtemessgerät FISCHERSCOPE® H100C XYm (HELMUT FISCHER GMBH, SINDELFINGEN) durchgeführt. Die Positionierung des Prüfkörpers erfolgte durch einen XY-Messtisch im parallelen Bereich des Vielzweckprüfkörpers.

3.2.3 Konventionelle Zähigkeitsbewertung mit Hilfe des Schlag- und Kerbschlagbiegeversuchs

Die Ermittlung der Schlag- und Kerbschlagzähigkeit erfolgte bei Raumtemperatur entsprechend der DIN EN ISO 179-1 [155] in der Dreipunktbiegeanordnung (CHARPY-Anordnung). Der Schlag auf den Prüfkörper erfolgte schmalseitig und im Falle der gekerbten Prüfkörper auf der dem Kerb gegenüberliegenden Seite. Der bevorzugte Prüfkörpertyp mit den Abmessungen 80x10x4 mm³ wurde aus dem Vielzweckprüfkörper heraus präpariert. Die Einbringung der Kerben erfolgte mittels einer kommerziellen motorbetriebenen Kerbvorrichtung der Firma CEAST S.P.A (PIANEZZA, ITALY), indem durch ein Hobelmesser unter ständigem Vorschub die erforderliche Kerbtiefe spanabhebend erreicht wird. Die Kerbtiefe betrug 2 mm bei einem Kerbradius von 0,25 mm, dies entspricht Typ A nach DIN EN ISO 179-1. Die Berechnung der Schlagzähigkeit a_{cU} und der Kerbschlagzähigkeit a_{cN} erfolgte nach Gl 3.19 und 3.20, wobei b die Prüfkörperbreite des ungekerbten Prüfkörpers, b_N die Ligamentlänge, W_c die Arbeit und h die Prüfkörperdicke ist. Die Kerbempfindlichkeit k_Z als wichtige konstruktive Angabe wird als Quotient von a_{cN} und a_{cU} nach Gl. 3.21 bestimmt.

$$a_{cU} = \frac{W_c}{h \cdot b} \qquad \text{3.19}$$

$$a_{cN} = \frac{W_c}{h \cdot b_N} \qquad \text{3.20}$$

$$k_Z = \frac{a_{cN}}{a_{cU}} \cdot 100\% \qquad \text{3.21}$$

Für die Durchführung des Schlag- und Kerbschlagbiegeversuchs wurde ein Pendelschlagwerk vom Typ Zwick 5102.202 mit Digitalanzeige verwendet.

3.2.4 Bruchmechanische Bewertung des Rissinitiierungs- und Rissausbreitungsverhaltens im instrumentierten Kerbschlagbiegeversuch

Die Bewertung der dominierend instabilen Rissausbreitung unter schlagartiger Beanspruchung erfolgte im IKBV bei RT. Die Durchführung des Versuchs sowie die Auswertung der aufgezeichneten Kraft-Zeit-Diagramme (*F-t*-Diagramme) erfolgte nach der akkreditierten Prüfnorm MPK-IKBV „Prüfung von Kunststoffen – Instrumentierter Kerbschlagbiegeversuch – Prozedur zur Ermittlung des Risswiderstandsverhaltens mit dem instrumentierten Kerbschlagbiegeversuch" [156]. Für die Prüfung entsprechend der Norm werden Prüfkörper mit den Abmessungen 80x10x4 mm³ (*LxWxB*) verwendet, welche ebenso wie die Prüfkörper für den konventionellen (Kerb)-Schlagbiegeversuch, aus dem Vielzweckprüfkörper heraus präpariert wurden. Die Einbringung der Kerben erfolgte mittels einer manuellen Kerbvorrichtung (Bild 3.3), indem eine Metallklinge (Rasierklinge) unter ständigem Vorschub in den Prüfkörper hineingedrückt wird.

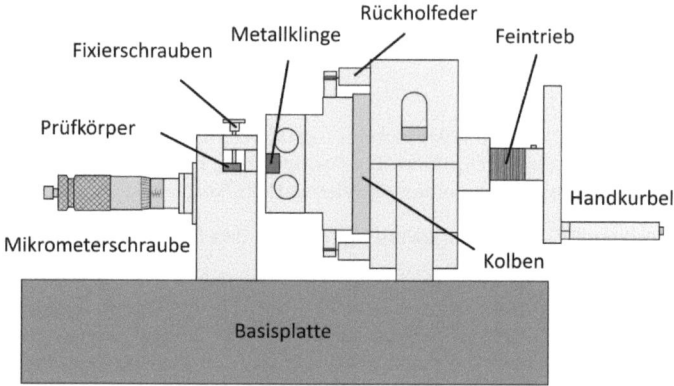

Bild 3.3: Schematische Darstellung der manuellen Kerbvorrichtung

Mit den verwendeten Metallklingen wurde ein Kerbradius von 0,3 µm erzeugt und die Kerbtiefe a betrug 2 mm, was einer Ligamentlänge ($W-a$) von 8 mm und einem Kerbtiefen-Prüfkörperbreiten-Verhältnis (a/W-Verhältnis) von 0,2 entspricht. Die Prüfung unter definierten Umgebungsbedingungen (23°C und 50 % Luftfeuchtigkeit) wurde durch eine 16-stündige Lagerung der Prüfkörper und die Raumklimatisierung sichergestellt. Die Durchführung des Versuches erfolgte mit einem instrumentierten Pendelschlagwerk mit einem Arbeitsinhalt von 4 J bei maximaler Fallhöhe. Die Kraftmessung wird durch an der Hammerfinne angebrachte Halbleiterdehnmessstreifen realisiert, welche in einer Wheatstone'schen Brückenschaltung angeordnet sind. Die Wegmessung kann über ein photooptisches Wegmesssystem oder über die doppelte Integration entsprechend dem 2. NEWTONschen Axiom erfolgen, indem zunächst die Geschwindigkeit des Pendelhammers als Funktion der Zeit und nach nochmaliger Integration die Durchbiegung des Prüfkörpers als Funktion der Zeit vorliegt. Die Aufzeichnung der Kraft F erfolgte mit dem Digital-Oszilloskop Yokogawa DL1620 (YOKOGAWA DEUTSCHLAND GMBH) und die Durchbiegung f wurde aus der Integration der Zeit t erhalten. Zur Aufzeichnung und Auswertung der F-t-Diagramme wurde das hausinterne WINIKBV-Programm [157] verwendet. Bild 3.4 zeigt schematisch den Aufbau des Bruchmechanik-Messplatzes sowie im unteren Teilbild ein Beispiel eines F-f-Diagramms bei einem elastisch-plastischen Werkstoffverhalten mit den dazugehörigen charakteristischen Messgrößen. Gemäß der verwendeten Prüfnorm betrug die Stützweite $s = 40$ mm und die Prüfgeschwindigkeit v von 1,5 m/s wurde über eine Pendelhammerauslenkung von 60°, entsprechend der Pendelhammerlänge von 220 mm, erreicht.

Experimentelles

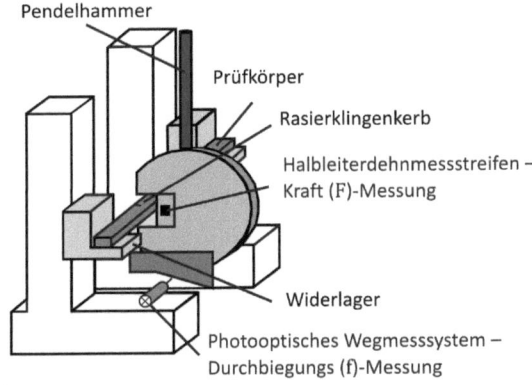

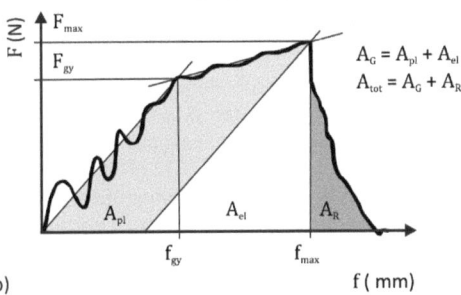

Bild 3.4: Schematische Darstellung eines instrumentierten Pendelschlagwerkes (a) sowie des Kraft-Durchbiegungs-Diagramms bei einem elastisch-plastischen Werkstoffverhalten mit Festlegung der charakteristischen Kräfte, Durchbiegungen und Energieanteile (b) [156]

Zur bruchmechanischen Zähigkeitsbewertung wurden der Spannungsintensitätsfaktor K_{Qd}, die Rissöffnungsverschiebung δ_{Qd} und die J-Werte J_{Qd}^{ST} nach der Auswertemethode von Sumpter und Turner (ST) herangezogen (Gl. 3.22–3.24). Dabei sind F_{max} und f_{max} die Maximalkraft und die dazugehörige Durchbiegung, f(a/W), η_{el} und η_{pl} sind Geometriefunktionen (Gl. 3.25–3.27), a_{eff} die effektive Risslänge und A_{el} und A_{pl} der elastische und plastische Anteil der Gesamtdeformationsenergie A_G. Die effektive Risslänge setzt sich aus der Anfangsrisslänge a und dem Anteil des stabilen Risswachstums a_{BS} zusammen. Die für die Auswertung benötigten Werte für den Elastizitätsmodul E_d sowie der Streckgrenze σ_d bei der gewählten Prüfgeschwindigkeit errechnen sich nach Gl. 3.28 und 3.29.

$$K_{Qd} = \frac{F_{max} \cdot s}{B \cdot W^{3/2}} \cdot f\left(\frac{a}{W}\right) \qquad 3.22$$

$$\delta_{Qd} = \frac{1}{4} \cdot (W - a) \cdot \frac{4 \cdot f_{max}}{s} \qquad 3.23$$

$$J_{Qd}^{ST} = \eta_{el} \cdot \frac{A_{el}}{B \cdot (W - a)} + \eta_{pl} \cdot \frac{A_{pl}}{B \cdot (W - a)} \cdot \frac{W - a_{eff}}{W - a} \qquad 3.24$$

$$f\left(\frac{a}{W}\right) = 2{,}9 \cdot \left(\frac{a}{W}\right)^{\frac{1}{2}} - 4{,}6 \cdot \left(\frac{a}{W}\right)^{\frac{3}{2}} + 21{,}8 \cdot \left(\frac{a}{W}\right)^{\frac{5}{2}} - 37{,}6 \left(\frac{a}{W}\right)^{\frac{7}{2}} + 38{,}7 \cdot \left(\frac{a}{W}\right)^{\frac{9}{2}} \qquad 3.25$$

$$\eta_{el} = \frac{2 \cdot F_{gy} \cdot s^2 \cdot (W-a)}{f_{gy} \cdot E_d \cdot B \cdot W^3} \cdot f^2\left(\frac{a}{W}\right)(1-v^2) \qquad 3.26$$

v ... Poissonzahl

$$\eta_{pl} = 2 - \frac{\left(1 - \frac{a}{W}\right) \cdot \left(0{,}892 - 4{,}476\frac{a}{W}\right)}{1{,}125 + 0{,}892\frac{a}{W} - 2{,}238\left(\frac{a}{W}\right)^2} \qquad 3.27$$

$$E_d = \frac{F_{gy} \cdot s^3}{4 \cdot B \cdot W^3 \cdot f_{gy}} \qquad 3.28$$

$$\sigma_d = \frac{3 \cdot F_{gy} \cdot s}{2 \cdot B \cdot W^2} \qquad 3.29$$

Die Ermittlung und Überprüfung der Geometrieunabhängigkeit der bruchmechanischen Kennwerte ist an Abhängigkeiten von Prüfkörperabmessungen und Kerbtiefen gebunden [158–160] und erfolgt durch die Geometriefaktoren β, ξ und ε. Dabei sind die ermittelten bruchmechanischen Kennwerte als geometrieunabhängig anzusehen, wenn für alle gegebenen Abhängigkeiten die Ungleichungen nach Gl. 3.30–3.32 erfüllt sind [161, 162] und es erfolgt die Angabe der Rissöffnungsart in den Indizes der Kenngrößen. Es werden grundsätzlich drei unterschiedliche Arten, das symmetrische Öffnen der gegenüberliegenden Rissufer (Mode I), die Längs- (Mode II) und Querscherung (Mode III) unterschieden. In [15] und [163, 164] wurde nachgewiesen, dass bei einer Kerbtiefe a von 2 mm und einer Prüfkörperdicke B von 4 mm sowie einem a/W-Verhältnis von $\geq 0{,}2$ die Voraussetzungen für einen ebenen Dehnungszustand (EDZ) und damit für eine geometrieunabhängige Zähigkeitsbewertung gegeben sind, was durch eine explizite Überprüfung mittels der in den Gleichungen 3.30–3.32 dargestellten Abhängigkeiten im Einzelfall nachzuweisen gilt. Darüber hinaus ist in [15] dargelegt, dass mit der gewählten Geometrie die Anforderungen an die experimentellen Bedingungen im instrumentierten Kerbschlagbiegeversuch, d.h. für die Amplitude der Trägheitskraft, die Kontrolle der Energiebilanz und die Kontrolle der Bruchzeit, erfüllt sind.

$$B; a; (W-a) \geq \beta \cdot \left(\frac{K_{Qd}}{\sigma_d}\right)^2 \qquad 3.30$$

$$B; a; (W-a) \geq \xi \cdot \delta_{Qd} \qquad 3.31$$

$$B; a; (W-a) \geq \varepsilon \cdot \frac{J_{Qd}}{\sigma_d} \qquad 3.32$$

Durch die doppellogarithmische Auftragung von nachgewiesen geometrieunabhängigen bruchmechanischen Kennwerten und den dazugehörigen Geometriekonstanten unterschiedlichster Polymerwerkstoffe konnten allgemein gültige Geometriefaktoren durch eine mathematischen Kurvenanpassung ermittelt werden, woraus sich erforderliche Prüfkörperabhängigkeiten abschätzen lassen. Die aus der Literatur zusammengetragen Ergebnisse mit den funktionalen Zusammenhängen sind in Bild 3.5a–c gezeigt [161, 162].

Experimentelles

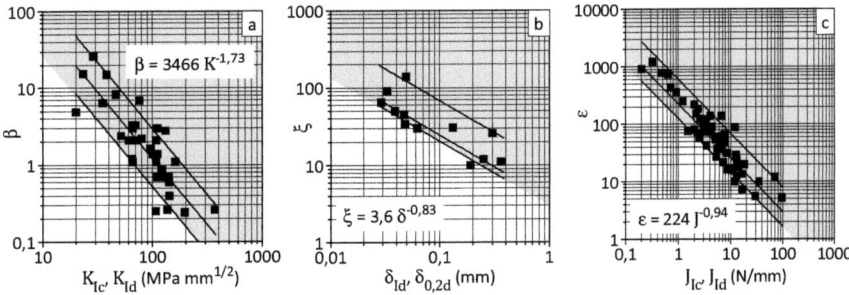

Bild 3.5: Abhängigkeiten der Geometriekonstanten von den bruchmechanischen Kenngrößen für verschiedene Kunststoffe [161, 162]

Mit der Festlegung eines Streubereiches zur Bewertung der Geometrieunabhängigkeit wird dem Fakt Rechnung getragen, dass es sich bei den Geometriefaktoren um werkstoffabhängige Größen handelt, welche für unterschiedliche Werkstoffe bzw. Werkstoffsysteme unter quasistatischer und dynamischer Beanspruchung ermittelt wurden [162]. Damit liegt ein von der Beanspruchungsgeschwindigkeit und der Rissausbreitungskinetik unabhängiger Zusammenhang vor.

3.3 Ermittlung der Eigenschaften von Polybuten-1 bei medial-thermischer Auslagerung

Die Einsatzfelder von Kunststofferzeugnissen sind vielfältig und es bedarf einer umfangreichen Kenntnis über die komplexen Zusammenhänge zwischen Beanspruchungsart und Werkstoffverhalten. Dabei tritt eine Kombination von thermischer und medialer Beanspruchung besonders bei Applikationen im Bereich des Weißgerätebaus, wie z.B. bei Laugenbehältern für Waschmaschinen, auf. Für die vorgesehenen Experimente wurden Prüfkörper bei einer Temperatur von 95°C sowohl in Luft als auch in mineralisiertem Wasser bei den in der Tabelle 3.4 aufgeführten Zeiten ausgelagert. Das Ziel dieser Untersuchungen besteht in der Ermittlung des Einflusses der Temperatur bzw. des Mediums auf das mechanische Eigenschaftsniveau unter besonderer Berücksichtigung der Zähigkeit. Neben der Charakterisierung der mechanischen Eigenschaften stand die Beschreibung der Kristallstruktur sowie die Ermittlung des Kristallisationsgrades im Vordergrund, um für die in Kapitel 2.2 beschriebene Polymorphie Aussagen über die Umwandlungskinetik zu erhalten.

Tabelle 3.4: Auslagerungsdauer der medial-thermischen Beanspruchung der PB-1- und PB-1/20-Werkstoffe sowie die nach erfolgter Auslagerung durchgeführten Untersuchungen

Werkstoff	Auslagerungsdauer (Tagen)	Auslagerungsmedium bei 95°C	Untersuchungen
PB-1	0		DSC
	5		WAXS
PB-1/20	10	Luft und Wasser	Zugversuch konventioneller und instrumentierter Kerbschlagbiegeversuch
	20		
	30		
	40		
	62,5		

Mechanische Untersuchungen

Die Bestimmung des mechanischen Eigenschaftsprofils der ausgelagerten kurzglasfaserverstärkten PB-1/20-Verbunde umfasste die Ermittlung der Steifigkeit im quasistatischen Zugversuch sowie die Bewertung der Zähigkeit im konventionellen und instrumentierten Kerbschlagbiegeversuch unter den in Kapitel 3.3 aufgeführten experimentellen Bedingungen. Die Durchführung der mechanischen Prüfungen erfolgte nach einer 1-stündigen Konditionierung bei Raumtemperatur.

Röntgenweitwinkelstreuung (WAXS)

Die Aufnahmen der Beugungsdiagramme erfolgte für die unverstärkten PB-1-Werkstoffe an der Röntgenanlage URD 63 der Fa. SEIFERT FPM (FREIBERG, GERMANY) unter Verwendung von monochromatischer Cu-K$_\alpha$-Strahlung. Die Prüfkörper mit den Abmessungen Länge $L = 50$ mm, Breite $W = 10$ mm und Dicke $B = 4$ mm wurden aus dem Vielzweckprüfkörper heraus präpariert und sowohl in Luft als auch in Wasser zusammen mit den Prüfkörpern für die mechanische Prüfung ausgelagert. Nach einer Konditionierung von 1h wurde der Versuch durchgeführt.

Wird ein Kristall mit monochromatischer Röntgenstrahlung der Wellenlänge λ bestrahlt, so wird diese gebeugt und es entsteht eine Verteilung von Intensitätsmaxima. In Bild 3.6a ist schematisch die kubische Struktur eines Natriumchlorid-Kristall und in Bild 3.6b die Reflexion an einer Schar von Kristallebenen mit dem Einfalls- und Reflexionswinkel Θ dargestellt. Bild 3.6c zeigt die Seitenansicht der Reflexion an zwei benachbarten Ebenen mit dem Abstand d. Die Strahlen 1 und 2 erreichen den Kristall in Phase und damit die Strahlen den Kristall in Phase verlassen können, muss der Weglängenunterschied gleich einem ganzzahligen Vielfachen der Wellenlänge der Röntgenstrahlung sein. Für den Weglängenunterschied kann $2d \cdot \sin\Theta$ angegeben werden (grau in Bild 3.6c hervorgehoben) und als Kriterium für die Intensitätsmaxima bei der Beugung ergibt sich damit das BRAGG'sche Gesetz nach Gl. 3.33.

$$2d \cdot \sin\Theta = m \cdot \lambda, \text{ mit } m = 1, 2, 3, \ldots \qquad 3.33$$

m ... Ordnung des jeweiligen Maximums

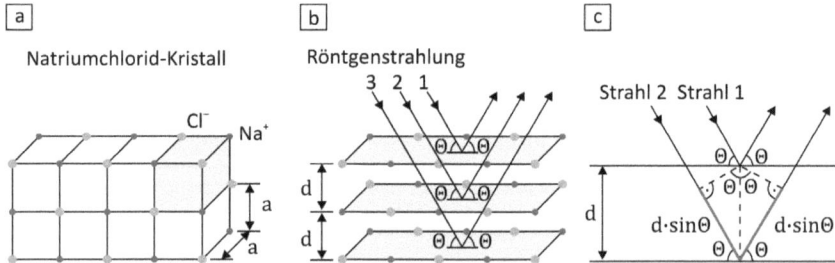

Bild 3.6: Schematische Darstellung der Beugung von Röntgenstrahlen (b) an Netzebenen eines kubischen Natriumchlorid-Kristalls (a) und des Weglängenunterschieds zwischen Wellen, die an zwei benachbarten Ebenen reflektiert wurden c); die Elementarzelle ist in (a) mit der Gitterkonstante a grau hervorgehoben [165]

Experimentelles

Thermische Analyse

Das thermische Verhalten von dem zu untersuchenden unverstärkten PB-1 in Abhängigkeit von den Auslagerungsstufen in Luft und Wasser wurde mit Hilfe der DSC nach DIN EN ISO 11357-1 [166] ermittelt. Zur Anwendung kam das Wärmeflusskalorimeter DSC 820 der FA. METTLER-TOLEDO. Bei der DSC-Messung wird sowohl die Probe wie auch eine Referenz (Luft) einem gemeinsamen Temperaturregime unterworfen. Treten Phasenübergänge oder andere chemische oder physikalische Veränderungen während des Erhitzens oder Abkühlens der Probe auf, so macht sich dies durch eine Änderung der Wärmeaufnahme der Probe bemerkbar, was zu einer Erhöhung oder Verringerung der Probentemperatur im Vergleich mit der Referenz führt und quantitativ in Form der aufgenommenen bzw. abgegebenen Wärmemenge berechnet wird [56]. Die Kenngrößen Schmelzpeaktemperatur T_{pm} und Schmelzenthalpie ΔH_m lassen eine aufschlussreiche Betrachtung des Einflusses der Auslagerungsdauer und des Mediums auf das thermische Verhalten von PB-1 zu. Die erforderlichen Proben wurden vor Beginn der Auslagerung aus dem Mittelteil des Vielzweckprüfkörpers heraus gesägt. Es erfolgte wie bei den mechanischen und röntgenographischen Untersuchung eine Konditionierung von 1h bei Raumtemperatur bevor die thermische Analyse in einem Temperaturintervall von -10°C bis +180°C mit einer Heiz- und Kühlrate von 10 K/min durchgeführt wurde. Zur Ermittlung des Kristallisationsgrades χ wurde der in [46] genannte Schmelzenthalpiewert ΔH_m° von 141 J/g für den hexagonalen Kristalltyp I verwendet.

3.4 Bestimmung der Festigkeit im Hochgeschwindigkeitszugversuch

Die Durchführung der Hochgeschwindigkeitszugversuche orientierten sich sowohl bei den Versuchsbedingungen, als auch bei der Wahl der Prüfkörperform an dem 1. und 2. Teil der DIN EN ISO 527 [145, 151]. Die seit 2007 existierende Norm ISO 18872 [78] konnte aufgrund der zeitlichen Abfolge der Untersuchungen nicht angewendet werden. Verwendet wurden für die in der Tabelle 3.5 aufgeführten Werkstoffe der Vielzweckprüfkörper Typ 1A, mit einer Einspannlänge von 115 mm, in Analogie zum quasistatischen Zugversuch.

Tabelle 3.5: Untersuchte Werkstoffe im Hochgeschwindigkeitszugversuch

Matrix	Masseanteil ψ (-)	Volumenanteil φ_v (-)
PP	0	0
	0,2	0,083
	0,3	0,135
	0,4	0,193
PB-1	0	0
	0,2	0,085
	0,3	0,136
	0,4	0,196

Die Untersuchungen erfolgten an einer servo-hydraulischen Prüfmaschine VHS 25/25-20 der Firma INSTRON (HIGH WYCOMBE, UK). In Bild 3.7 wird eine schematische Darstellung der verwendeten Prüfmaschine gezeigt. Mit dieser Prüfmaschine kann eine maximale Prüfgeschwindigkeit von 20 m/s sowie eine Maximallast von 20 kN erreicht werden.

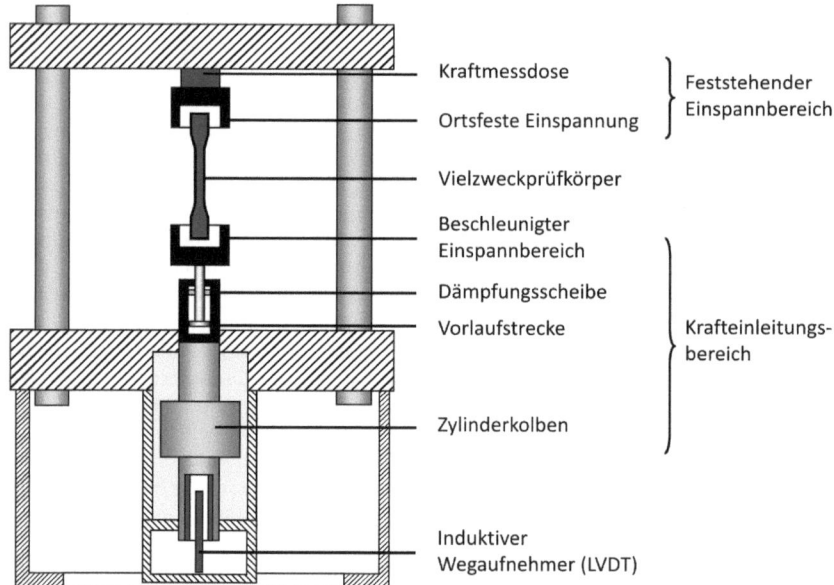

Bild 3.7: Schematische Darstellung der servo-hydraulischen Prüfmaschine Instron VHS 25/25-20 [62, 77]

Die Versuchsdurchführung des Schnellzerreißversuches unterscheidet sich von der des quasistatischen Experiments derart, dass keine direkte Kopplung des Prüfkörpers mit der Kolbenstange vorliegt. Nach Erreichen der gewünschten Prüfgeschwindigkeit über die Vorlaufstrecke, wird die Energie des Systems schlagartig in den Prüfkörper eingeleitet [89]. Um die bei der schlagartigen Belastung auftretenden Schwingungen zu minimieren, wurde eine Dämpfungsscheibe im Bereich der Vorlaufstrecke aus 4 mm starkem Leder verwendet. Die Kraftmessung erfolgte über eine Piezo-Kraftmessdose und die Verlängerung des Prüfkörpers wurde mittel Hilfe eines induktiven Wegaufnehmer (LVDT) bestimmt. Die für die Bewertung der Werkstoffeigenschaften gewählten Prüfgeschwindigkeiten und die sich aus den Prüfkörperabmessungen sowie der Einspannlänge ergebenden nominalen Dehnraten $\dot{\varepsilon}$ sind in Tabelle 3.6 aufgeführt. Unter Berücksichtigung der identischen Einspannlänge von 115 mm beträgt die Dehnrate im quasistatischen Zugversuch (50 mm/min) 0,007 s^{-1}.

Tabelle 3.6: Geschwindigkeiten und nominale Dehnraten aller untersuchten Werkstoffe

Geschwindigkeit bei Belastung v_T (m/s)	nominale Dehnrate $\dot{\varepsilon}$ (s^{-1})
0,00083	0,007
0,01	0,087
0,1	0,87
1	8,7
2	17,4
5	43,5
10	87
20	174

Experimentelles

3.5 Schallemissionsanalyse unter quasistatischer und dynamischer Belastung

3.5.1 Durchführung der Schallemissionsanalyse, Validierung von akustischen Sensoren und Auswertung der aufgezeichneten Schallemissionen mittels Wavelet-Transformation

In diesem Kapitel sollen allgemeine Informationen zum Schallemissionsmesssystem sowie zur Auswertung der aufgezeichneten Schallemissionen mit Hilfe der Wavelet-Transformation gegeben werden. In Kapitel 2.4 (Bild 2.15) sind mögliche Auswerteformen der transienten Signale aufgezeigt, auf welche im Folgenden näher eingegangen werden soll. In Bild 3.8a ist schematisch das Prinzip der Schallemissionsmessung mit der aus dem akustischen Sensor, einem Vorverstärker und dem Analysator bestehenden Messkette dargestellt.

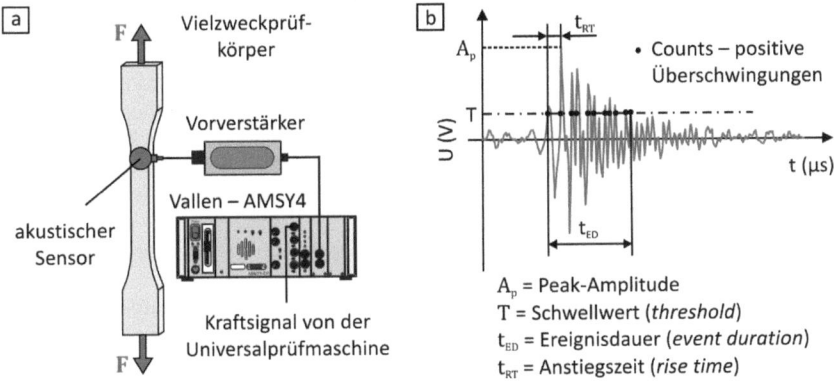

Bild 3.8: Prinzip der Schallemissionsmessung (a) und beispielhaftes transientes Signal mit den ableitbaren charakteristischen Messgrößen (b)

Die Aufnahme von Schallemissionen ist an eine äußere Belastung gebunden, welche die in Kapitel 2.1 genannten Schädigungsmechanismen induzieren können. Aufgrund der nicht selbst durch die Schallemissionsmessung hervorgerufenen Schädigung zählt die Schallemissionsprüfung zu den passiven zerstörungsfreien Prüfverfahren. Ein typisches transientes Signal mit den ableitbaren Messgrößen ist in Bild 3.8b dargestellt. Ein Signal wird in der Literatur als *Event* oder *Hit* bezeichnet, wobei im Rahmen dieser Arbeit die in der DIN EN 1330-9 festgelegte Bezeichnung *Hit* verwendet wird. Eine weitere, nicht im Bild 3.8b dargestellte Größe ist die Signalenergie E_{AE}, welche nach Gl. 3.34 durch Integration des akustischen Signals erhalten wird. Aufgrund der Amplituden-Zeit-Darstellung wird die Einheit der Energie mit *eu* für *energy unit* abgekürzt, was physikalisch 1nVs entspricht.

$$E_{AE} = \int_0^{t_{ED}} U(t) dt \qquad 3.34$$

Zur Durchführung der Schallemissionsmessungen wurde das 3-kanalige Messsystem AMSY-4 (VALLEN-SYSTEME GMBH, ICKING, DEUTSCHLAND) mit einem Vorverstärker vom Typ AEP-3 und einem Breitbandsensor vom Typ AE204A verwendet. Die Bandbreiten des Vorverstärkers und des Sensors betrugen 95–1000 kHz sowie 100–780 kHz. Eine Impedanzanpassung bei der Applizierung des Sensors auf der Prüfkörperoberfläche erfolgte durch Bienenwachs oder Gel als Haftvermittler und ein konstanter Anpressdruck konnte durch die Verwendung einer

Klemme sichergestellt werden. Die quasistatischen Untersuchungen wurden an einer Universalprüfmaschine Z020 (Zwick GmbH, Ulm) durchgeführt. Die Signalaufzeichnung für die Kraft F erfolgte sowohl über die Prüfmaschine als auch über den externen Eingang des Schallemissionsmesssystems. Damit konnte über die Darstellung der Kraft-Zeit-Verläufe eine eineindeutige Zuordnung (Synchronisation) der Schallemissionen erfolgen. Für die dynamischen Versuche im IKBV wurde der Schallemissionssensor direkt an das 2-kanalige Digital-Oszilloskop Yokogawa DL1620 (Yokogawa Deutschland GmbH) angeschlossen und die Triggerung für die simultane Datenaufzeichnung erfolgte über das Kraftsignal.

Durch eine reproduzierbare Aufzeichnung eines künstlichen transienten Signals wurde die Funktionsfähigkeit der verwendeten akustischen Sensoren über die Annahme einer gleichbleibenden Signalcharakteristik nachgewiesen. Im Folgenden wird die in dieser Arbeit verwendete Prozedur vorgestellt.

Validierung der akustischen Sensoren

Die Validierung der akustischen Sensoren geschah in Anlehnung an die ASTM E 976-05 [167] und ASTM E 2374-04 [168], welche eine einfache und zeitsparende Prozedur zur Überprüfung der Vergleichbarkeit unterschiedlicher AE-Sensoren beschreiben. Das Ziel liegt darin, eine Veränderung der elektrischen bzw. akustischen Charakteristik aufgrund von Alterung oder Beschädigung zu ermitteln. Dabei werden folgende Sachverhalte berücksichtigt:
- Überprüfung der Zeitstabilität,
- Überprüfung auf mögliche Beschädigungen durch unsachgemäßen Gebrauch oder falscher Benutzung,
- Vergleich von unterschiedlichen AE-Sensoren gleicher Baureihe, um eine Nutzung in einem Mehrkanal-System sicher zu stellen und
- Überprüfung des Ansprechverhaltens nach einer thermischen Beanspruchung oder Auslagerung in einem aggressiven Medium/Milieu.

Die Norm sieht für die Überprüfung der Funktionsfähigkeit insgesamt drei verschiedene Signalquellen vor. Als geeignet erweisen sich demnach ein elektrisch betriebener Ultraschall-Signalgeber (*ultrasonic transducer*), ein Gasstrahl (*gas jet*) oder ein Bleistiftminenbruch (*pencil lead break*). Im Folgenden wird nur auf den Bleistiftminenbruch eingegangen, welcher eine einfache Möglichkeit zur Reproduzierbarkeit von definierten Schallemissionsereignissen darstellt. Die für die Durchführung der Untersuchungen nötigen messtechnischen Voraussetzungen in den Normen beziehen sich im Wesentlichen auf den Vorverstärker. So ist eine Kabellänge von mehr als 2 m zu vermeiden, um Störungen im niedrigen Frequenzbereich zu minimieren. Ebenso wird eine Eingangsimpedanz von größer als 20 kΩ verlangt und die Verstärkung muss variabel im Bereich von 40–60 dB einstellbar sein. Weiterhin sollte der Vorverstärker eine Bandbreite von 20–1200 kHz aufweisen. Um ein reproduzierbares akustisches Signal zu erhalten, wird eine Graphitmine mit definiertem Durchmesser und Härtegrad (Bleistiftmine) in einer geeigneten Halterung auf einem Acryl-Rundstab (*acrylic polymer rod*) gebrochen. Der plötzliche Bruch der Bleistiftmine generiert ein akustisches Signal, was von den zu untersuchenden AE-Sensoren aufgezeichnet wird. Eine schematische Darstellung des Bleistiftminenbruchs zeigt Bild 3.9. Die Anforderungen an die Bleistiftmine, wie Härtegrad, Durchmesser oder Länge der Mine sind in Tabelle 3.7 aufgeführt. Die Bleistiftmine wird als Hsu *pencil source* und der Führungsring als Nielsen *shoe* bezeichnet, so dass in der Literatur die Bezeichnung Hsu-Nielsen *Source* verwendet wird. In der ASTM E 976-05 wird ein Abstand von 10 cm (4 in.) zwischen Sensor und Ort des Minenbruchs empfohlen und in der ASTM E 2374-04 wird ein Winkel von 30° zur Oberfläche angegeben. Eine permanente Datenaufzeichnung der Wellenform mit anschließender Frequenzanalyse zur Validierung des transien-

Experimentelles

ten Signals durch den Bruch der Bleistiftmine ist die bevorzugte Auswertemethode. Aufgrund der spezifischen Eigenheiten des Messsystems sowie der Nutzung des Vielzweckprüfkörper Typ 1A mit einer Gesamtlänge l_3 von 170 mm, ergaben sich die in der Tabelle 3.7 genannten Abweichungen.

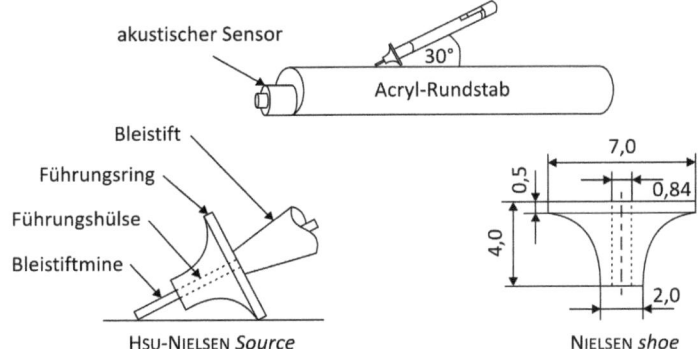

Bild 3.9: Technische Anforderungen an den Führungsring (NIELSEN shoe) sowie an die Bleistiftmine (HSU source) und schematische Darstellung des Bleistiftminenbruchs [167, 168] (Dimensionen in mm)

Der Bleistiftminenbruch auf dem Vielzweckprüfkörper aus Polypropylen mit 20 Masseprozent Kurzglasfasern (PP/20) wurde 5-mal wiederholt und die Aufzeichnung erfolgte mit einem Transientrekorder mit einer Abtastrate (sample rate) von 10 MHz und 1024 Einzelmesspunkten (samples). An den Einzeldatensätzen wurden sowohl die schnelle Fouriertransformation (FFT) wie auch die Wavelet-Transformation durchgeführt. Für die Wavelet-Transformation wurde aus den Einzeldatensätzen ein Mittelwertdatensatz generiert, welcher in geeigneter Weise 2- bzw. 3-dimensional dargestellt wird und die Grundlage für die Auswertung des Bleistiftminenbruchs bildet. Die Aufzeichnung des aus dem Bleistiftminenbruch resultierenden akustischen Signals erfolgte mit zwei baugleichen Sensoren vom Typ AE204A. Nachstehend werden einige Informationen zur Frequenzanalyse gegeben.

Tabelle 3.7: Vergleich der experimentellen Parameter zwischen der ASTM E 976-05 und der in dieser Arbeit verwendeten Prozedur

	ASTM E 976-05	Prozedur
Vorverstärker – AEP3		
Verstärkung (dB)	40–60	40
Bandbreite (kHz)	20–1200	95–1000
Kabellänge (m)	≤ 2	1,2
Bleistiftmine		
Härtegrad	2H	2H
Durchmesser (mm)	0,3–0,5	0,3
Minenlänge (mm)	2–3	2
Abstand Sensor und Ort des Minenbruchs (cm)	10	5
Abstand Sensor und Prüfkörperende (cm)	-	5

Fouriertransformation

Die Interpretation eines Zeitsignals kann mit Hilfe von Transformationen durchgeführt werden. Jede periodische Funktion lässt sich als eine Summe aus Sinus- und Kosinustermen in Form einer Fourierreihe darstellen (Gl. 3.35). Dabei drücken die Fourier-Koeffizienten A_k und B_k aus, in welcher Weise die Amplituden der einzelnen Terme gewichtet und die Phase verschoben werden muss, um die Ausgangsfunktion zu beschreiben.

$$U(t) = \sum_{k=0}^{\infty} (A_k \cdot \cos \omega_k t + B_k \cdot \sin \omega_k t), B_0 = 0 \qquad 3.35$$

$$\omega_k = \frac{2\pi \cdot k}{T}, \text{mit dem auftretenden Frequenzschema } \omega = 0, \frac{2\pi}{T}, \frac{4\pi}{T}, \frac{6\pi}{T}, \dots \qquad 3.36$$

Die Kreisfrequenz ω_k wird dabei nach Gl. 3.36 berechnet, mit T als Periode der Funktion $U(t)$. Bei der Superposition von Sinus- und Kosinusfunktionen kommen nur ganzzahlige Vielfache der Grundfrequenz, gemäß dem dargestellten Schema, vor (2π-periodische Funktionen) [169]. Nichtperiodische transiente Signale, deren Signalamplitude in endlicher Zeit gegen Null geht, können mit Hilfe der Fouriertransformation analysiert werden. Differenziert wird dabei zwischen der kontinuierlichen und diskreten Fouriertransformation (DFT). Der Unterschied liegt im zeitlichen Signalverlauf, der im Falle einer diskretisierten Funktion, im Gegensatz zur kontinuierlichen Funktion, nur zu N diskreten Zeiten bekannt ist (Gl. 3.37).

$$t_k = k \cdot \Delta t, k = 0, 1, \dots, N - 1 \text{ mit } N \text{ eine Potenz von 2} \qquad 3.37$$

Außerhalb des abgetasteten Intervalls $T = N \cdot \Delta t$ ist die Funktion und deren Verlauf unbekannt. Dies trifft für jede digitale Datenaufnahme zu. Aus diesem Grund wird die Annahme gemacht, dass außerhalb des betrachteten Intervalls die Funktion periodisch fortgesetzt wird [169, 170]. Die Fouriertransformation stellt ein Signal spektral, d.h. in seinem Frequenzinhalt dar, dabei gibt die Fouriertransformierte $U'(f)$ an, mit welcher Amplitude die jeweilige Frequenz im Signal enthalten ist (Gl. 3.38).

$$U'(f) = \int_{-\infty}^{\infty} U(t) \cdot e^{-2\pi \cdot i \cdot f \cdot t} dt \qquad 3.38$$

Es wird vorausgesetzt, dass es sich um ein stationäres, d.h. nicht kurzfristig änderndes Signal handelt. Als Ergebnis der Transformation steht die globale Frequenzinformation ohne zeitliche Zuordenbarkeit zur Verfügung. Die schnelle Fouriertransformation (FFT) ist ein optimierter Algorithmus für die DFT.

Der Nachteil des Verlustes der zeitlichen Information eines Signals ist durchaus von größerer technischer Bedeutung, da für die betrachteten Signale die zugrunde liegenden Ursachen und Zuordnung zum Ursprungssignal von Interesse sind. Eine Verbesserung im Hinblick auf die Zeitauflösung bietet die Kurzzeit-Fouriertransformation (*Short Time Fourier Transform – STFT*), auch gefensterte Fouriertransformation (*Windowed Fourier Transform – WFT*) genannt. Das Signal wird in kleine Zeitbereiche aufgeteilt, die dann einzeln transformiert werden. Dazu wird das Signal mit einer Fensterfunktion w multipliziert und es werden für das betrachtete Signal die Fourier-Koeffizienten berechnet. Durch diese Fensterung ist eine zeitliche Einteilung der Spektren möglich. Probleme ergeben sich in zweierlei Hinsicht. An den Fensterkanten liegt durch die abrupte Änderung der Amplituden im Zeitbereich eine Unstetigkeit vor, was eine Überlappung der Fenster bedingt. Ein weiterer Nachteil der gefensterten Fouriertransformation liegt in der willkürlich zu wählenden Fensterbreite. Ein enges

Fenster ermöglicht eine gute zeitliche Auflösung, bedingt aber maximal detektierbare Frequenzen, welche mit einer vollen Periode in das Zeitfenster passen müssen. Umgekehrt wird bei einem breiten Fenster die Frequenzauflösung verbessert, aber gleichzeitig die zeitliche Auflösung herabsetzt.

Wavelet-Transformation

Der Nachteil der gegenläufigen Zeit- und Frequenzauflösung bei der gefensterten Fouriertransformation wird bei der Wavelet-Transformation dadurch vermieden, dass die Fensterbreite variabel ist und die Anzahl der Oszillationen im Fenster konstant ist (Bild 3.10).

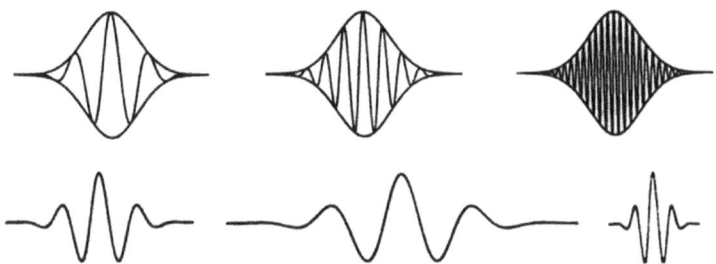

Bild 3.10: Frequenzanalyse im Fourier-Raum (oben) bei der Verwendung einer gefensterten Fouriertransformation und im Wavelet-Raum (unten) durch Dehnen und Stauchen eines Mother-Wavelets (links unten) [171]

Damit wird einerseits eine Änderung der Fensterbreite, d.h. der Zeitbasis, und andererseits die notwendige Frequenzvariation erreicht. Das Dehnen und Stauchen des Wellenzuges wurde von Morlet [171, 172] **Wavelet** genannt, wobei die Form der verwendeten Ausgangsfunktion (*Mother*-Wavelet) erhalten bleibt. Das Wort Wavelet ist eine Neuschöpfung aus dem franz. Wort „ondelette", was kleine Welle bedeutet, welches teils wörtlich („*onde*"→ „*wave*"), teils phonetisch („*-lette*" → „*-let*") ins Englische übertragen wurde und so auch im Deutschen verwendet wird. Die Wavelet-Transformierte W eines Zeitsignals f ist in Gl. 3.39 aufgeführt [173] und für das Gabor-Wavelet sowie für die Fouriertransformierte gelten Gl. 3.40 und Gl. 3.41 [174]. Analog zu der Fouriertransformation geben die Koeffizienten a und b an, wie die zur Analyse verwendete Wavelet-Funktion Ψ verändert werden muss, damit das Signal mit der Wavelet-Funktion Ψ berechnet werden kann. Die Parameter a und b beschreiben dabei die Dehnung bzw. Stauchung sowie die Verschiebung der *Mother*-Wavelet. Das Integral über ein Wavelet ist vereinbarungsgemäß stets null, so dass man als Produkt eines Wavelets mit einer Konstanten ebenfalls null erhält [173, 175]. In Gl. 3.40 ist ω_p die Mittenfrequenz und γ eine Konstante, welche eingeführt wird, damit die Zuverlässigkeitsbedingung erfüllt ist, d.h. mit der Konstante γ wird sichergestellt, dass es sich um ein Orthonormalsystem handelt (Gl. 3.42). Aus der Fouriertransformation wird die Halbwertszeit $2 \cdot \gamma/\omega_p$ für das Gabor-Wavelet sowie die Halbwertsfrequenz $1/2 \cdot \omega_p/\gamma$ ermittelt. Im Ergebnis steht eine Ansammlung von Waveletkoeffizienten (WT-Koeffizienten), wobei jeder Koeffizient durch die Parameter a und b definiert und somit der Frequenz und Zeit zuordenbar ist.

$$Wf(a,b) := \langle f, \Psi_{a,b} \rangle = \frac{1}{\sqrt{|a|}} \cdot \int_{-\infty}^{\infty} f(t)\, \Psi\left(\frac{t-b}{a}\right) dt \qquad 3.39$$

$$\Psi(t) = \pi^{-\frac{1}{4}} \cdot \left(\frac{\omega_p}{\gamma}\right)^{\frac{1}{2}} \cdot exp\left[-\frac{t^2}{2} \cdot \left(\frac{\omega_p}{\gamma}\right)^2 + i\omega_p \cdot t\right] \qquad 3.40$$

$$\widehat{\Psi}(\omega) = (2 \cdot \pi)^{\frac{1}{2}} \cdot \pi^{-\frac{1}{4}} \cdot \left(\frac{\omega_p}{\gamma}\right)^{\frac{1}{2}} \cdot exp\left[-\frac{t^2}{2} \cdot \left(\frac{\omega_p}{\gamma}\right)^2 \cdot (\omega - \omega_p)^2\right] \qquad 3.41$$

$$\gamma = \pi \cdot \left(\frac{2}{ln2}\right)^{\frac{1}{2}} = 5{,}336 \qquad 3.42$$

Die Darstellung als Kontourkarte (Spektrogramm oder *Voiceprint*) zeigt, wie die Signalintensität der einzelnen Frequenzen sich mit der Zeit ändert und enthält damit im hier betrachteten Fall die charakteristischen Eigenschaften des akustischen Signals auf einen Blick [174].

3.5.2 Kopplung des Zugversuchs mit der schädigungssensitiven Schallemissionsanalyse

Im quasistatischen Zugversuch wurden die während der Belastung auftretenden Schallemissionen an einseitig gekerbten Prüfkörpern zur Bewertung der Schädigungskinetik herangezogen. Aufgrund der Verwendung von gekerbten Prüfkörpern ist es möglich, einen definierten Abstand zwischen Schallemissionsquelle und Sensorposition anzugeben und damit reproduzierbare Verhältnisse abzuleiten. Nachteilig ist jedoch, dass infolge der wirkenden Kerbspannungsüberhöhung und des lokalen Deformationsgeschehens keine Angaben für die Spannung und Dehnung möglich sind. Die in Kapitel 3.2.1 beschriebene Durchführung des Zugversuchs ist aufgrund der Kerbwirkung sowie des Einflusses der Sensorposition auf die Aufzeichnung der Schallemissionen so nicht mehr möglich, woraus sich andere experimentelle Bedingungen ergaben und die Prüfung in Anlehnung an die DIN EN ISO 527-1 realisiert wurde. Die Optimierung der experimentellen Voraussetzungen erfolgte durch die Ermittlung des Einflusses unterschiedlicher Kopplungsmedien sowie Sensorpositionen. Hierfür wurde zum einen Bienenwachs und zum anderen handelsübliches Kontaktgel (Sonogel®, SONOGEL VERTRIEBS GMBH) genutzt und die Sensor-Kerb-Abstände variierten um 1, 2, 3 und 4 cm. Die Tiefe der mit einer Metallklinge eingebrachten Kerbe betrug 2 mm bei einem Kerbradius von 0,3 µm. Weitere Informationen zur Kerbeinbringung sind in Kapitel 3.2.4 gegeben. Alle Messungen wurden an der Universalprüfmaschine Zwick Z020 bei einer Traversengeschwindigkeit von 10 mm/min bei Raumtemperatur an PP/10-Werkstoffen durchgeführt. In Bild 3.11a ist ein eingespannter und mit dem akustischen Sensor versehener Prüfkörper dargestellt. Aus den Ergebnissen der Variation der experimentellen Bedingungen konnten für alle nachfolgenden Messungen gültige Parametersätze festgelegt werden. Das hausinterne Programm SEA-TOOL [176] wurde zur Frequenzanalyse der aufgezeichneten Schallemissionen verwendet.

3.5.3 Simultane Aufzeichnung der Belastung und der Schallemissionen in der Biegeanordnung

Die Durchführung des mit der Schallemissionsanalyse gekoppelten Biegeversuchs erfolgte ebenso wie im Fall des Zugversuchs an gekerbten Prüfkörpern in Anlehnung an die DIN EN ISO 178. Zusätzliche Änderungen zur Norm ergaben sich durch die Applizierung des akustischen Sensors auf dem Prüfkörper. Durch die vorgeschriebene Stützweite von 62 mm betrug der Kerb-Sensor-Abstand für alle Versuche 30 mm. Die Versuchsanordnung ist in Bild 3.11b für einen unter einer Biegebeanspruchung stehenden Vielzweckprüfkörper mit appliziertem Sensor gezeigt.

Experimentelles

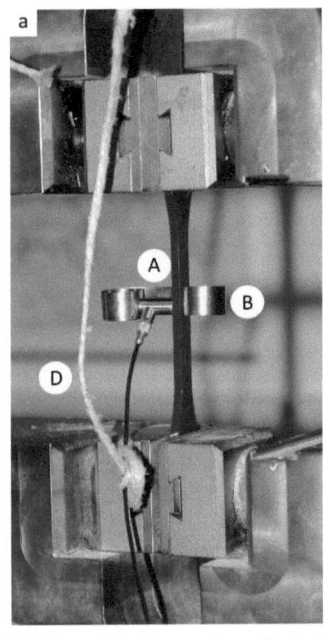
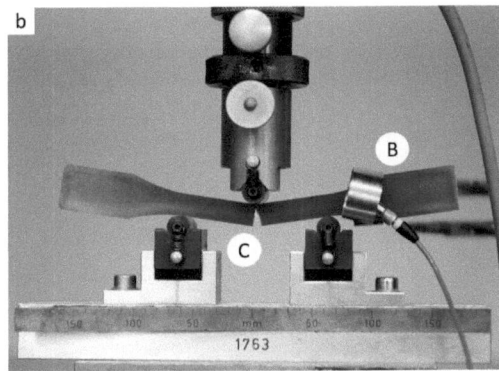

A = akustischer Breitbandsensor; Applizierung auf dem Prüfkörper mit Kopplungsmedium
B = aufgesetzte Klemme
C = Kerböffnung
D = Sicherheitskabel zum Auffangen des Sensors zur Vermeidung von Beschädigungen

Bild 3.11: Versuchsanordnung für die Schallemissionsmessungen in der Zug- (a) und Biegeanordnung (b)

Zur Ermittlung des Einflusses der experimentellen Bedingungen wurden zum einen die Prüfgeschwindigkeit im Bereich von 10–50 mm/min und zum anderen die Kerbtiefe von 1–4 mm variiert. Der Kerbradius der Metallklingen betrug 0,3 µm. Nach Erreichen der Maximalkraft kommt es zu einer stabilen Rissausbreitung. Aufgrund der zunehmenden Durchbiegung der Prüfkörper musste beim Kontakt der Prüfkörperhälften mit dem Biegestempel der Versuch abgebrochen werden. Eine zusätzliche Schwierigkeit ergab sich bei der Applizierung des Sensors auf den Prüfkörper. Eine Verwendung von Gel zur Impedanzanpassung war nicht möglich, da es mit zunehmender Prüfkörperdurchbiegung sowohl zu einer Bewegung des Sensors als auch zu einer Bewegung auf dem Widerlager und damit zu Reibungseffekten kam. Das Problem der sicheren Befestigung des Sensors auf dem Prüfkörper konnte durch die Nutzung von Bienenwachs umgangen werden. Allerdings ist aufgrund der Reibungseffekte und der damit verbundenen Generierung von unerwünschten zusätzlichen Schallemissionen eine systematische Auswertung nur bis zur Maximalkraft möglich.
Alle Untersuchungen zum Einfluss der Prüfgeschwindigkeit sowie unterschiedlicher Kerbtiefen wurden ebenfalls bei Raumtemperatur an PP/10 durchgeführt.

3.5.4 Kopplung des instrumentierten Kerbschlagbiegeversuchs mit der Schallemissionsanalyse

Der instrumentierte Kerbschlagbiegeversuch (IKBV) wurde nach der in Kapitel 3.2.4 dargelegten Art und Weise unter Anwendung der MPK-IKBV-Prozedur durchgeführt. Die Prüfgeschwindigkeit betrug einheitlich 1,0 m/s, was bei dem verwendeten Pendelschlagwerk einem Fallwinkel von 40° entspricht. Aufgrund der experimentellen Anforderungen beträgt der Kerb-Sensor-Abstand 30 mm bei einer Stützweite von 40 mm. Die Applizierung erfolgte direkt auf dem Prüfkörper und zur Vermeidung einer einseitigen Einspannung des Prüfkörpers am Widerlager wurde keine Klemme genutzt. Aus diesem Grund musste Bienenwachs als

Kopplungsmittel verwendet werden, da nur so ein sicherer Halt des akustischen Sensors sichergestellt ist. In Bild 3.12 ist die Versuchsanordnung eines auf dem Widerlager positionierten Prüfkörpers mit appliziertem Sensor gezeigt.

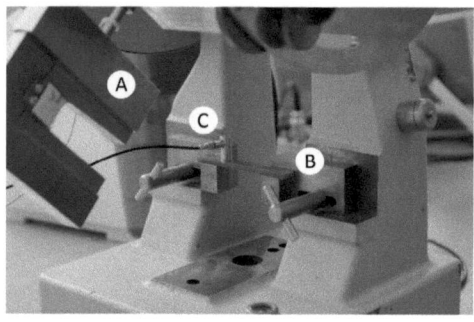

A = Instrumentierter Pendelhammer mit 4-J Arbeitsinhalt bei maximaler Fallhöhe
B = Prüfkörper
C = applizierter akustischer Sensor mit Bienenwachs als Kopplungsmedium

Bild 3.12: Versuchsanordnung bei der Kopplung des IKBV mit der SEA

Im Ergebnis von durchgeführten Untersuchungen zur Optimierung der Frequenzanalyse konnte der Aufschlagimpuls aus dem Messsignal gefiltert werden.

3.6 *In-Situ* Zugversuch mit simultaner Aufzeichnung der Schallemissionen

Der *in-situ* Zugversuch mit simultaner Aufzeichnung der schädigungssensitiven Schallemissionen wurde mit einer Prüfgeschwindigkeit von 0,2 mm/min an gekerbten Prüfkörpern aus PP/20 und PB-1/20 mit den Abmessungen 60x9,6x3,6 mm³ und einer Kerbtiefe von 2 mm in Anlehnung an die DIN EN ISO 527-1 in einem *Environmental Scanning Electron Microscope* (ESEM) vom Typ Quanta 600FEG (FEI – EINDHOVEN, THE NETHERLANDS) durchgeführt. Die Prüfkörper wurden unter den in Kapitel 3.1.1 angegebenen Bedingungen poliert, um die bei spritzgegossenen Prüfkörpern typische Haut zu entfernen und damit eine direkte Beobachtung der Interaktion zwischen den Fasern und der Matrix zu ermöglichen. Die Schallemissionen wurden mit dem AMSY-4 Messsystem registriert und die Zugbeanspruchung erfolgte mit einer in die Probenkammer des ESEM eingebauten Zugbühne vom Typ Deben MT5000 (SUFFOLK, UK). Die Zugbühne kann über fünf Koordinaten angesteuert werden, was eine Positionierung in X-, Y- und Z-Richtung sowie eine Rotation und Neigung des eingespannten Prüfkörpers ermöglicht. In Bild A.3 ist der Messplatz für die Untersuchungen im ESEM mit der parallelen Aufzeichnung der Messgrößen für die Zugbeanspruchung sowie der Schallemissionen dargestellt. Bild 3.13a zeigt den eingespannten Prüfkörper mit appliziertem Schallemissionssensor nach Versuchsende und in Bild 3.13b ist die eingebaute und gekippte Zugbühne in der Probenkammer dargestellt.

Der Kerbradius betrug 0,1 mm, was dem Typ C nach DIN EN ISO 179-1 entspricht, und die aus der Prüfgeschwindigkeit und der Einspannlänge von 42,5 mm resultierende Dehnrate beträgt 0,0047 min^{-1}. Dieser theoretische Wert der Dehnrate kann durch den Anstieg aus dem Traversenweg-Zeit-Diagramm überprüft werden. Es zeigte sich, dass eine geringere Dehnrate von 0,0027 min^{-1} während der Zugbeanspruchung des gekerbten Prüfkörpers auftritt.

Experimentelles

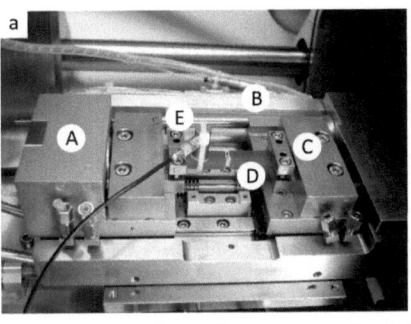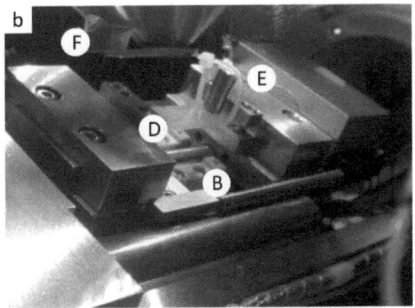

A = Kraftmessdose
B = Extensometer
C = Einspannklemmen
D = Prüfkörper
E = akustischer Sensor; fixiert mit Kabelbinder
F = Rückstreuelektronendetektor (SSD)

Bild 3.13: Zugbühne mit eingespanntem Prüfkörper und appliziertem Schallemissionssensor nach Versuchsende (a) und in der Probenkammer im gekippten Zustand (b)

Eine reproduzierbare Einspannung der Prüfkörper wurde mit einem aufgebrachten Drehmoment von 1 Nm erreicht. Die Kraftmessung und die Messung der Verlängerung erfolgten mit einer 5 kN Kraftmessdose sowie über den Traversenweg. Eine geeignete Applizierung des Breitband-Schallemissionssensors AE-204A auf dem Prüfkörper konnte durch Bienenwachs als Kopplungsmedium sichergestellt werden. Die Fixierung, d.h. die Verhinderung des Wegrutschens des Sensors während der Belastung, erfolgte mit einem Kabelbinder (Bild 3.13), da eine Befestigung, wie in Kapitel 3.5.2 und 3.5.3 für den Zug- und Biegeversuch dargelegt, aufgrund der gegebenen experimentellen Voraussetzungen nicht möglich war. Die Zugbühne mit eingespanntem Prüfkörper wurde um 30° gekippt, um die während der Belastung auftretenden Schädigungsmechanismen an der Kerbspitze zu beobachten (Bild 3.14). Die Position des Rückstreuelektronendetektors (*Solid State Detector* – SSD) direkt an der Unterseite des Polschuhs (Bild 3.13b) erforderte einen Mindestabstand des akustischen Sensors, so dass der Abstand des Sensors zur asymmetrischen Position der Kerbe 30 mm betrug.

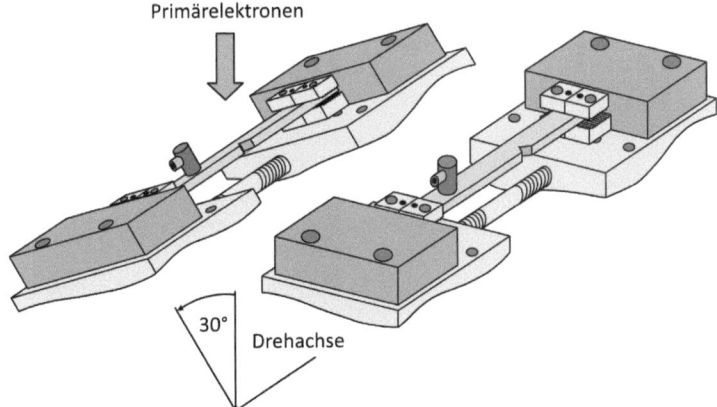

Bild 3.14: Schematische Darstellung der Zugbühne in orthogonaler sowie gekippter Position

Im Rasterelektronenmikroskop (REM) ergibt sich der Kontrast durch die Wechselwirkungen zwischen den Primärelektronen (PE) und der Prüfkörperoberfläche. Dabei lassen sich die in Bild 3.15a dargestellten Wechselwirkungsmechanismen zwischen den Primärelektronen und dem Prüfkörper in einen Analyseteil und Abbildungsteil unterteilen. Mit Hilfe der Kathodolumineszenz, der charakteristischen Röntgenstrahlen und der Auger-Elektronen können Informationen über den Werkstoff, d.h. über die Elemente und den Aufbau abgeleitet werden [177]. Wichtige Abbildungsarten resultieren aus den Sekundärelektronen (SE) und den rückgestreuten Elektronen (RE). Dabei bilden die Sekundärelektronen aufgrund der unterschiedlichen Ausbeute δ in Abhängigkeit vom Neigungswinkel die Topographie des Prüfkörpers ab (Bild 3.15b) und die rückgestreuten Elektronen können Materialunterschiede aufgrund der Abhängigkeit von der Ordnungszahl Z widergeben. Um Wechselwirkungen mit dem Medium zu verhindern, muss der Probenraum evakuiert sein. Bei nichtleitenden Werkstoffen ist es erforderlich, den Prüfkörper mit einem elektrisch leitenden Stoff, z.B. Gold, zu beschichten oder anderweitig so zu kontaktieren, dass eine elektrische Auflading vermieden wird [178]. Aus diesem Sachverhalt ergibt sich, dass im REM biologische Präparate, Aushärtvorgänge, Quellungen, Trocknung oder *in-situ* Versuche nicht durchgeführt werden können. Diese Untersuchungen können im ESEM durchgeführt werden, da das Wirkprinzip auf der Neutralisierung der negativen Oberflächenauflading durch positiv ionisiertes Gas, z.B. Wasserdampf, Stickstoff oder Luft bei geringen Drücken von 0,1–10 Torr, beruht.

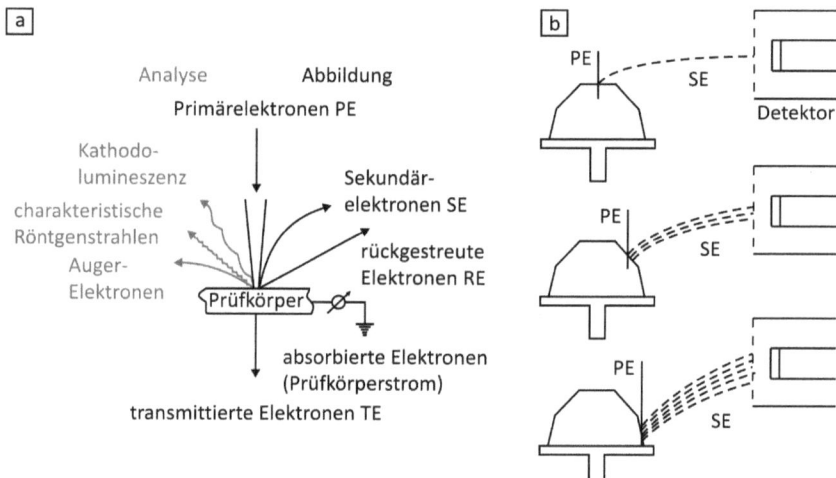

Bild 3.15: Wechselwirkung der Primärelektronen PE mit der zu untersuchenden Prüfkörper (a) und Abhängigkeit der Sekundärelektronen-Ausbeute von der Flächenneigung zur Abbildung der Topographie [177]

Die Sekundärelektronen werden mit dem *Large Field Detector* (LFD) und die rückgestreuten Elektronen mit einem Halbleiterdetektor (SSD) erfasst und die Kontrastentstehung beruht darauf, dass aufgrund der unterschiedlichen Anzahl von emittierten Elektronen sich das Signal von Punkt zu Punkt unterscheidet. Dabei gilt, umso mehr Elektronen emittieren werden können, umso heller erscheinen die Bereiche im Bild. Beispielhaft sind in Bild 3.16 der Material- und Topographiekontrast eines kurzglasfaserverstärkten PP-Werkstoffes dargestellt. Die ESEM-Aufnahmen zeigen die im Bereich der Rissspitze ablaufenden Schädigungsprozesse unter einachsiger Zugbeanspruchung.

Experimentelles

Bild 3.16: Unterschiedliche Kontrastarten im ESEM

Da mit zunehmender Ordnungszahl, wie oben erläutert, der Rückstreukoeffizient η zunimmt, sind die Glasfasern in der Polymermatrix (linkes Teilbild in Bild 3.16) sehr gut zu erkennen. Mit Hilfe des Topographiekontrastes lassen sich Aussagen über die plastischen Verformungen in der Matrix bzw. an der Rissspitze (rechtes Teilbild in Bild 3.16) ableiten. Durch die parallele Nutzung der unterschiedlichen Kontrastarten können umfassendere Aussagen über die hier untersuchten gekerbten Prüfkörper getroffen werden.

4 Ergebnisse der mechanischen Charakterisierung der kurzglasfaserverstärkten Polyolefinwerkstoffe

4.1 Werkstoffcharakterisierende Eigenschaften

An den mit einem Masseanteil von 0,2 verstärkten Werkstoffen wurden sowohl die Dichte ϱ als auch die thermischen Eigenschaften ermittelt. Die Schmelzvolumenfließrate MVR wurde nach DIN EN ISO 1133 [179] bei einer Temperatur von 230°C mit einer Masse der Auflagegewichte von 2,16 kg und die Wärmeformbeständigkeitstemperatur HDT mit einer maximalen Biegespannung von 0,45 MPa (Verfahren B) nach DIN EN ISO 75-1 [180] bestimmt. Des Weiteren erfolgte die Ermittlung der Schmelztemperatur T_{pm} und des Kristallisationsgrads χ aus DSC-Messungen nach der DIN EN ISO 11357-1 [166]. Ersichtlich aus den in der Tabelle 4.1 aufgeführten Zahlenwerten ist, dass das PP/20 die höchste Wärmeformbeständigkeit aufweist, was auf die höhere Schmelztemperatur T_{pm} und damit auf das von vornherein höhere Eigenschaftspotential zurückgeführt werden kann. Diese Kenngröße wird maßgeblich von der Matrixeigenschaft bestimmt und demzufolge ist die Wirkung unterschiedlicher Glasfasergehalte als gering einzustufen. Der kristalline Anteil ist beim PE-HD/20 am höchsten. Weiterhin konnten unterschiedliche Viskositätswerte ermittelt werden. Die höchste Viskosität wurde bei dem PB-1/20 gemessen, dagegen sind die Unterschiede für die PP/20- und PE-HD/20-Werkstoffe gering.

Tabelle 4.1: Dichte und thermische Eigenschaften der kurzglasfaserverstärkten Polyolefinwerkstoffe ($\Delta H_m^\circ = 141$ J/g für PB-1, nach [46]) mit einem Glasfaseranteil Ψ von 0,2

Werkstoff	ϱ (g/cm³)	MVR$_{230/2,16}$ (cm³/10 min)	HDT B (°C)	T_{pm} (°C)	χ (%)
PP/20	1,038	6,3	152,9	165,2	31,9
PE-HD/20	1,094	6,8	122,6	130,5	49,1
PB-1/20	1,060	4,9	115,9	124,8	37,4

Die Bewertung der Anbindung der Glasfasern in der Polymermatrix erfolgte qualitativ durch REM-Aufnahmen von Bruchflächen. Dazu wurden Prüfkörper mit einem Rasierklingenkerb versehen und schlagartig im IKBV gebrochen [181, 182] und anschließend die Bruchflächen mit Gold besputtert. Die REM-Aufnahmen sind in den Bildern 4.1a–f für die Werkstoffe mit einem Glasfasermasseanteil Ψ von 0,2 dargestellt. Für die drei Matrixwerkstoffe zeigen sich große Unterschiede in der Güte der Haftung der Glasfasern. In der PP-Matrix sind die Glasfasern sehr gut angebunden, dies kann aus der Benetzung der Fasern mit Matrixmaterial (Bild 4.1–i und ii) abgeleitet werden. Unter Wirkung einer mechanischen Belastung ist demzufolge eine optimale Kraftübertragung zwischen der Matrix und den Fasern möglich. Für die PE-HD- und PB-1-Verbunde wurden dagegen andere Haftungsverhältnisse nachgewiesen. So sind die Glasfasern in der plastisch verformten PE-HD-Matrix nur partiell angebunden, wie in Bild 4.1c–d zu erkennen ist, und für das PB-1-Werkstoffsystem kann keine Haftung in der Polymermatrix ermittelt werden. Die Glasfasern liegen ohne erkennbare Anbindung in der Matrix vor. Die Verstärkungseffektivität ist gegenüber den anderen Werkstoffsystemen stark begrenzt, da sich die Wirkung der Glasfasern durch die nicht erreichte Kraftübertragung im Wesentlichen auf eine reine Füllstoffwirkung beschränkt.

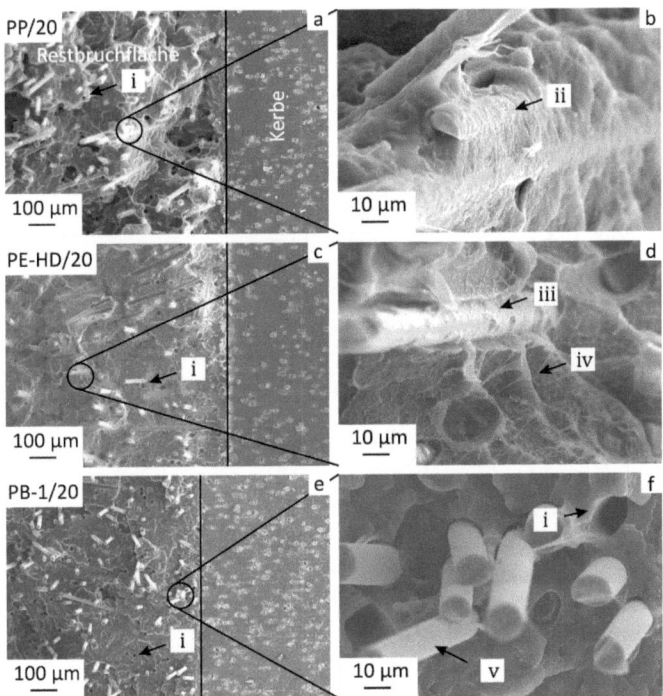

Bild 4.1: REM-Aufnahmen der Bruchflächen für PP/20 (a, b), PE-HD/20 (c, d) und PB-1/20 (e, f); i – Loch infolge des *pull-out*, ii – mit Matrixmaterial benetzte Glasfaser, iii – teilweise mit Matrixmaterial benetzte Glasfaser, iv – plastische Deformation der Matrix und v – freiliegende, nicht mit Matrixmaterial benetzte Faser [183]; schlagartige Beanspruchung

4.1.1 Mengenanteil und Glasfaserorientierung

Glasfaservolumenanteil

Der Glasfaservolumenanteil φ_V wurde nach Gl. 3.1 unter Verwendung der in Tabelle 2.1 genannten Dichte der E-Glasfasern berechnet. Die Ergebnisse in Tabelle 4.2 verdeutlichen, dass eine gute Übereinstimmung mit den vom Hersteller genannten Glasfasergehalten besteht. Aufgrund des Dichteunterschieds der Polyolefine ergeben sich für die Werkstoffsysteme geringfügige Unterschiede für den Volumenanteil φ_V. In der weiteren Arbeit wird φ_V zur Darstellung der physikalischen Abhängigkeit vom Glasfasergehalt verwendet.

Tabelle 4.2: Dichte der Werkstoffsysteme sowie die Angabe der Glasfasergehalte in Masse- und Volumenanteilen

Werkstoff	Masseanteil $\Psi(-)$		Dichte der Matrix ϱ_M (g/cm³)	Volumenanteil φ_V (-)
	Herstellerangabe	gemessen		
PP	0	0	0,905	0
	0,1	0,103		0,039
	0,2	0,205		0,083
	0,3	0,306		0,135
	0,4	0,404		0,193
	0,5	0,502		0,264
PE-HD	0	0	0,954	0
	0,1	0,102		0,041
	0,2	0,204		0,087
	0,3	0,303		0,140
	0,4	0,404		0,201
	0,5	0,500		0,273
PB-1	0	0	0,922	0
	0,1	0,104		0,040
	0,2	0,205		0,085
	0,3	0,304		0,136
	0,4	0,403		0,196
	0,5	0,501		0,266

Faserorientierung

Die Ergebnisse der lichtmikroskopischen Untersuchungen zur Ausbildung der Orientierung im Rand- (Betrachtungsebene A) und Kernbereich (Betrachtungsebene B) sind für die mit 50 M.-% Glasfaser verstärkten Polyolefine in Bild 4.2 und Bild A.4 aufgeführt. In den Bildern ist erkennbar, dass sich eine Orientierung ausbildet, welche sich mit dem 3-Schicht-Modell, wie in Kapitel 2.1 aufgeführt, hinreichend genau beschreiben lässt. Aufgrund der starken Abhängigkeit von den spezifischen Verarbeitungsbedingungen zeigen sich allerdings Unterschiede für die Werkstoffe, so ist die Orientierung für PP/50 und PB-1/50 am ausgeprägtesten. Der im Spitzgussprozess auftretende Temperaturgradient zwischen dem Rand und der Mitte des Prüfkörpers sowie die Entgasungsproblematik führt sowohl im Rand- als auch im Kernbereich (Bild A.4) zur Lochbildung (i), welche bei PP/50 am deutlichsten ist. Aufgrund der während der Präparation wirkenden mechanischen und thermischen Belastungen ist bei PB-1/50 trotz Kühlung ein lokales Aufschmelzen des Randbereiches (ii) zu erkennen. Dies kann auf die großen Härteunterschiede zwischen der Matrix und den Glasfasern zurückgeführt werden, so dass es bei der Präparation zu einem Hitzestau um die Glasfasern kommt.

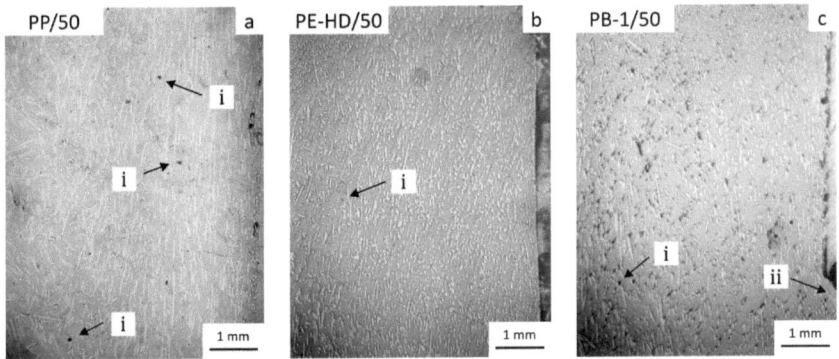

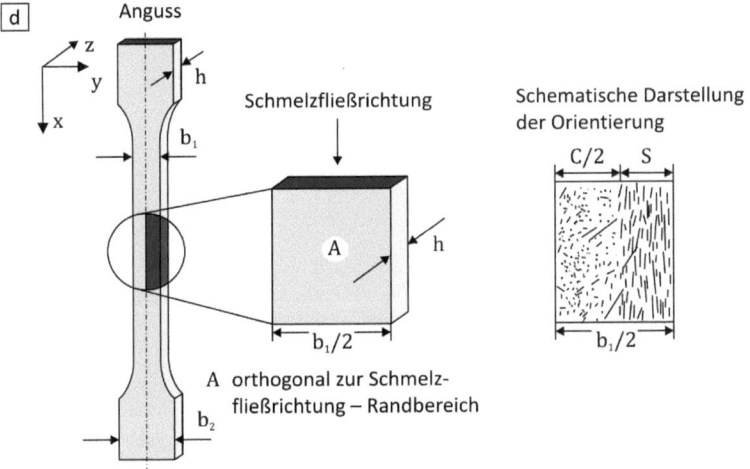

Bild 4.2: Lichtmikroskopische Aufnahmen vom Randbereich für PP/50 (a), PE-HD/50 (b) und PB-1/50 (c) der polierten Proben sowie eine schematische Darstellung der Ausbildung der Orientierung (d)

In Ergänzung zu den lichtmikroskopischen Untersuchungen wurden REM-Aufnahmen von gekerbten und anschließend polierten Prüfkörpern der mit einem Masseanteil Ψ von 0,2 verstärkten Werkstoffe angefertigt. Weitere Informationen zum Polierprozess sind in Kapitel 3.1.1 aufgeführt. Die Darstellung in Bild 4.3 erfolgte orthogonal zur Spritzrichtung über die Prüfkörperbreite (x–y Ebene). Es ist ersichtlich, dass im Randbereich der Prüfkörper eine geringere Orientierung in Schmelzfließrichtung vorliegt, als dies aus den Ergebnissen der lichtmikroskopischen Aufnahmen für die mit 50 M.-% verstärkten Werkstoffe abzuleiten ist. Die Faserorientierung im Kernbereich kann als eine regellose Ordnung beschrieben werden, welche durch eine statistische Ausrichtung der Fasern in und quer zur Schmelzfließrichtung charakterisiert ist. Dies kann auf den geringeren Glasfasergehalt, die niedrigere Schmelzeviskosität und die damit geänderten Scher- und Dehnströmungen zurückgeführt werden und wurde in [25] und [32] beispielhaft für kurzglasfaserverstärkte PA 6- und PET-Werkstoffe gezeigt.

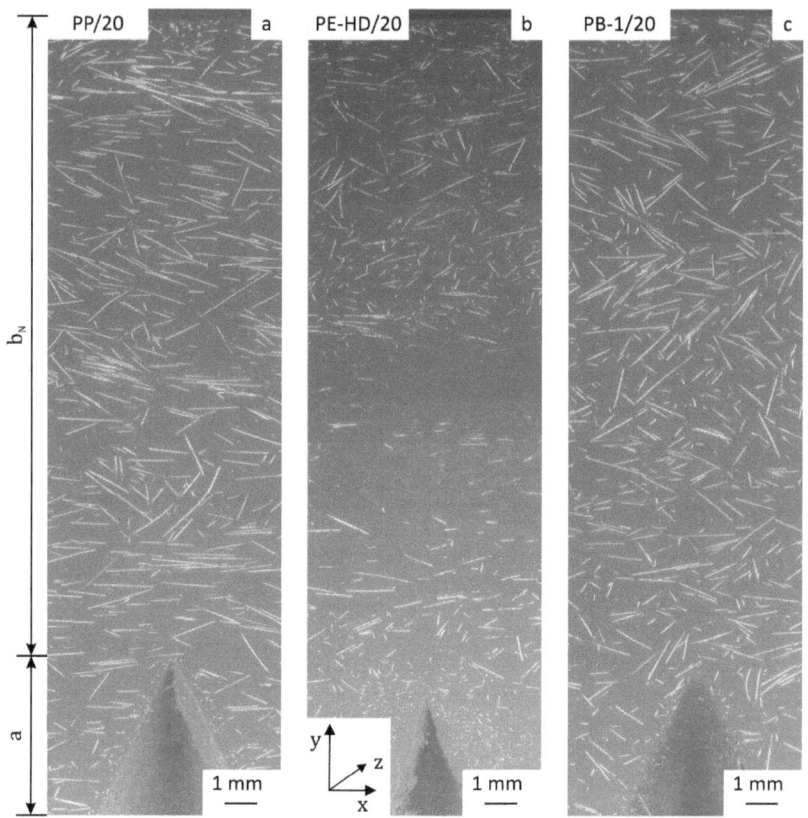

Bild 4.3: Zusammengesetzte Bildreihen von REM-Aufnahmen der polierten Prüfkörperbreiten für PP/20 (a), PE-HD/20 (b) und PB-1/20 (c)

4.1.2 Aussagen über die Glasfaserlängenverteilung

Die Glasfaserlängenverteilung sowie das *aspect ratio* sind, wie in Kapitel 2.1 dargelegt, Kenngrößen, welche die Werkstoffeigenschaften der Verbunde maßgeblich beeinflussen. Zur Ermittlung der Längenverteilung wurde die in Kapitel 3.1.2 erläuterte Prozedur angewendet. Die für die Werkstoffe mit der geringsten Verstärkung ermittelte Häufigkeitsverteilung sowie die sich ergebenden Abhängigkeiten der mittleren Glasfaserlänge für die Werkstoffsysteme sind in Bild 4.4a–e dargestellt. Die weiteren Längenverteilungen für die höher verstärkten Werkstoffe zeigt Bild A.5a–l. Die mittlere Glasfaserlänge l_n ist das arithmetische Mittel der ausgemessenen Längen l nach Gl. 3.2 und l_c wurde mit Hilfe der Gauß-Funktion nach Gl. 3.3 berechnet. Wie in Bild 4.4 und Bild A.5 zu erkennen ist, kann für die Häufigkeitsverteilung der Glasfaserlängen mit guter Näherung eine Normalverteilung angenommen werden. Die berechneten mittleren Glasfaserlängen l_n weisen für alle Werkstoffsysteme geringfügig höhere Werte mit einer hohen Standardabweichung als die aus der Gauß-Funktion abgeleiteten Werte für l_c auf.

Ergebnisse

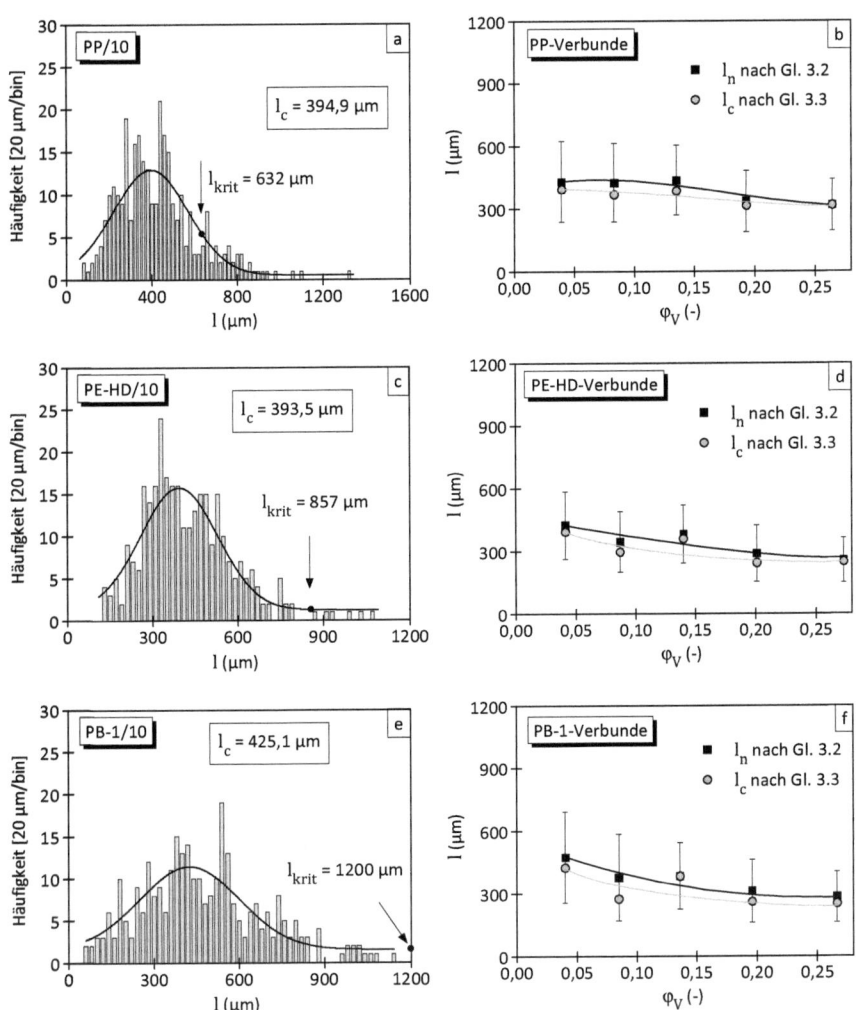

Bild 4.4: Darstellung der Häufigkeitsverteilung der Glasfaserlängen l und der Gauß-Funktionen sowie der Abhängigkeiten der mittleren Faserlängen l_n und l_c vom Glasfasergehalt φ_V für das PP- (a, b), PE-HD- (c, d) und PB-1-Werkstoffsystem (e, f)

Die mittlere Länge nimmt mit Zunahme des Glasfasergehaltes, aufgrund der während der Verarbeitung wirkenden höheren Scherkräfte und des induzierten Fragmentierungsprozesses [32], für alle Werkstoffsysteme kontinuierlich ab. Die auftretenden Glasfaserlängen liegen zwischen 250 µm und 425 µm und bei einem Durchmesser der Fasern von ca. 10 µm kann für das *aspect ratio* ein Bereich von 25–42,5 angegeben werden. Unter Beachtung der in Kapitel 2.1 angegebene kritischen Glasfaserlänge l_{krit}, d.h. der Glasfaserlänge, wo unter Voraussetzung einer Anbindung der Fasern in der Polymermatrix und der daraus ableitbaren Kraftübertragung zwischen Matrix und Fasern, davon ausgegangen werden kann, dass Faserbrüche auftreten und den in Kapitel 4.1 getroffenen Aussagen über die Haftungsverhältnisse, lassen sich für die einzelnen Werkstoffsystem folgenden Aussagen treffen. Für alle Werkstoffe liegt die mittlere Glasfaserlänge unterhalb der kritischen Faserlänge l_{krit}, weshalb der Faserbruch als dominierender Schädigungsmechanismus mit hoher Wahrscheinlichkeit auszuschließen ist. Für das PB-1-System konnte zusätzlich aus den REM-Aufnahmen abgeleitet werden, dass die Glasfasern in der PB-1-Matrix kaum angebunden sind und damit die Kraftübertragung bei einer Belastung nur stark eingeschränkt möglich ist. Allerdings wurden sowohl für die PP- als auch für die PE-HD-Werkstoffe Glasfaserlängen ermittelt, die oberhalb der kritischen Länge liegen. Dies ist in Bild 4.4a, c verdeutlicht und in der graphischen Darstellung ist erkennbar, dass die Anzahl der Glasfasern mit einer Länge $l > l_{krit}$ für das PP/10 größer ist. Damit kann davon ausgegangen werden, dass der Anteil von Glasfaserbrüchen an den auftretenden Schädigungsmechanismen hier höher ausfällt.

4.2 Mechanische Grundcharakterisierung der PP-, PE-HD- und PB-1-Werkstoffe

4.2.1 Einfluss des Glasfasergehalts auf das Steifigkeits- und Festigkeitsniveau der Werkstoffsysteme

Zugversuch

Die im quasistatischen Zugversuch ermittelten Steifigkeiten und Festigkeiten sind im Bild 4.5 aufgeführt, während die Abhängigkeit der Bruchdehnung vom Glasfasergehalt in Bild 4.6 dargestellt ist. Die jeweiligen relativen Standardabweichungen liegen teilweise deutlich unter 10% und sind aus Gründen der Übersichtlichkeit nicht mit dargestellt. Mit der Zunahme des Glasfasergehaltes nimmt der Elastizitätsmodul E_t für alle Polyolefine nahezu linear, entsprechend der Mischungsregel, zu. Das Steifigkeitsniveau der PP-Werkstoffe ist im Vergleich mit den PE-HD- und PB-1-Werkstoffen am höchsten und der sich schon für die unverstärkten Werkstoffe ergebene Steifigkeitsunterschied für die PE-HD- und PB-1-Werkstoffe bleibt mit der Zugabe der Glasfasern erhalten.

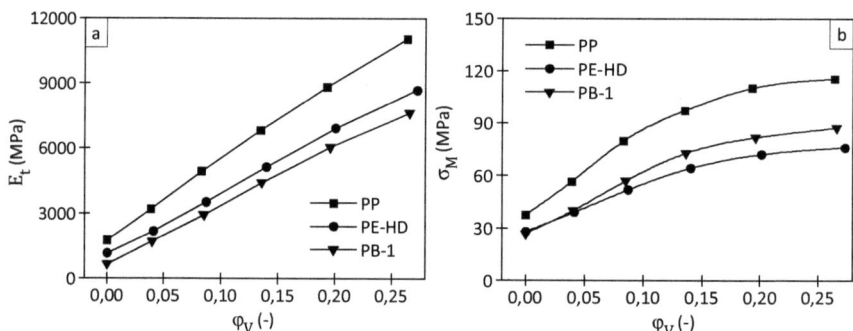

Bild 4.5: Steifigkeit E_t und Festigkeit σ_M der Werkstoffsysteme in Abhängigkeit vom Glasfaservolumengehalt

Die Zugfestigkeit σ_M der unverstärkten PE-HD- und PB-1-Werkstoffe liegt dagegen auf einen identischem Niveau, wobei sich die Verstärkung mit Glasfasern für das PB-1-Werkstoffsystem stärker auswirkt als für die PE-HD-Werkstoffe. Dabei ist die Zunahme der Zugfestigkeit durch einen nichtlinearen Anstieg gekennzeichnet und das höchste Festigkeitsniveau der drei Werkstoffsysteme wurde für das PP-Werkstoffsystem ermittelt.

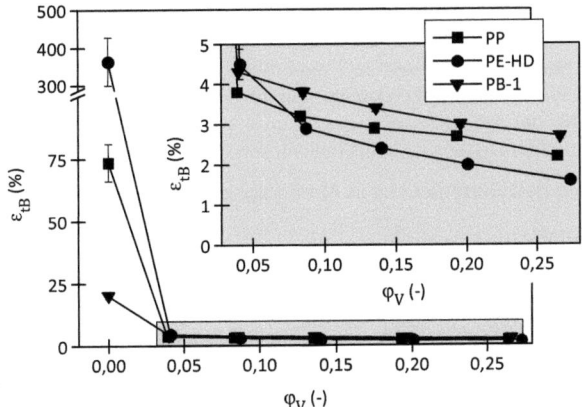

Bild 4.6: Im Zugversuch ermittelte Bruchdehnungen als Funktion des Glasfaservolumengehalts; Abhängigkeiten bei höheren Glasfasergehalten im farblichen Detailbild hervorgehoben

Wie in Bild 4.6 erkennbar, zeigt die nominelle Bruchdehnung ε_{tB} der unverstärkten Polyolefine deutliche Unterschiede. So konnte für PE-HD eine Bruchdehnung von fast 400 % bestimmt werden, dagegen liegen deutlich geringere Bruchdehnungen für das PP und das PB-1 vor. Die Zugabe der Kurzglasfasern bewirkt bei allen Werkstoffsystemen eine starke Abnahme der Bruchdehnung, welche bei höheren Glasfasergehalten insbesondere für das PE-HD-gegenüber den PP- und PB-1-System weiterhin deutlich abnimmt. Die ermittelten Bruchdehnungen für die kurzglasfaserverstärkten Werkstoffe sind voneinander signifikant unterschiedlich. So lag beim höchsten Verstärkungsgrad die geringste Bruchdehnung für PE-HD und die höchste für PB-1 vor.

Biegeversuch

Der Elastizitätsmodul E_f sowie die bis zu einem Glasfaservolumengehalt φ_V von ~0,13 bestimmbare Norm-Biegespannung σ_{fc} und bei höheren Verstärkungsgraden die Bruchspannung σ_{fB} sind in Bild 4.7 dargestellt. Ebenso wie im Zugversuch zeigt auch die unter Biegebeanspruchung ermittelte Steifigkeit einen linearen, der Mischungsregel entsprechenden, Anstieg, wobei die höchste Steifigkeit bei dem PP-Werkstoffsystem vorliegt.

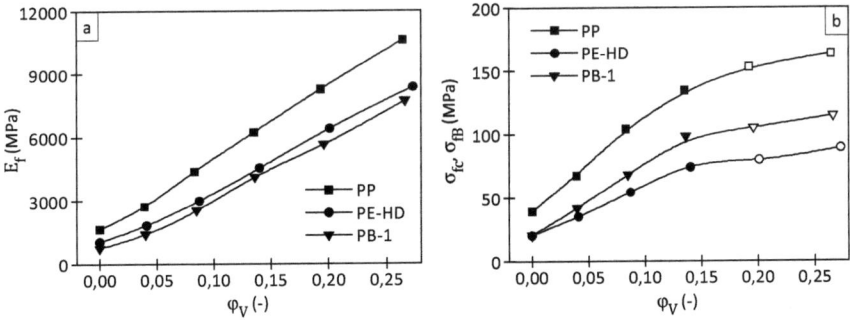

Bild 4.7: Elastizitätsmodul E_f und Norm-Biegespannung σ_{fc} (ausgefüllte Symbole) sowie Bruchspannung σ_{fB} (offene Symbole) in Abhängigkeit vom Glasfaservolumengehaltes

Charakteristisch für die PE-HD- und PB-1-Werkstoffe ist der unterschiedliche Verlauf der Festigkeitszunahme mit der Zugabe von Glasfasern. Die Festigkeit für die unverstärkten Werkstoffe ist vergleichbar, allerdings wirkt sich die Erhöhung des Glasfasergehaltes für das PB-1-System, im Gegensatz zur Steifigkeitssteigerung sowohl im Zug- als auch im Biegeversuch, stärker aus, als für das PE-HD-System. Dieses unterschiedliche Werkstoffverhalten konnte auch im quasistatischen Zugversuch ermittelt werden.

4.2.2 Bewertung des Härteniveaus in Abhängigkeit vom Glasfasergehalt

Kugeleindruckversuch

Die Ergebnisse für die Kugeldruckhärte sind graphisch in Bild 4.8 und tabellarisch mit den verwendeten Prüfkräften F_m in Tabelle A.1 dargestellt. Die Kugeldruckhärte nimmt für alle Polyolefinwerkstoffe mit Erhöhung des Glasfasergehaltes zu und dabei ist für die PP- und PE-HD-Werkstoffe die Zunahme durch einen linearen Verlauf, mit dem höchsten Härteniveau für das PP-System, gekennzeichnet.

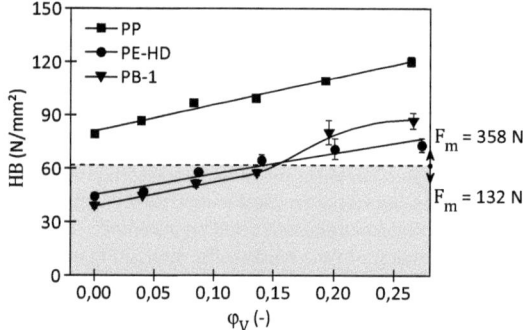

Bild 4.8: Kugeldruckhärte HB der Werkstoffsysteme in Abhängigkeit vom Glasfaservolumengehalt; Änderung der Prüfkraft bei einem Wert von $HB = 61{,}76$ N/mm² [154] grau hervorgehoben

Für das PB-1-System ist dagegen bei einem Glasfasergehalt von $> 0{,}136$ eine signifikante Erhöhung des Härteniveaus ersichtlich, wobei ab diesen Gehalten das Niveau höher als bei den PE-HD-Werkstoffen mit niedrigeren Fasergehalt ist. Die Härtewerte für das PB-1-Werkstoffsystem unterscheiden sich signifikant von den für die PE-HD-Werkstoffe ermittelten Härtewerten (Tabelle A.2).

Registrierende Mikrohärtemessung

Die Martenshärte HM sowie der elastische Eindringmodul E_{IT} sind graphisch in Bild 4.9 und der elastische Anteil an der Eindringarbeit η_{IT} in Bild 4.10 dargestellt. Die Tabelle A.3 enthält in tabellarischer Form die Ergebnisse der registrierenden Mikrohärtemessung. Der Eindringmodul nimmt für alle Werkstoffsysteme mit Erhöhung des Glasfasergehaltes zu, wobei die geringsten Werte für das PB-1-Werkstoffsystem bestimmt wurden. Der Verlauf ist für die PP- und PE-HD-Werkstoffe bis zum Glasfasergehalt von ~0,194 fast identisch und erst bei den höchsten Verstärkungsgraden werden höhere Werte für die PP-Werkstoffe erreicht. Ein Vergleich des im Zug- und Biegeversuch ermittelten Elastizitätsmoduls mit dem elastischen Eindringmodul ist aufgrund der unterschiedlichen Belastungsart und Beanspruchungsgeschwindigkeit nicht möglich und führt zu Fehlinterpretationen. In Analogie zum Verhalten des elastischen Eindringmoduls nehmen auch die Härtewerte durch die Zugabe von Glasfasern zu und es zeigt sich für das PP-Werkstoffsystem das höchste Härteniveau.

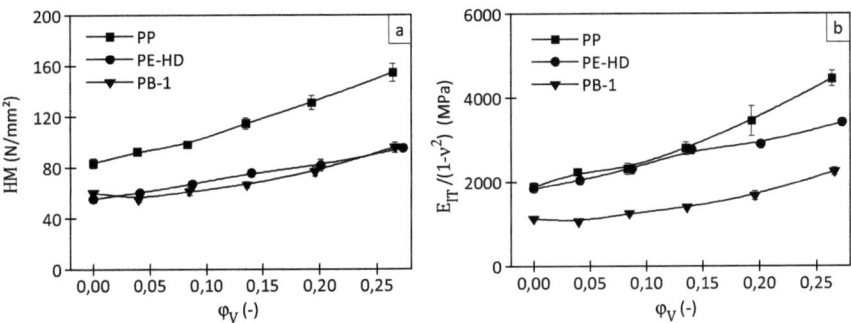

Bild 4.9: Ergebnisse für die Martenshärte HM (a) und den elastischen Eindringmodul E_{IT} (b)

Für die PE-HD und PB-1-Werkstoffe konnte hinsichtlich der Funktionalität und den Absolutwerten eine vergleichbare Abhängigkeit vom Glasfasergehalt ermittelt werden.

Der elastische Anteil an der Eindringarbeit η_{IT} in Abhängigkeit vom Glasfasergehalt zeigt Bild 4.10. Die Zugabe von Kurzglasfasern wirkt sich in einer Reduzierung der elastisch speicherbaren Energie aus. Den größten elastischen Anteil an der Eindringarbeit von allen betrachteten Werkstoffsystemen kann das PB-1 speichern, wohingegen für PE-HD und PP um den Faktor 1,3 bzw. 3 geringere Werte vorliegen.

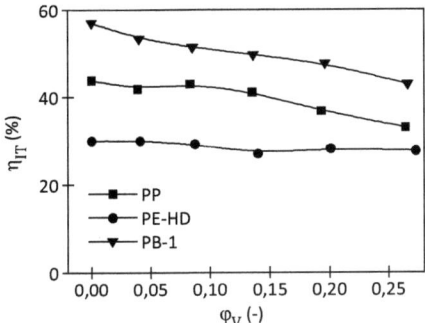

Bild 4.10: Elastischer Anteil η_{IT} der Eindringarbeit in Abhängigkeit vom Glasfaservolumenanteil φ_V

4.2.3 Konventionelle Zähigkeitscharakterisierung

Für die untersuchten Werkstoffsysteme sind die physikalischen Abhängigkeiten der Schlagzähigkeit a_{cU} und Kerbschlagzähigkeit a_{cN} vom Glasfasergehalt im Bild 4.11a–b dargestellt. Die ungekerbten Prüfkörper der unverstärkten Produkte sind unter den gewählten Bedingungen nicht gebrochen und es konnten keine gültigen Kennwerte entsprechend der DIN EN ISO 179-1 ermittelt werden, was in Bild 4.11 mit „nb" gekennzeichnet ist. Alle verstärkten Werkstoffe zeigten ein Verhalten in Form eines vollständigen Bruchs (Typ C nach DIN EN ISO 179-1) womit eine Bewertung der Schlagzähigkeitseigenschaften möglich ist. Für die PP- und PB-1-Werkstoffe nimmt die Schlagzähigkeit a_{cU} mit Zunahme des Glasfasergehaltes zu, wobei ein mehr oder weniger ausgeprägtes Maximum bei einem Gehalt von 0,135 für PP und 0,19 für PB-1 vorliegt.

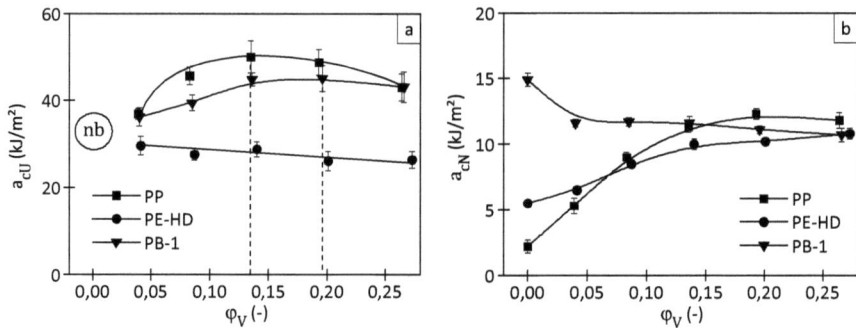

Bild 4.11: Schlagzähigkeit a_{cU} (a) und Kerbschlagzähigkeit a_{cN} (b) als Ergebnis des konventionellen Kerbschlagbiegeversuchs für die PP-, PE-HD- und PB-1-Werkstoffe [183]

In Abhängigkeit vom Glasfasergehalt weisen die PE-HD-Werkstoffe eine lineare Abnahme der a_{cU}-Werte auf dem niedrigsten Niveau auf. Die höchsten Schlagzähigkeitswerte und damit das höchste Zähigkeitsniveau zeigte das PP-System.

Die Einbringung einer Kerbe bewirkt eine lokale Spannungserhöhung an der Kerbspitze sowie einen drei-achsigen Spannungszustand und eine höhere lokale Verformungsgeschwindigkeit. Dies führt im Vergleich zu ungekerbten Prüfkörpern zu anderen Ergebnissen. Während für die PP- und PE-HD-Werkstoffe eine starke Zunahme der Kerbschlagzähigkeit bis zu einem Glasfaservolumenanteil von 0,135 und 0,140 auftritt, nimmt die Zähigkeit von PB-1 bis zum Gehalt von 0,040 ab. Von 0,085 bis 0,266 ist für PB-1 eine weitere, allerdings geringere Abnahme charakteristisch. Aufgrund dieses diametralen Werkstoffverhaltens wurde die Kerbempfindlichkeit k_Z, als wichtiges Kriterium für das Produktdesign, bestimmt und in Bild 4.12 dargestellt. Für die unverstärkten Produkte konnten infolge des schon erwähnten Werkstoffverhaltens keine Kennwerte für die Kerbempfindlichkeit angegeben werden. Die glasfaserverstärkten PP- und PE-HD-Werkstoffe zeigen ein gleichsinniges Verhalten mit zunehmenden Glasfasergehalten mit der höchsten Kerbempfindlichkeit für das PE-HD-System. Das PB-1-System weist aufgrund des unterschiedlichen Verhaltens bei ungekerbten und gekerbten Prüfkörpern eine Abnahme der Kerbempfindlichkeit mit Zugabe der Glasfasern auf. Dies wirkt sich dahingehend aus, das bei dem niedrigsten Fasergehalt die höchste Kerbempfindlichkeit und beim maximalen Gehalt die geringste Empfindlichkeit gegenüber Kerben vorliegt.

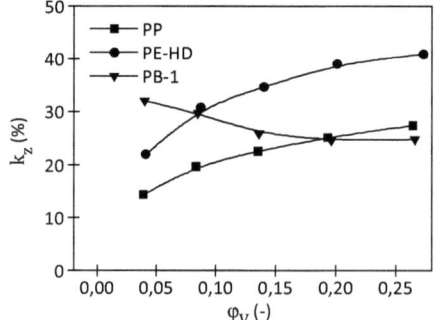

Bild 4.12: Kerbempfindlichkeit k_Z als Funktion des Glasfasergehaltes φ_V

Ergebnisse

4.2.4 Ermittlung der Risszähigkeit mit bruchmechanischen Konzepten als Widerstand gegenüber instabiler Rissausbreitung

Darstellung und Diskussion der aus dem IKBV ermittelten Messgrößen

Der Ausgangspunkt für eine bruchmechanische Zähigkeitsbewertung unter schlagartiger Beanspruchung bildet die Registrierung der Prüfkraft F sowie der Zeit t bzw. der Durchbiegung f im IKBV. Die sich aus den aufgezeichneten Messgrößen ergebenden F-f-Diagramme sind im Bild 4.13a–c und die Abhängigkeiten der Maximalkraft F_{max} und der Durchbiegung f_{max} vom Glasfasergehalt im Bild 4.13d–f dargestellt. Für das PP-Werkstoffsystem nimmt die Maximalkraft F_{max} bis zu einem Faseranteil von 0,193 stark zu, wobei beim höchsten Anteil keine weitere Steigerung der Kraft erreicht wird. Die maximale Durchbiegung f_{max} weist bei einen Volumenanteil von 0,083 ein Maximum auf und bei höheren Faseranteilen ist, bedingt durch die stärkere Wirkung der Verformungsbehinderung durch die Glasfasern, eine Abnahme der Durchbiegung festzustellen.

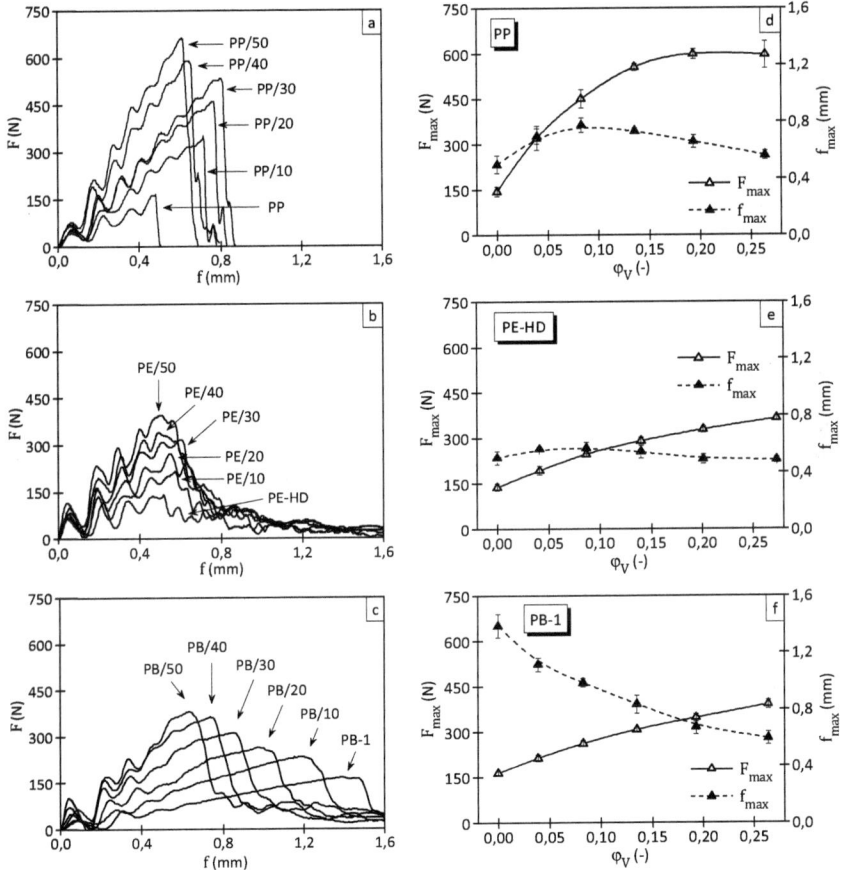

Bild 4.13: Kraft-Durchbiegungs-Diagramme der untersuchten Werkstoffe (a–c) sowie die Darstellung der Abhängigkeit der Maximalkraft F_{max} und der korrespondierenden Durchbiegung f_{max} vom Glasfasergehalt (d–f)

Für alle PP-Werkstoffe liegt ein linear-elastisches Werkstoffverhalten mit dominierend instabiler Rissausbreitung vor. Die instabile Rissausbreitung ist durch eine ständige Energiefreisetzung und hohe Geschwindigkeit, nahe der Schallgeschwindigkeit des Werkstoffs, charakterisiert. Dieses Werkstoffverhalten kann aus dem Steilabfall der Kraft F beim Erreichen der Maximalkraft F_{max} abgeleitet werden. Ebenso wie für das PP-Werkstoffsystem ist auch für die PE-HD-Werkstoffe eine kontinuierliche Zunahme der Maximalkraft F_{max} mit Erhöhung des Glasfasergehaltes zu erkennen. Die maximale Durchbiegung f_{max} wird vom Glasfasergehalt kaum beeinflusst. Darüber hinaus lässt sich ein elastisch-plastisches Werkstoffverhalten mit einem Rissverzögerungsanteil nachweisen. Die Rissausbreitung ist durch einen stabilen und instabilen Anteil gekennzeichnet und beim stabilen Rissfortschritt wird im Gegensatz zur instabilen Ausbreitung ständig Energie verbraucht. Die Rissausbreitungsgeschwindigkeit ist, ersichtlich durch den anfänglich geringeren Kraftabfall im F-f-Diagramm, niedriger. Für das PB-1-System wurde eine Abnahme von f_{max} bei gleichzeitiger Zunahme von F_{max} in Abhängigkeit vom Faseranteil nachgewiesen. Es liegt ein elastisch-plastisches Werkstoffverhalten mit ausgeprägtem Rissverzögerungsanteil vor.

Bewertung der dominierend instabilen Rissausbreitung mit Bruchmechanik-Konzepten

Die sich aus den charakteristischen Messgrößen ergebenden Abhängigkeiten der bruchmechanischen Kennwerte vom Glasfasergehalt sind für die unterschiedlichen Werkstoffsysteme in Bild 4.14a–c graphisch aufgetragen. Das PP-Werkstoffsystem ist durch eine deutliche Zunahme der kraftdeterminierten K_{Id}-Werte bis zum mittleren Glasfasergehalt von 0,193 mit einem anschließenden gleichbleibenden Niveau gekennzeichnet. Bis zu einem Glasfasergehalt von 0,083 nimmt die Verformungsfähigkeit der PP-Werkstoffe, charakterisiert durch die δ_{Id}-Werte zu, um bei höheren Glasfasergehalten aufgrund der stärkeren Verformungsbehinderung durch die Glasfasern abzunehmen.

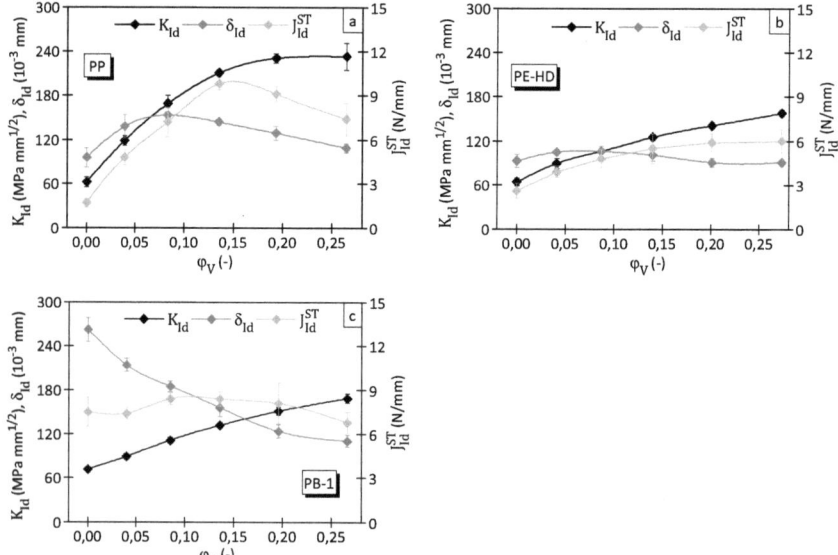

Bild 4.14: Abhängigkeit der bruchmechanischen Kenngrößen vom Glasfasergehalt für das PP- (a), PE-HD- (b) und PB-1-Werkstoffsystem (c)

Das *J*-Integral-Konzept der Fließbruchmechanik (FBM) erlaubt eine energetische Betrachtung des Bruchprozesses, d.h. es werden sowohl der Kraft- als auch der Verformungsanteil des Bruchprozesses berücksichtigt. Das PP-System zeigt bis zu einen Anteil von 0,135 eine deutliche Steigerung der Risszähigkeit als Widerstand gegenüber instabiler Rissausbreitung. Zurückzuführen ist dies sowohl auf die höhere Kraftaufnahmefähigkeit aufgrund der guten Glasfaseranbindung an die Matrix, als auch auf die Zunahme der Verformungsfähigkeit. Die Ursache der Verbesserung der Verformungsfähigkeit bei geringen Glasfaseranteilen ist die lokale Duktilität der fasernahen Matrixbereiche, welche aufgrund der guten Faseranbindung zu einer Zunahme der Gesamtverformung führt. Dieser Effekt wird allerdings bei Glasfasergehalten größer 0,135 von der Verformungsbehinderung durch die Glasfasern überlagert, was zu einer Abnahme der kritischen J_{Id}^{ST}-Werte führt. Ein optimales Zähigkeitsniveau liegt somit bei einem Gehalt von 0,135 vor, das Werkstoffverhalten ist bis zu diesen Glasfasergehalt kraftdeterminiert und geht bei höheren Gehalten in einen verformungsdeterminierten Zustand über. Eine Bewertung des Widerstands gegenüber instabiler Rissausbreitung mit linear-elastischen Konzepten der Bruchmechanik, würde in diesem Fall zu einer Überbewertung des Zähigkeitsniveaus führen, wie es auch in [2] am Beispiel von glasfaserverstärkten Werkstoffe ausgeführt ist. In Bild 4.14b sind die Ergebnisse für die PE-HD-Werkstoffe dargestellt. Die kontinuierliche Zunahme der K_{Id}-Werte ist verglichen mit dem PP-System geringer und liegt insgesamt auf einem niedrigeren Niveau, wobei die Verformungsfähigkeit mit Zugabe der Glasfasern nur gering beeinflusst wird. Die energiedeterminierten J_{Id}^{ST}-Werte zeigen dieselbe physikalische Abhängigkeit vom Glasfasergehalt wie die K_{Id}-Werte woraus sich im betrachten Glasfaserintervall ein kraftdeterminiertes Werkstoffverhalten ableiten lässt. Die Zugabe von Glasfasern führt beim PB-1-System (Bild 4.14c), äquivalent zum PE-HD-Werkstoffsystem, zu einer kontinuierlichen Zunahme der K_{Id}-Werte, bei einer gleichzeitigen Abnahme der δ_{Id}-Werte. Die J_{Id}^{ST}-Werte werden aufgrund der Superposition des Kraft- und Verformungsanteils des Deformationsprozesses nur geringfügig vom Glasfasergehalt beeinflusst. Bei einer Erhöhung des Glasfasergehaltes auf 0,136 tritt eine signifikante, aber nur geringe Zunahme der J_{Id}^{ST}-Werte als Widerstand gegenüber dominierend instabiler Rissausbreitung auf. Dies wurde mittels Signifikanztest, nach Gl. A.1 bei einer angenommen Irrtumswahrscheinlichkeit α von 0,05 sowie einer Normalverteilung der Messwerte, nachgewiesen. Die Signifikanzentscheidung wird anhand der Überprüfung der ermittelten *z*-Werte nach Gl. A.2 vorgenommen, indem die Messwerte signifikant unterschiedlich bei Erfüllung der Ungleichung sind, d.h. wenn sie im kritischen Bereich liegen [150]. Die ermittelten Ergebnisse sind in Tabelle A.4 aufgelistet.

Nachweis der Geometrieunabhängigkeit der bruchmechanischen Kennwerte

Die berechneten bruchmechanischen Kennwerte sind, wie in Kapitel 3.2.4 ausgeführt, von der Prüfkörpergeometrie als unabhängig anzusehen, wenn ein EDZ vorliegt. In Bild 4.15 sind die berechneten Geometriefaktoren für die Prüfkörperdicke *B* in Abhängigkeit von den bruchmechanischen Kennwerten für die PP-Werkstoffe dargestellt. Im Anhang in Bild A.6 und Bild A.7 sind die Ergebnisse für die PE-HD- und PB-1-Werkstoffe ebenfalls für die Prüfkörperdicke *B* dargestellt. Die graphische Lösung der in den Gleichungen 3.30–3.32 dargestellten funktionalen Zusammenhänge zwischen den bruchmechanischen Kenngrößen und der Prüfkörperdicke bedeutet eine Erfüllung der Ungleichungen und damit der Nachweis der Geometrieunabhängigkeit der Kennwerte bei Werten oberhalb der Regressionsgeraden bzw. wie in [162] gezeigt, bei Werten innerhalb des unteren Streubandes. Für alle PP-Werkstoffe trifft diese Bedingung bei der Überprüfung hinsichtlich der Prüfkörperdicke *B* zu, unabhängig von dem zu Grunde liegenden bruchmechanischen Konzept.

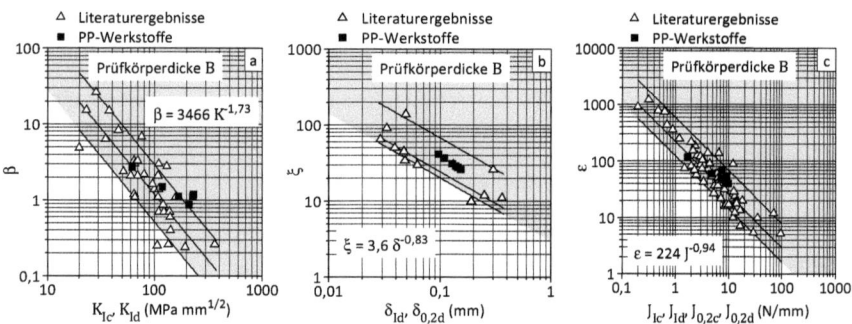

Bild 4.15: Nachweis der Unabhängigkeit der bruchmechanischen Kennwerte von der Prüfkörperdicke B für die PP-Werkstoffe; Literaturwerte übernommen von [162]

Dieses Ergebnis wurde ebenso für die PE-HD- und PB-1-Werkstoffe wie auch bei der Überprüfung des Ligaments ($W-a$) und der Kerbtiefe a ermittelt. Aus diesem Grund können für alle in dieser Arbeit untersuchten Werkstoffe geometrieunabhängige bruchmechanische Kennwerte angegeben werden [183].

Ermittlung des optimalen Glasfaservolumen- bzw.- massegehaltes

Die Verstärkung durch Kurzglasfasern wirkt sich für jedes Werkstoffsystem unterschiedlich aus, weshalb für eine bessere Vergleichbarkeit die mechanischen Eigenschaften auf die unverstärkten Werkstoffe normiert wurden. Unter dem optimalen Glasfasergehalt soll das ausgewogenste Eigenschaftsniveau hinsichtlich der Steifigkeit, Festigkeit, Härte und Zähigkeit verstanden werden. In Bild 4.16 sind die Ergebnisse für die Zugfestigkeit σ_M, die Martenshärte HM sowie der bruchmechanischen Kenngrößen für alle Werkstoffe in Form eines Konturplots gezeigt.

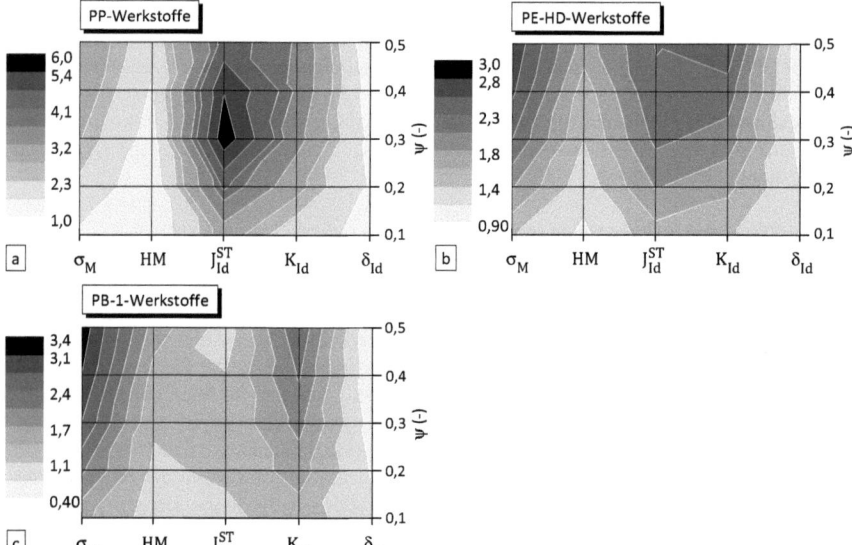

Bild 4.16: Vergleich der normierten mechanischen Kenngrößen für das PP- (a), PE-HD- (b) und PB-1-Werkstoffsystem (c)

Ergebnisse

Durch die Darstellung der physikalischen Abhängigkeit vom Glasfasermasseanteil Ψ wurde eine äquidistante Darstellung erreicht. Erkennbar ist für das PP-System eine Zunahme des mechanischen Eigenschaftsniveaus mit der Zugabe von Glasfasern. Verglichen mit dem unverstärkten PP konnte für den Widerstand gegenüber instabiler Rissausbreitung eine Eigenschaftsverbesserung um den Faktor 6 bei einem Gehalt φ_V von 0,135 erreicht werden, was einem Masseanteil ψ von 0,3 entspricht. Unter konsequenter Berücksichtigung aller ermittelten mechanischen Kenngrößen ist für das PP-Werkstoffsystem bei einem Glasfaservolumengehalt φ_V von 0,135 ein optimales mechanisches Eigenschaftsniveau erreicht. Ein anderes Werkstoffverhalten zeigen die PE-HD- und PB-1-Systeme. Die höchste Steigerung in Relation zu den unverstärkten Werkstoffen kann für die Zugfestigkeit σ_M und den kraftdeterminierten Spannungsintensitätsfaktor K_{Id} ermittelt werden. Das PE-HD- sowie das PB-1-System weisen beim höchsten Glasfasergehalt eine Zunahme um den Faktor 3,0 bzw. 3,4 auf. In Ergänzung zu den eben diskutierten Korrelationen ist die Darstellung der Steifigkeits-Zähigkeits- und Festigkeits-Zähigkeits-Balance (Bild 4.17) von Bedeutung, da diese mechanischen Größen i.A. einen gegenläufigen Trend aufweisen und damit die Ermittlung des optimalen Glasfasergehaltes unter Berücksichtigung dieser Abhängigkeiten von Bedeutung ist. Im Bild 4.17a–c sind die funktionalen Zusammenhänge zwischen dem im IKBV ermittelten Elastizitätsmodul E_d und der Streckgrenze σ_d bezüglich den J_{Id}^{ST}-Werte dargestellt. Für das PP-Werkstoffsystem liegt, ebenso wie bei den oben diskutierten Ergebnissen, eine optimale Balance von Steifigkeit, Festigkeit und Zähigkeit bei einem Glasfasergehalt von 0,135 vor, was einem Masseanteil Ψ von 0,3 entspricht. Das PE-HD-Werkstoffsystem ist durch eine Zunahme der Steifigkeit, Festigkeit und Zähigkeit mit steigendem Glasfasergehalt charakterisiert, was die dargelegten Korrelationen bestätigt. Ein deutlich anderes Eigenschaftsbild wurde für die PB-1-Werkstoffe ermittelt. Das optimale Niveau liegt unter Berücksichtigung der Festigkeits-Zähigkeits- und Steifigkeits-Zähigkeits-Balance bei einem Glasfasergehalt von 0,085 und 0,136 (Ψ = 0,2 und 0,3) vor und zeigt die Bedeutung einer mehrparametrigen Beschreibung des Werkstoffverhaltens.

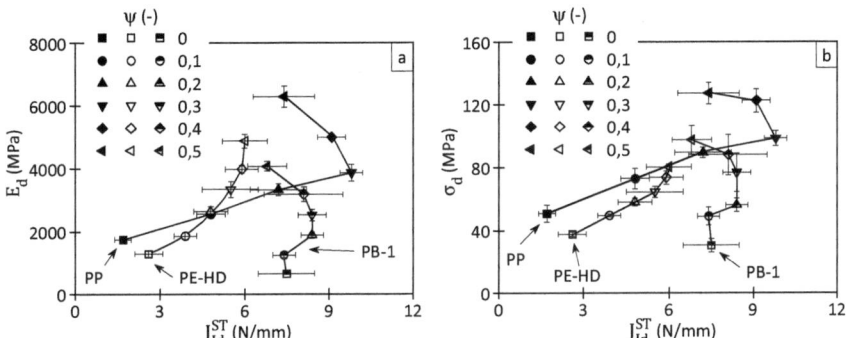

Bild 4.17: Steifigkeits-Zähigkeits- und Festigkeits-Zähigkeits-Balance des Elastizitätsmoduls E_d (a) und der Streckgrenze σ_d (b) bezüglich J_{Id}^{ST} für alle Werkstoffsysteme [183]

4.3 Einfluss der medial-thermischen Auslagerung auf die Eigenschaften von Polybuten-1

Die Abhängigkeit des Elastizitätsmoduls E_t und der Schlagzähigkeit a_{cU} von der Auslagerungsdauer in Wasser bei 95°C ist für PB-1/20 im Bild 4.18a–b dargestellt. Der Elastizitätsmodul nimmt nach einer Auslagerungsdauer von 1 Tag um ca. 20 % bezogen auf den Ausgangswert ab und bei weiterer Lagerung in 95°C heißem Wasser ist die Änderung nur noch gering, d.h. die Steifigkeit von PB-1/20 bleibt auf einem konstanten Niveau. Eine weitere Ermittlung von E_t erfolgte aus diesem Grund nicht. Ein anderes Verhalten zeigt PB-1/20 unter schlagartiger Beanspruchung. Nach einer anfänglichen geringfügigen Abnahme der Schlagzähigkeit a_{cU} tritt eine überproportionale Zunahme bei einer Auslagerung von mehr als 20 Tagen mit einem Maximum bei 30 Tagen von über 100 kJ/m^2 ein. Eine weitere medial-thermische Lagerung führt zu keiner nennenswerten Zu- oder Abnahme der Zähigkeit. Dieses für PB-1/20 charakteristische Zähigkeitsverhalten soll im Weiteren durch zusätzliche Verfahren der Kunststoffanalytik und -diagnostik beschrieben und nach Möglichkeit aufgeklärt werden.

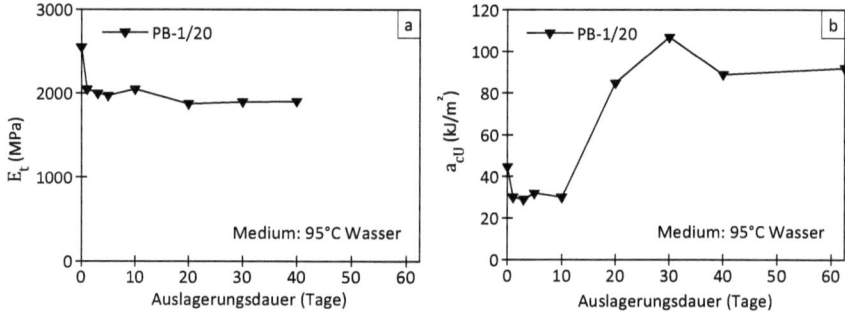

Bild 4.18: Abhängigkeit der Steifigkeit E_t und Schlagzähigkeit a_{cU} von der Auslagerungsdauer in Wasser bei 95°C

Im Kapitel 2.2 ist dargelegt, dass PB-1 in verschiedenen Kristallstrukturen vorkommen kann, welche sich auf die mechanischen Eigenschaften unterschiedlich auswirken (Tabelle 2.2). Aufgrund dieses Sachverhaltes wurden an ausgelagerten unverstärkten Proben zum einen Röntgenbeugungsdiagramme (WAXS) zur Identifikation des Kristalltyps und zum anderen thermische Untersuchungen (DSC) zur Ermittlung des Kristallisationsgrades und der Schmelztemperatur im 1. Heizlauf (HL), welche ebenfalls zur Charakterisierung des Kristalltyps verwendet werden, ermittelt. Des Weiteren gilt es zu klären, ob es sich bei der in Bild 4.18b gezeigten sprunghaften Änderung der Zähigkeit um einen Temperatureffekt handelt oder auf den Einfluss des Wassers zurückgeführt werden kann. Es wurden deshalb sowohl Prüfkörper in Luft als auch in Wasser bei 95°C ausgelagert. Die Ergebnisse der WAXS-Untersuchungen für beide Medien sind in Bild 4.19a–b dargestellt. Die Beugungsdiagramme weisen sowohl für Luft als auch für Wasser in Abhängigkeit von der Auslagerungsdauer die hexagonale Struktur aus. Die geringfügigen Abweichungen der für die Beugungswinkel ermittelten Werte zu den in der Tabelle 2.3 aufgeführten Literaturwerten sind auf die Prüfkörperdicke von 4 mm zurückzuführen.

Ergebnisse

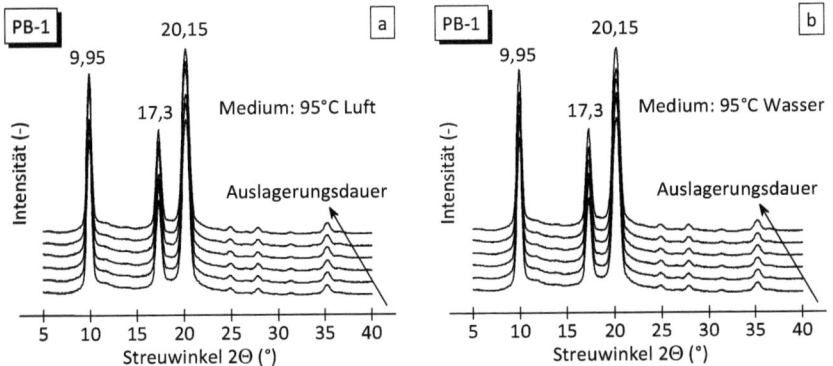

Bild 4.19: Beugungsdiagramme des unverstärkten PB-1 in Abhängigkeit von der Auslagerungszeit für Luft (a) und Wasser (b) bei 95°C

Eine Umkristallisation durch die medial-thermische Auslagerung über einen Zeitraum von 40 Tagen konnte nicht ermittelt werden. Dies deckt sich mit der in der Literatur getroffenen Aussage, dass es sich bei der polymorphen Umwandlung von Typ II zu Typ I um einen irreversiblen Prozess handelt [44]. Die Umkristallisation als Ursache für die Zähigkeitssteigerung infolge der Auslagerung in Wasser bei 95°C kann somit ausgeschlossen werden. Weitere mögliche Ursachen könnten eine Nachkristallisation durch die Auslagerung bei 95°C oder die Ausbildung des Typ I' sein, welche durch eine niedrigere Schmelztemperatur aber die gleiche Kristallstruktur charakterisiert ist. Um dies zu verifizieren wurden DSC-Messungen durchgeführt. Die Berechnung von χ erfolgte unter Verwendung der Schmelzenthalpie ΔH_m° von 141 J/g. Die DSC-Kurven des 1. und 2. HL der ausgelagerten Proben sind für beide Medien im Bild A.8a–b dargestellt. Im 1. HL konnte eine Schmelztemperatur T_{pm1HL} von 130°C und im 2. HL von 117,8°C ermittelt werden. Aufgrund der in der Literatur genannten Schmelzbereiche kann daraus geschlossen werden, dass für das PB-1 die hexagonale Struktur vorliegt und die nach der Kristallisation aus der Schmelze stattfindende Umkristallisation vollständig abgeschlossen ist. Dies wird durch die Schmelztemperatur des Typs II, welche nur im 2. HL zu erkennen ist, bestätigt, da eine Ausbildung von 2 Schmelzpeaks im 1. HL nicht auftritt. Die Auslagerung in Wasser wie auch in Luft bewirkt eine geringe Erhöhung der Schmelztemperatur des 1. HLs, welche zusammen mit den berechneten Kristallisationsgraden in Bild 4.20a–b in Abhängigkeit von der Auslagerungsdauer dargestellt ist.

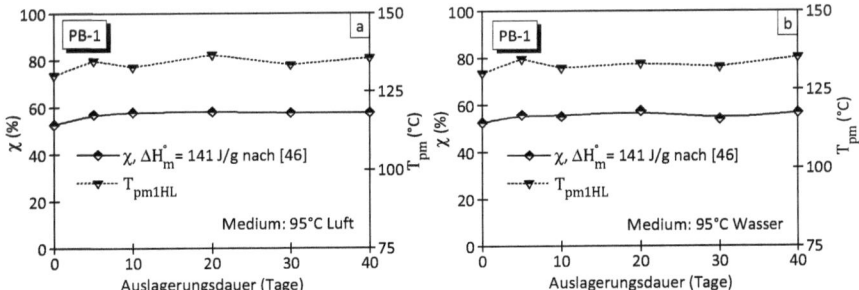

Bild 4.20: Kristallinitätsgrad für PB-1 nach erfolgter Auslagerung in Luft (a) und Wasser (b) bei einer Temperatur von 95°C

Die Zunahme der Schmelztemperatur T_{pm1HL} kann auf die Nachkristallisation infolge der thermischen Beanspruchung zurückgeführt werden. Die medial-thermische Beanspruchung der unverstärkten PB-1-Werkstoffe führt nach einer Auslagerungszeit von 5 Tagen zu einer Zunahme des Kristallisationsgrades χ um 5 %. Eine weitere Änderung infolge der Nachkristallisation ist nicht festzustellen. Die berechneten Werte für χ liegen im Bereich von 53–58 %. Die im 1. HL. ermittelte Schmelztemperatur T_{pm1HL} weist, wie o.g., auf die hexagonale Struktur des Typs I hin, was die Ergebnisse der Röntgenweitwinkeluntersuchungen bestätigt. Es kann daher aus den Röntgenweitwinkel- wie auch aus den DSC-Untersuchungen geschlossen werden, dass weder eine Umkristallisation noch das parallele Auftreten des Typs I und I' noch die Änderung des Kristallisationsgrades ursächlich für die sprunghafte Zähigkeitssteigerung infolge der medial-thermischen Auslagerung sind.

Als Ergänzung zu den analytischen Verfahren erfolgte im IKBV die getrennte Bewertung der Kraft und der Verformung sowie die energetische Betrachtung des Bruchprozess zur weiteren Aufklärung des Zähigkeitsverhaltens unter schlagartiger Beanspruchung. In Erweiterung zu den WAXS- und DSC-Untersuchungen welche nur bis zu einer Auslagerungszeit von 40 Tagen durchgeführt wurden, erfolgte die Ermittlung der Zähigkeit bis zu einer Auslagerungszeit von 62,5 Tagen, was 1500 h entspricht. Die F-f-Diagramme von PB-1/20 in Abhängigkeit vom Medium und der Auslagerungsdauer sind in Bild 4.21 und die sich aus den Messgrößen errechneten bruchmechanischen Kenngrößen im Bild 4.22 dargestellt.

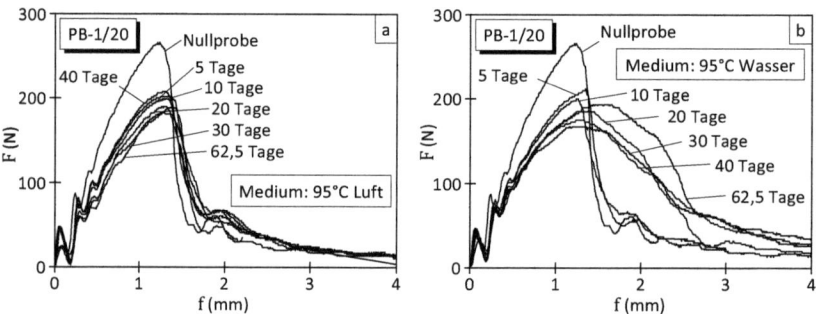

Bild 4.21: Kraft-Durchbiegungs-Diagramme als Funktion der medial-thermischen Auslagerung für Luft (a) und Wasser (b) für PB-1/20

Durch die medial-thermische Beanspruchung in Luft und Wasser bei 95°C kann eine Abnahme der Maximalkraft F_{max} mit zunehmender Auslagerungsdauer bei nahezu gleichbleibender Verformung f_{max} festgestellt werden (Bild 4.21a). Der Bruchprozess für PB-1/20 ist durch eine dominierend instabile Rissausbreitung mit einem geringen Rissverzögerungsanteil charakterisiert. Die Auslagerung in Wasser bewirkt eine Änderung im Rissausbreitungsverhalten dahingehend, dass nach 20 Tagen eine dominierend stabile Rissausbreitung unter ständigem Energieverbrauch auftritt, wie aus dem glockenförmigen Kurvenverlauf zu erkennen ist. Angesichts des geänderten Werkstoffverhaltens ist eine bruchmechanische Auswertung nach den Konzepten der linear-elastischen Bruchmechanik bzw. nach dem *Crack-Opening-Displacement* (COD)- oder dem J-Integral-Konzept für das in Wasser ausgelagerte PB-1/20 ab einer Auslagerungsdauer von 20 Tagen nicht mehr möglich. Hier muss eine Bewertung des Werkstoffverhaltens mit dem Risswiderstands (R)-Kurven-Konzept erfolgen. Aus diesem Grund sind in Bild 4.22b ab einer Auslagerungsdauer von 20 Tagen keine Werte für die bruchmechanischen Kenngrößen eingetragen.

Ergebnisse

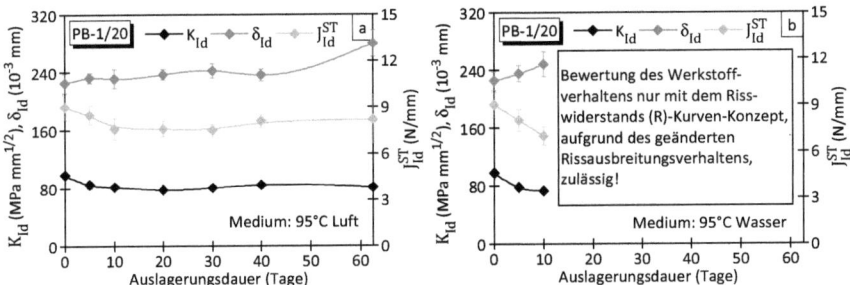

Bild 4.22: Bruchmechanische Kenngrößen als Funktion der Auslagerungsdauer in Luft (a) und Wasser (b) bei 95°C für PB-1/20

Die geringere Kraftaufnahmefähigkeit infolge der medial-thermischen Auslagerung resultiert anfänglich in einer Abnahme der kraftdeterminierten K_{Id}-Werte, wobei die Abnahme bei der Auslagerung in 95°C heißen Wasser stärker ausfällt. Nach einer Auslagerungsdauer von 10 Tagen tritt keine weitere Änderung des Niveaus der K_{Id}-Werte ein. Wie in den F-f-Diagramme in Bild 4.21 ersichtlich ist, nimmt die Verformungsfähigkeit zu, was sich ebenso in einer Zunahme der δ_{Id}-Werte über die gesamte Auslagerungsdauer widerspiegelt. Die energetische Betrachtung des Bruchprozesses mit dem J-Integral-Konzept zeigt eine anfängliche Abnahme der J_{Id}^{ST}-Werte mit einem für die Lagerung in Luft anschließenden gleichbleibenden Zähigkeitsniveau. Eine sprunghafte Verbesserung der Zähigkeitseigenschaften, wie im Bild 4.18b dargestellt, konnte nicht ermittelt werden und lässt sich demnach auf das geänderte Rissausbreitungsverhalten durch die Auslagerung in Wasser bei 95°C zurückführen. Die Auslagerung in Luft führt zu keiner Änderung der Rissausbreitungskinetik, was zu dem Schluss führt, dass es sich um einen medial-thermischen Einfluss handelt.

Die Schlagzähigkeit a_{cU} und die im IKBV ermittelten Energien sind im Bild 4.23 normiert auf den Ausgangszustand in Abhängigkeit von der Auslagerungsdauer in Wasser dargestellt. Die elastische Energie A_{el} sowie plastische Energie A_{pl} nehmen ab einer Auslagerungsdauer von 20 Tagen kontinuierlich zu, sind aber nicht ursächlich für den sprunghaften Anstieg der Schlagzähigkeit. Da die Schlagzähigkeit a_{cU} als integrale Größe aller Energieanteile berücksichtigt, ist die sprunghafte Zunahme der Zähigkeit auf den Rissverzögerungsanteil zurückzuführen.

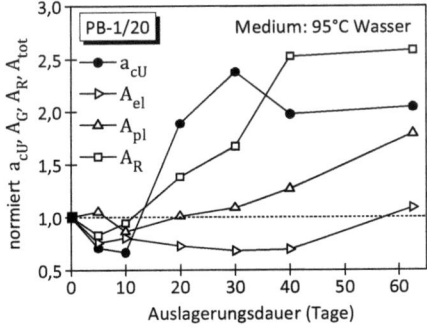

Bild 4.23: Normierte Darstellung der Energieanteile und der Schlagzähigkeit a_{cU} in Abhängigkeit von der Auslagerungsdauer in 95°C Wasser für PB-1/20

Dies kann aus der funktionalen Darstellung in Bild 4.23 abgeleitet werden, wo ersichtlich ist, dass für die Rissverzögerungsenergie A_R nach einer Auslagerungsdauer von 20 Tagen ein sprunghafter Anstieg und damit eine Änderung des Rissausbreitungsverhaltens auftritt. Die Bewertung der Zähigkeit führt im konventionellen Schlagbiegeversuch somit zu einer Überbewertung des Zähigkeitsniveaus, da die Energie welche zur Rissausbreitung benötigt wird durch die integrale Betrachtungsweise mit in die Bewertung des Werkstoffverhaltens einbezogen wird. Hier kann nur durch die Erfassung der Rissausbreitungskinetik sowie durch die getrennte Bewertung der Energieanteile eine werkstoffphysikalisch sinnvolle Interpretation der Zähigkeitseigenschaften erfolgen.

Anhand von REM-Aufnahmen der im IKBV erzeugten Bruchflächen sollen die auftretenden Schädigungsmechanismen der kurzglasfaserverstärkten PB-1-Werkstoffe für die unterschiedlichen Auslagerungsstufen beschrieben werden. Die Ergebnisse sind für die Nullprobe und die Auslagerungen in Wasser und Luft nach 20 Tagen in Bild 4.24 sowie für die weiteren Auslagerungszeiten in Bild A.9 dargestellt.

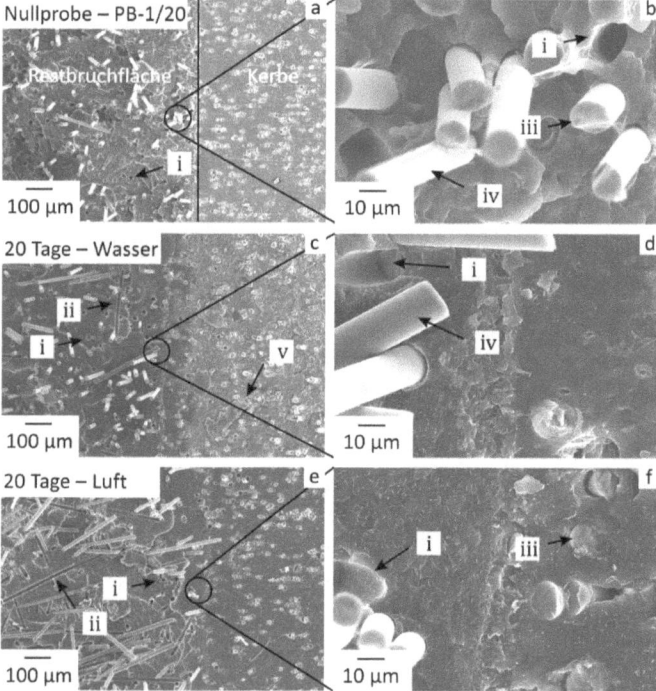

Bild 4.24: REM-Aufnahmen verschiedener Vergrößerungen der Bruchflächen von PB-1/20 nach erfolgter Auslagerung in Wasser und Luft bei 95°C; i – Lochbildung infolge des *pull-out*, ii – Abdruck einer herausgezogenen Faser, iii – Glasfaserbuch, iv – nicht mit Matrixmaterial bedeckte Faser, v – Ablagerungen durch die Auslagerung in mineralisierten Wasser

Auf den REM-Aufnahmen der ausgelagerten Werkstoffe sind Löcher infolge des *pull-out* (i), Faserabdrücke entlang der Grenzfläche Faser/Matrix (ii) und Faserbrüche (iii) zu erkennen. Eine Kraftübertragung zwischen Faser und Matrix findet nicht statt, da die Matrixbereiche in der Umgebung der Glasfasern nicht plastisch deformiert sind, was auf eine fehlende oder nicht ausgeprägte Grenzflächenhaftung zwischen Faser/Matrix hindeutet. Dies wird durch nicht mit Matrixmaterial benetzte Glasfasern (iv) sowie der in Kapitel 4.1 diskutierten Ergebnisse zur qualitativen Bewertung der Faserhaftung gestützt. Im Gegensatz zur Auslagerung in Luft wird bei der Lagerung in mineralisiertem Wasser die Bildung von Ablagerungen im Kerbbereich (v) beobachtet. Diese Ablagerungen nehmen mit längerer Versuchsdauer zu, können aber nicht als Ursache des sprunghaften Anstiegs der Zähigkeit angesehen werden, da sich die Ablagerungen unmittelbar nach Beginn der Auslagerung ausbilden und es somit sofort zu einer signifikanten Eigenschaftsveränderung kommen würde.

4.4 Werkstoffverhalten in Abhängigkeit von der Dehnrate

Festigkeitseigenschaften in Abhängigkeit von der Dehnrate

Die Grundlage zur Bestimmung von Festigkeitskennwerten im Zugversuch bildet die Aufnahme von Kraft-Verlängerungs-Diagrammen (*F-l*-Diagrammen) mit anschließender Berechnung der Spannungs (σ)- und Dehnungswerte (ε). Für die unverstärkten und mit 40 M.-% verstärkten PP und PB-1-Werkstoffe sind die σ-ε-Diagramme in Bild 4.25a–d dargestellt und Bild A.10a–d im Anhang zeigt die Ergebnisse für die mit 20 und 30 M.-% verstärkten Werkstoffe [184]. Die in den Bildern dargestellten σ-ε-Kurven bei der geringsten Dehnrate von 0,007 s^{-1} wurden unter quasistatischen Beanspruchungsbedingungen mit einer Universalprüfmaschine ermittelt. Aus der graphischen Darstellung der Ergebnisse lassen sich für die unverstärkten Werkstoffe in Abhängigkeit von der Dehnrate Unterschiede feststellen. So ist die Ausbildung einer Streckgrenze für PP charakteristisch, wohingegen für PB-1 die Spannung kontinuierlich bis zum Bruch zunimmt.

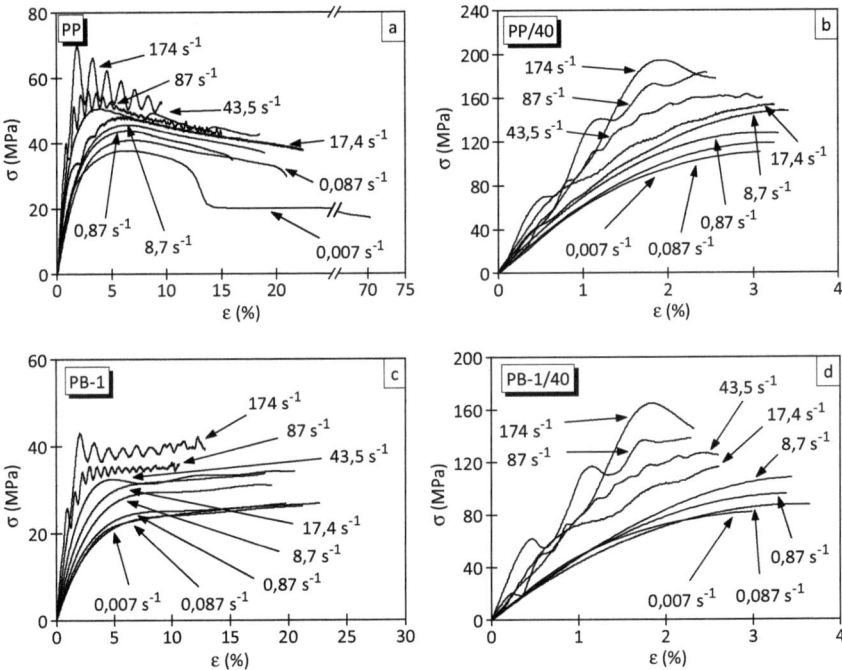

Bild 4.25: Spannungs-Dehnungs-Diagramme für PP (a), PP/40 (b), PB-1 (c) und PB-1/40 (d) in Abhängigkeit von der Dehnrate

Durch die Steigerung der Prüfgeschwindigkeit und damit der Dehnrate nimmt die Festigkeit, bei gleichzeitiger Verringerung der Dehnung, zu. Durch die Zugabe von Glasfasern wird das Festigkeitsniveau erhöht, gleichzeitig nimmt die Bruchdehnung ab. Das Festigkeitsniveau für das PP-Werkstoffsystem ist sowohl für alle Dehnraten als auch in Abhängigkeit vom Glasfasergehalt höher als für das PB-1-Werkstoffsystem. Die im quasistatischen Zugversuch übliche Messung der Verlängerung über einen Ansatzdehnaufnehmer liefert genauere Werte als die Bestimmung über den Traversenweg und aus diesem Grund erfolgt keine qualitative Diskussion der geringfügigen Unterschiede der ermittelten Dehnungswerte aus dem Hochgeschwindigkeitszugversuch.

Aus den σ-ε-Diagrammen ist ersichtlich, dass der Habitus der Kurven ab einer Dehnrate von ca. 17,4 s^{-1} maßgeblich durch die auftretenden Schwingungen aufgrund der schlagartigen Belastung charakterisiert ist. Dies trifft für beide Werkstoffsysteme gleichermaßen zu. Bei einer Dehnrate von 174 s^{-1} ist bei den verstärkten Werkstoffen die Ausbildung nur einer Halbwelle einer vollständig reflektierten Spannungswelle N zu erkennen (Bild 4.25b, d und Bild A.10a–d), was die Auswertung wesentlich komplizierter gestaltet. Die in [64] mit 3 und in [76] mit 10 angegebene minimale Anzahl von Schwingungen für eine gleichmäßige Spannungsverteilung ist bei den faserverstärkten Werkstoffen bei der höchsten Dehnrate nicht mehr gegeben. In der Tabelle A.5 im Anhang sind die nach Gl. 2.6 berechnete Anzahl der Spannungswellen N für beide Werkstoffe für unterschiedliche Geschwindigkeiten aufgeführt. Es ist ersichtlich, dass die tatsächlich in den untersuchten Werkstoffen auftretende Anzahl der Spannungswellen von der theoretisch berechneten Anzahl insbesondere bei der höchsten Dehnrate abweicht, was auf experimentelle Einflüsse sowie die nicht in der Gl. 2.6 und Gl. 2.7 berücksichtigte Abhängigkeit der Streckgrenze ε_y sowie des Elastizitätsmoduls E_t von der Prüfgeschwindigkeit zurückzuführen ist. Eine Abhängigkeit von N vom Glasfasergehalt ist für beide Werkstoffe nicht festzustellen. Trotz Abweichungen zwischen den aus Gl. 2.6 berechneten N und den gemessenen N, kann festgestellt werden, dass die Durchführung des Hochgeschwindigkeitszugversuchs unter den in dieser Arbeit gewählten experimentellen Bedingungen eine Auswertung bis zu einer Dehnrate von 174 s^{-1} (20 m/s) erlaubt. Um die Auswertung der aufgenommenen Kurven unter Dehnraten > 17,4 s^{-1} zu erleichtern, erfolgte eine mathematische Bearbeitung über eine Glättungsfunktion. Dazu wurde ein FFT-Filter der nachstehenden Charakteristik verwendet.

$$f > \frac{1}{n \cdot \Delta t} \qquad 4.1$$

Dabei ist n die Anzahl der gemessenen Datenpunkte und Δt die Zeit zwischen zwei äquidistanten Datenpunkten. Zur Glättung werden die *Fourier*-Elemente mit Frequenzen größer f entfernt. Das Bild 4.26 zeigt ein Beispiel für eine Kurvenglättung des PP/40 bei einer Dehnrate von 87 s^{-1}. Es ist erkennbar, dass durch geeignetes Fitting eine Glättung der Kurve und damit eine bessere Auswertbarkeit erreicht werden kann. Bei der maximalen Dehnrate von 174 s^{-1} konnte keine Glättung durchgeführt werden, da die Ausbildung nur einer Teilschwingung für die mathematische Bewertung nicht ausreicht. Deshalb erfolgte die Festlegung der Messgrößen durch eine manuelle Anpassung.

Ergebnisse

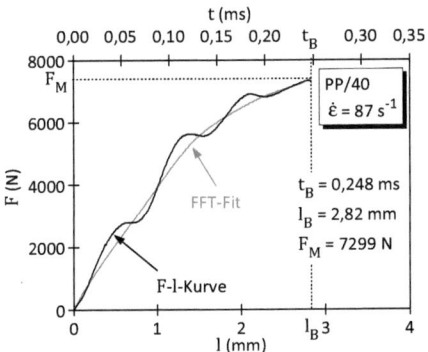

Bild 4.26: Kraft-Verlängerungs-Zeit-Diagramm sowie die gefittete FFT-Kurve für PP/40 bei einer Dehnrate von 87 s^{-1}

Beschreibung des dehnratenabhängigen Werkstoffverhaltens mit dem G'Sell-Jonas-Modell

In Bild 4.27 sind die aus den σ-ε-Diagrammen bestimmten Zugfestigkeitswerte für die untersuchten Werkstoffe in Abhängigkeit vom Glasfasergehalt und von der Dehnrate dargestellt. Die jeweiligen relativen Standardabweichungen liegen teilweise deutlich unter 10% und sind aus Gründen der Übersichtlichkeit nur in Einzelfällen mit dargestellt. Aus dem Bild 4.27 lässt sich ableiten, dass ansteigende Glasfasergehalte zu höheren Festigkeitswerten führen. Dieses bekannte Verhalten wurde sowohl für die PP- als auch für die PB-1-Werkstoffe ermittelt [184]. Weiterhin nimmt die Festigkeit für PP und PB-1 mit steigenden Dehnraten zu. Dieses Werkstoffverhalten wird in der Literatur als positive Dehnratenabhängigkeit bezeichnet [83, 89]. Für beide Matrixwerkstoffe ist ein unterschiedliches Niveau der Festigkeitswerte in Abhängigkeit von der Dehnrate festzustellen. In Übereinstimmung mit der Literatur [89, 94, 118] kann dieses Werkstoffverhalten mit dem Übergang vom isothermen zum adiabatischen Verhalten bei höheren Deformationsraten erklärt werden. Im Gegensatz zu dem in [89] für metallische Werkstoffe berichteten Übergang von isotherm zu adiabatisch bei einer Dehnrate von 10^0 s^{-1} kann für die hier dargestellten Untersuchungsergebnisse entsprechend Bild 4.27 ein Wert von 20 s^{-1} angegeben werden. Oberhalb dieses Wertes erhöhen sich die Festigkeitswerte aller Werkstoffe mit zunehmender Dehnrate deutlich.

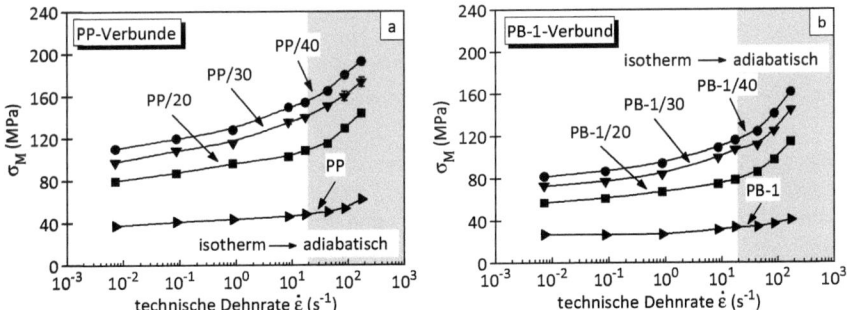

Bild 4.27: Zugfestigkeit σ_M für die PP- (a) und PB-1-Werkstoffe (b) als Funktion der Dehnrate $\dot{\varepsilon}$ [184]

Ein weiterer Unterschied zwischen den PP- und PB-1-Werkstoffen mit je 30 M.-% Glasfasern ist, dass die Festigkeitswerte welche bei höheren Dehnraten erreicht werden, das Niveau der mit 40 M.-% verstärkten Werkstoffe bei quasistatischer Beanspruchung erreichen. Dieser Punkt wird bei PP bei einer Dehnrate von $< 10^0 \, s^{-1}$ und bei PB-1 von $< 10^1 \, s^{-1}$ erreicht. Aufgrund der durchgeführten Untersuchungen und den erhaltenen Resultaten kann zusammenfassend festgestellt werden, dass durch die Zugabe von Glasfasern und/oder Erhöhung der Belastungsgeschwindigkeit erwartungsgemäß eine Erhöhung der Festigkeit erreicht wird.

Die Notwendigkeit der Berechnung von Werkstoffkennwerten bei hohen Dehnraten und die Einbindung in Simulationen erfordert eine allgemeingültige Beschreibung des dehnratenabhängigen Werkstoffverhaltens in Form einer Masterkurve. Hierfür wurde das G'Sell-Jonas-Modell nach Gl. 2.8 verwendet. Da dieses Modell zur Beschreibung einer Fließkurve, welche wahre Spannungs- und Dehnungswerte voraussetzt, dient, wurde das Modell dahingehend modifiziert, dass die Zugfestigkeit in Abhängigkeit von der Dehnrate beschrieben wird. Ausgangspunkt hierfür sind die gemessenen Zugfestigkeitswerte (σ_M^0) sowie die dazugehörigen Dehnungen bei Maximalspannung (ε_M) aus dem quasistatischen Zugversuch (Nullniveau). Die Gleichung für das modifizierte G'Sell-Jonas-Modell ist im Folgenden angegeben (Gl. 4.2):

$$\sigma_M = \sigma_M^0 \cdot (\dot{\varepsilon})^m \cdot e^{h \cdot \varepsilon_M^2} \cdot (1 - e^{-W \cdot \varepsilon_M}) \cdot e^{\frac{a}{T}} \qquad 4.2$$

Für die Erstellung der Masterkurven ist es nötig, eine Einteilung in die unverstärkten und verstärkten Werkstoffe vorzunehmen sowie den Übergang vom isothermen zum adiabatischen Verhalten zu berücksichtigen. Durch die Normierung aller Festigkeitswerte mit anschließender Mittelwertbildung konnten die Masterkurven berechnet werden. Die Ergebnisse der mathematischen Anpassungen für die verstärkten PP- und PB-1-Werkstoffe sind in Bild 4.28 aufgeführt.

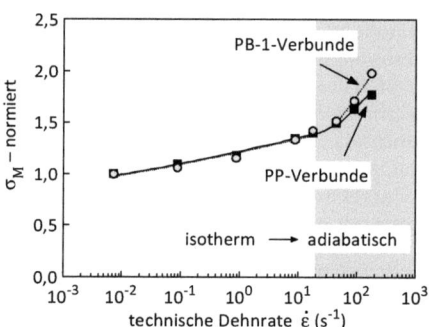

Bild 4.28: Normierte Zugfestigkeiten σ_M der verstärkten Werkstoffe für die Erstellung der Masterkurven [184]

In der Tabelle A.6 im Anhang sind die berechneten Werkstoffkonstanten entsprechend Gl. 4.2 aufgeführt. Die Werte für den viskoelastischen Term, die Verfestigungskoeffizienten des viskoplastischen Terms sowie die Verfestigungs- und Temperaturterme des G'Sell-Jonas-Modells sind in der Tabelle 4.3 dargestellt.

Ergebnisse

Tabelle 4.3: Ergebnisse der mathematischen Anpassung des G'SELL-JONAS-Modells für die unverstärkten und verstärkten Werkstoffe bei unterschiedliche Dehnraten

Werkstoffverhalten	unverstärktes PP		verstärktes PP		unverstärktes PB-1		verstärktes PB-1	
	$< 20\,s^{-1}$	$> 20\,s^{-1}$	$< 20\,s^{-1}$	$> 20\,s^{-1}$	$< 20\,s^{-1}$	$> 20\,s^{-1}$	$< 20\,s^{-1}$	$> 20\,s^{-1}$
Verfestigungskoeffizient m	0,03	**0,15**	0,045	**0,15**	0,03	**0,14**	0,045	**0,20**
Viskoelastizität $(1 - e^{-W \cdot \varepsilon_M})$	0,15	**0,09**	0,08	**0,05**	0,20	**0,13**	0,06	**0,03**
plastische Dehnungsverfestigung $e^{h \cdot \varepsilon_M^2}$	1,98	**2,09**	4,14	**4,31**	1,38	**1,41**	5,44	**6,09**
Temperaturterm $e^{\frac{a}{T}}$	3,86	**3,86**	3,86	**3,86**	3,86	**3,86**	3,86	**3,86**

Die in der Tabelle 4.3 aufgeführten Ergebnisse zeigen, dass ab Dehnraten von $> 20\,s^{-1}$ entsprechend dem Übergang vom isothermen zum adiabatischen Verhalten, eine Verfestigung und Verringerung des Einflusses der Viskoelastizität auftritt [184]. Dieser Effekt wird sowohl für die unverstärkten als auch für die verstärkten Werkstoffe beobachtet. Gleichzeitig ist aus Tabelle 4.3 zu erkennen, dass der viskoelastische Anteil im Modell bei unverstärkten Werkstoffen deutlich höher ist, wohingegen bei den glasfaserverstärkten Kunststoffen eine Zunahme für den Verfestigungskoeffizienten berechnet wurde. In Bild 4.29a–b sind die Zugfestigkeits-Dehnraten-Kurven für die Matrixwerkstoffe und die PP/GF- und PB-1/GF-Werkstoffe unter Einbeziehung der Masterkurve dargestellt. Wie in den Bildern zu erkennen ist, wird eine gute Berücksichtigung der Einzelmesspunkte speziell bei höheren Dehnraten als auch hohen Verstärkungsgraden erreicht. Damit konnte die Beschreibung des funktionalen Zusammenhanges zwischen der Zugfestigkeit und der Dehnrate für die untersuchten glasfaserverstärkten Polyolefine unter Verwendung der Masterkurve nach dem modifizierten G'SELL-JONAS-Modell nachgewiesen werden [184].

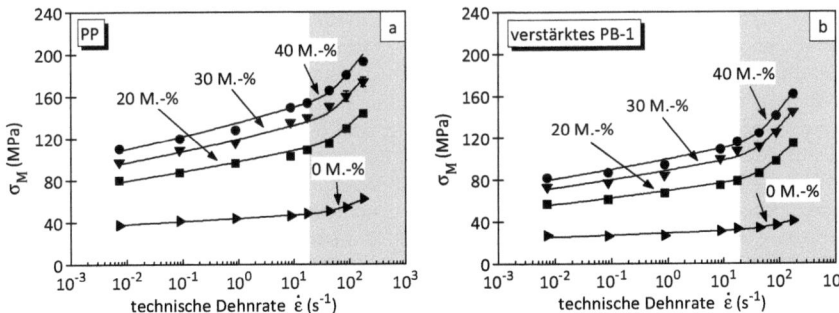

Bild 4.29: Zugfestigkeits-Dehnraten-Kurven unter Einbeziehung der Masterkurve nach dem G'SELL-JONAS-Modell

Bruchverhalten der Werkstoffe im Hochgeschwindigkeitszugversuch

In Bild 4.30a–b sind die σ-ε-Diagramme für die Matrixwerkstoffe sowie PP/GF- und PB-1/GF-Werkstoffe bei einer Dehnrate von 87 s^{-1} mit einer schematischen Darstellung des Bruchbildes der Prüfkörper nach dem Versuch gezeigt. Die σ-ε-Diagramme von PP und PB-1 weisen eine Zunahme der Spannung und Abnahme der Bruchdehnung mit höheren Glasfasergehalten auf. Vergleicht man die absoluten Spannungswerte aller PP- und PB-1-Werkstoffe, so kann für das PP-Werkstoffsystem grundsätzlich ein höheres Spannungsniveau festgestellt werden.

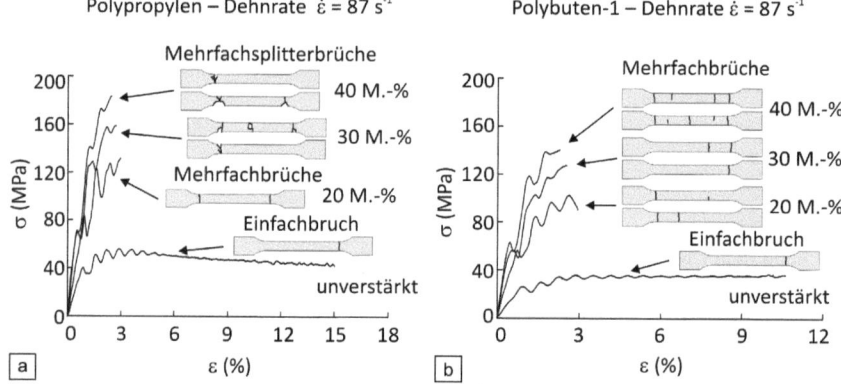

Bild 4.30: Spannungs-Dehnungs-Diagramme und schematische Darstellung des Bruchbildes für das glasfaserverstärkte PP- (a) und PB-1-Werkstoffsystem (b) bei einer Dehnrate von 87 s^{-1}

Das glasfaserverstärkte PP weist ein nahezu linear-elastisches Verhalten, gekennzeichnet durch einen linearen Anstieg der σ-ε-Kurven bis zum Bruch auf. Charakteristisch für das glasfaserverstärkte PB-1 ist dagegen ein elastisch-plastisches Deformations- und Bruchverhalten. Daraus lässt sich für PP/GF und PB-1/GF ein unterschiedliches Werkstoffverhalten und Duktilität ableiten, was auch aus den schematisch dokumentierten Brucharten und -formen in Bild 4.30 ersichtlich wird. Bei unverstärkten PP tritt auf der Seite des Angusses ein Einfachbruch auf. Mit Zunahme des Glasfasergehaltes werden bei mittleren Glasfasergehalten Mehrfachbrüche und ab einem Glasfasergehalt von 40 M.-% Mehrfachsplitterbrüche beobachtet. Unter Mehrfachsplitterbrüchen wird das Herausbrechen von Prüfkörperteilen als Folge der hohen Beanspruchungsgeschwindigkeit verstanden. Der Splitterbruch ist demzufolge ein Maß für die Sprödbruchneigung. Im Gegensatz dazu tritt bei PB-1 mit 40 M.-% kein Splitterbruch auf, stattdessen treten mehrere Einzelbrüche auf. Bei diesen Werkstoffen wird die eingeleitete Energie besser dissipiert, so dass kein Splitterbruch auftritt. Zur weiteren Analyse dieses Werkstoffunterschiedes, insbesondere zur qualitativen Bewertung der Haftungsverhältnisse, wurde eine mikrofraktografische Analyse mittels REM durchgeführt. In Bild 4.31a–d sind dazu Bruchflächenaufnahmen dargestellt. Es zeigt sich für PP/20 eine sehr gute Anbindung der Glasfasern an die Polymermatrix (Bild 4.31a und b), woraus sich eine gute Kraftübertragung zwischen Fasern und Matrix ableitet. Die für PP/20 vorliegenden Haftungsverhältnisse treffen für PB-1/20 nicht zu. In Bild 4.31c–d ist eine geringe bis keine Anbindung der Fasern an die Matrix zu erkennen, was sowohl an der geringen Benetzung (Bild 4.31c) als auch an der Lochbildung infolge herausgezogener Glasfasern ohne Matrixdeformation (Bild 4.31d) zu erkennen ist.

Ergebnisse

Dieser Unterschied in den Haftungsverhältnissen zwischen den Glasfasern und der PP- bzw. PB-1-Matrix sowie die Abnahme der Deformationsfähigkeit der Matrix bei höheren Glasfasergehalten ist eine mögliche Erklärung für die Unterschiede im Bruchverhalten.

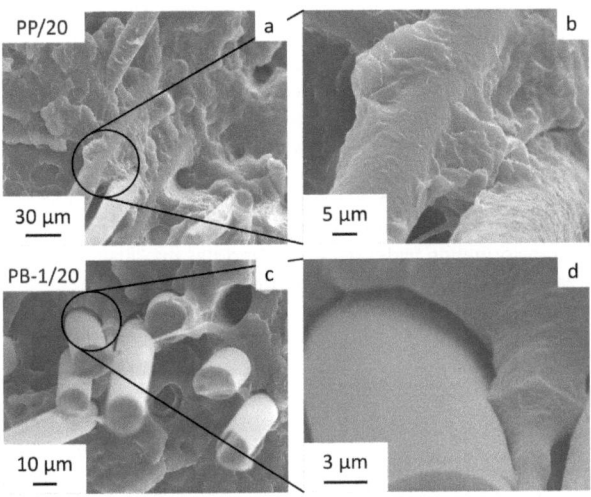

Bild 4.31: REM-Aufnahmen von a) PP (b – Detailbild) und c) PB-1 (d – Detailbild) mit einem Glasfasergehalt von 20 M.-%

Durch die existierende Lastübertragung zwischen Fasern und Matrix in den PP-Werkstoffen ist die Neigung zu Splitterbrüchen größer als bei geringer Haftung in den PB-1-Werkstoffen. Bei den letztgenannten kommt es eher zur Ausbildung von Mehrfachrissen infolge der Hohlräume zwischen Fasern und Matrix bzw. der Hohlraumbildung während der Deformation (siehe auch Bild 4.30a–b).

4.5 Bewertung der Schädigungskinetik unter quasistatischer und dynamischer Beanspruchung

In diesem Kapitel werden die Ergebnisse zur Bewertung der Schädigungskinetik unter quasistatischer und dynamischer Beanspruchung für die kurzglasfaserverstärkten Kunststoffe unter Berücksichtigung des Einflusses der experimentellen Bedingungen diskutiert. Dabei liegt das Ziel in der Erhöhung des Informationsgehaltes durch die Kopplung der unterschiedlichen Prüfverfahren, was eine ereignisbezogene Interpretation der Deformationsphasen ermöglicht. Die Kopplung der Schallemissionsanalyse mit quasistatischen oder dynamischen Prüfverfahren wird den hybriden Methoden der Kunststoffdiagnostik zugeordnet [7].

4.5.1 Ergebnisse der Validierung der akustischen Sensoren und Einfluss der experimentellen Parameter auf die aufzuzeichnenden Schallemissionen

Wie in Kapitel 3.5.1 erläutert, erfolgt eine Validierung der akustischen Sensoren durch die Generierung eines reproduzierbaren Einzelsignals (Bleistiftminenbruch), welches als Maß für die Funktionsfähigkeit der Sensoren dient. Bei vergleichbarer Frequenzcharakteristik unterschiedlicher Sensoren liegt dann eine gesicherte Funktionalität bezüglich des Frequenzbereichs und der Empfindlichkeit der Messkette vor.

Validierung der akustischen Sensoren

Die Durchführung der Untersuchungen wurde detailliert in Kapitel 3.5.1 beschrieben und die Ergebnisse der Wavelet-Transformation für den erzeugten Mittelwertdatensatz aus 5 Einzelmessungen sind in Bild 4.32a–b graphisch dargestellt. Exemplarisch sind im Bild A.11a–d die aufgezeichneten transienten Signale eines Bleistiftminenbruchs für den Sensor 1 und 2 sowie die Resultate der Fouriertransformation aufgeführt. Bei der Fouriertransformation erfolgte die Auswertung über die Mittelwertbildung der maximalen Frequenz und eine mathematische Absicherung ist über den nach Gl. A.1 und Gl. A.2 durchgeführten Signifikanztest mit einer Irrtumswahrscheinlichkeit α von 0,01 gegeben. Dabei konnte für den Sensor 1 ein Mittelwert für die Frequenz von 121 kHz und für den Sensor 2 von 127 kHz ermittelt werden (Tabelle A.7). Das Kriterium zur Festlegung des charakteristischen Frequenzbereichs bei der Wavelet-Transformation bildet der 80 %-Wert des maximalen WT-Koeffizienten, wobei dieser Wert willkürlich festgelegt wurde (schwarze Linie in Bild 4.32).

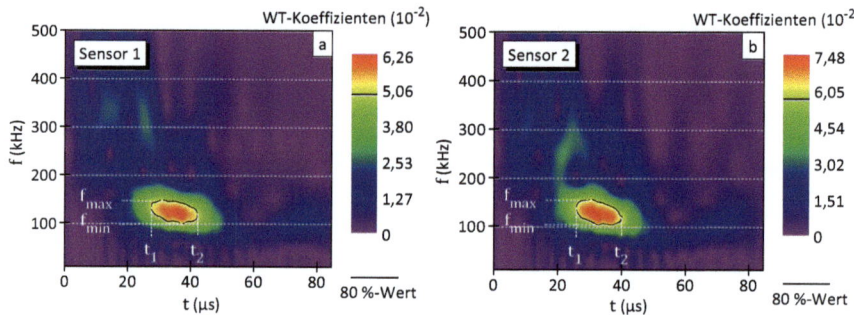

Bild 4.32: 2-dimensionale Darstellung der Ergebnisse der Wavelet-Transformation für die typgleichen Sensoren AE204A

Daraus kann ein minimaler (f_{min}) sowie ein maximaler Wert (f_{max}) für die Frequenz sowie der erste (t_1) und letzte (t_2) Ereigniszeitpunkt bestimmt werden, welche wiederum den typischen Frequenzbereich des Bleistiftminenbruchs charakterisieren. Aufgrund dieser Festlegung konnten die in Tabelle 4.4 genannten Frequenzbereiche und Zeiten bestimmt werden. Unter Beachtung der o.g. These, dass bei typgleichen akustischen Sensoren (Pärchen) bei vergleichbaren Ergebnissen der Frequenzanalyse die Funktionsfähigkeit und damit der technisch einwandfreie Zustand widergespiegelt wird, ist dies bei den verwendeten Sensoren der Fall. Die überprüften Sensoren sind demnach in einem einwandfreien, funktionsfähigen Zustand und der Bruch einer Bleistiftmine unter definierten Bedingungen kann als gültige Methode angesehen werden, um die Validität von akustischen Sensoren zu ermitteln. Aufgrund der zusätzlichen Zuordenbarkeit des zeitlichen Ablaufs des Bleistiftminenbruchs bei der Wavelet-Transformation gegenüber der Fouriertransformation, ist die Wavelet-Transformation bei der Auswertung zu bevorzugen, da durch die zeitliche Komponente ein zusätzlicher Parameter existiert, der zur Charakterisierung des SE-Signals herangezogen werden kann.

Tabelle 4.4: Vergleich des Frequenzbereichs und der Ereigniszeitpunkte der untersuchten AE-Sensoren vom Typ AE204A (VALLEN-SYSTEME GMBH)

	Sensor 1	Sensor 2
minimale Frequenz f_{min} (kHz)	100	103
maximale Frequenz f_{max} (kHz)	146	154
Frequenzbereich Δf (kHz)	46	51
erster Ereigniszeitpunkt t_1 (µs)	27,5	26,1
letzter Ereigniszeitpunkt t_2 (µs)	42,2	40,1
Zeitdifferenz Δt (µs)	14,7	14,0

Nach erfolgter Validierung der akustischen Sensoren wurden unterschiedliche experimentelle Parameter zur Klärung des Einflusses auf die Schallemissionscharakteristik variiert. Dabei bestand im quasistatischen Zugversuch aufgrund der gegebenen experimentellen Bedingungen die Notwendigkeit zur Überprüfung zweier Kopplungsmittel, verschiedener Sensor-Kerb-Abstände und Kerbtiefen. Im quasistatischen Biegeversuch wurde der Einfluss von der Prüfgeschwindigkeit und Kerbtiefe systematisch untersucht.

Einfluss des Kopplungsmittels

Als Kopplungsmittel zur Optimierung der Impedanzanpassung wurde Bienenwachs und Gel miteinander verglichen. Dafür wurde der Zugversuch mit einer Prüfgeschwindigkeit von 10 mm/min an mittig gekerbten PP/10-Werkstoffen durchgeführt ($a = 2$ mm). Der Sensor-Kerb-Abstand wurde bei diesen Messungen im Bereich von 1–4 cm variiert. In Bild 4.33a–d sind die Amplituden-Zeit, *Counts*-Zeit- und Kraft-Zeit-Diagramme für die PP/10-Werkstoffe bei einem Abstand von 1 cm vergleichend dargestellt.

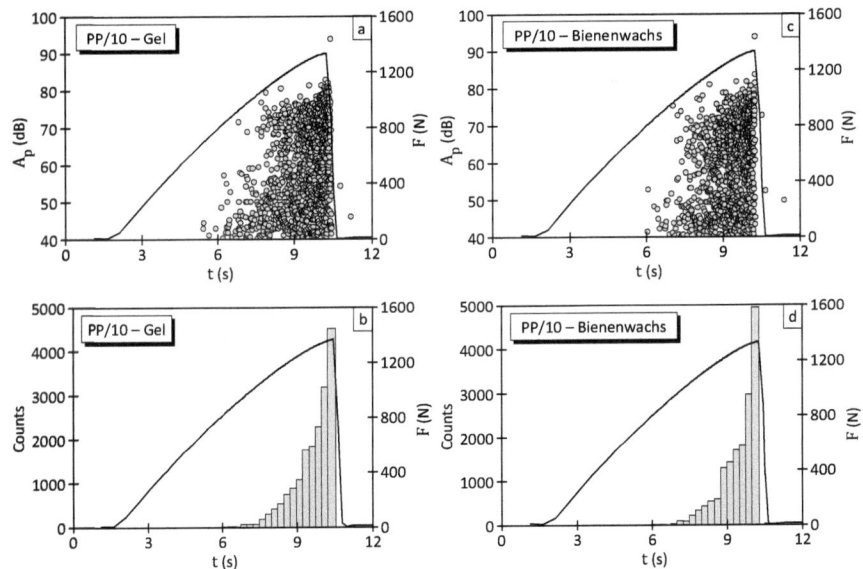

Bild 4.33: Vergleich der Verteilung der Amplitudenwerte A und der *Counts* bei der Verwendung von Gel (a, b) und Bienenwachs (c, d) als Kopplungsmittel

Anhand der graphischen Darstellung lässt sich kein Unterschied in der Signalcharakteristik bei der Verwendung unterschiedlicher Kopplungsmittel feststellen. Eine quantitative Bewertung erfolgte durch die Messgröße Hits, welche graphisch in Abhängigkeit vom Sensor-Kerb-Abstand im Bild 4.34 gezeigt ist. In Bild 4.34 ist erkennbar, dass mit der Verwendung von Gel als Kopplungsmittel geringfügig mehr Schallemissionen detektiert werden als mit Bienenwachs, wobei allerdings unter Berücksichtigung der teilweise hohen Standardabweichung insbesondere für den Sensor-Kerb-Abstand bis 3 cm keine signifikanten Abweichungen auftraten. Dies lässt den Schluss zu, dass die Verwendung sowohl von Gel als auch von Bienenwachs zulässig ist und zu vergleichbaren Ergebnissen führt. Dies ist insbesondere dann von Bedeutung, wenn die Verwendung eines von beiden Kopplungsmitteln einen wesentlichen experimentellen Vorteil mit sich bringt.

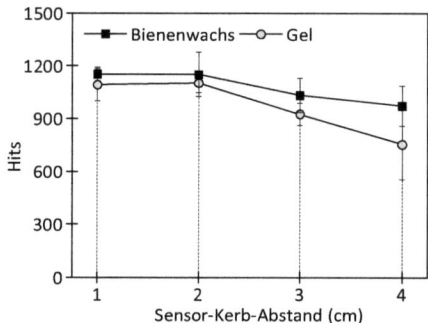

Bild 4.34: Abhängigkeit der aufgezeichneten Schallemissionen (*Hits*) vom Kopplungsmittel und vom Sensor-Kerb-Abstand

Neben der Bewertung des Einflusses des Kopplungsmittels ist speziell der Einfluss der Sensorposition und der Kerbtiefe auf die Messgrößen von hoher Bedeutung, da insbesondere in der Literatur, wie in Kapitel 2.4 erläutert, Schädigungszuordnungen ohne hinreichende Angaben über die gewählten experimentellen Bedingungen getroffen werden.

Einfluss der Sensorposition und der Kerbtiefe

Die Auswirkung unterschiedlicher Sensorpositionen wurde im Zugversuch bei einer Prüfgeschwindigkeit von 10 mm/min an PP/10 untersucht, wobei Bienenwachs als Kopplungsmittel genutzt wurde. Die Ergebnisse sind in Bild 4.35a–f graphisch dargestellt. Aus den funktionalen Zusammenhängen zwischen den Amplituden-Zeit-Werten in Abhängigkeit vom Sensor-Kerb-Abstand lässt sich mit zunehmendem Abstand eine Verringerung der *Hits* sowie der maximalen Amplitudenwerte A_{pmax} feststellen.

Ergebnisse

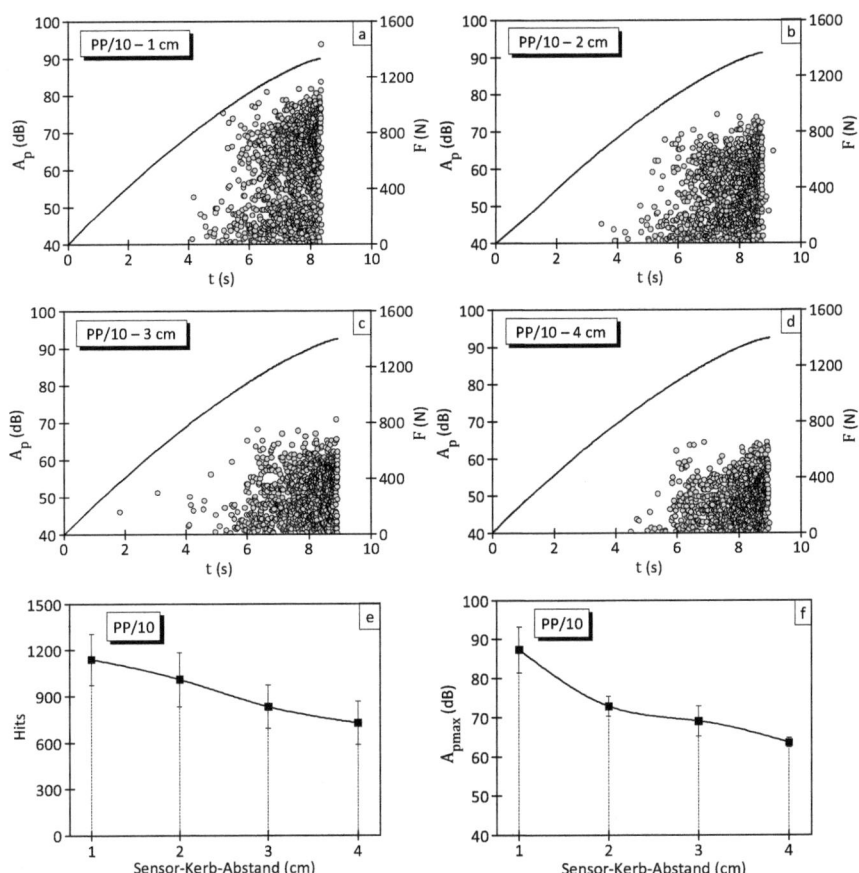

Bild 4.35: Verteilung der Amplitudenwerte A_p für unterschiedliche Sensor-Kerb-Abstände (a–d) und Darstellung des funktionalen Zusammenhangs zwischen den *Hits* und den Peak-Amplitudenwerten A_{pmax} in Abhängigkeit vom Sensor-Kerb-Abstand

Aus den quantitativen Zusammenhängen in Bild 4.35e–f ist eine kontinuierliche Verringerung der Peak-Amplitudenwerte A_p erkennbar, welche auf die höhere Laufzeit der SE-Signale und die höhere Dämpfung zurückzuführen ist. Durch die während der Versuche nicht geänderten experimentellen Bedingungen, insbesondere des *Threshold*, werden mit zunehmendem Sensor-Kerb-Abstand somit weniger *Hits* detektiert, wie dies auch in [6] festgestellt wurde.

Die Abhängigkeiten der Messgrößen von der Kerbtiefe wurden sowohl im Zug- wie auch im Biegeversuch nachgewiesen (Bild 4.36a–d). Dabei betrug der Sensor-Kerb-Abstand 3 cm, da eine Variation im Fall des quasistatischen Biegeversuchs, wie in Kapitel 3.5.3 erläutert, nicht möglich war. Als Kopplungsmittel wurde Bienenwachs verwendet. Die Prüfgeschwindigkeit betrug im Zugversuch 10 mm/min und im Biegeversuch 40 mm/min.

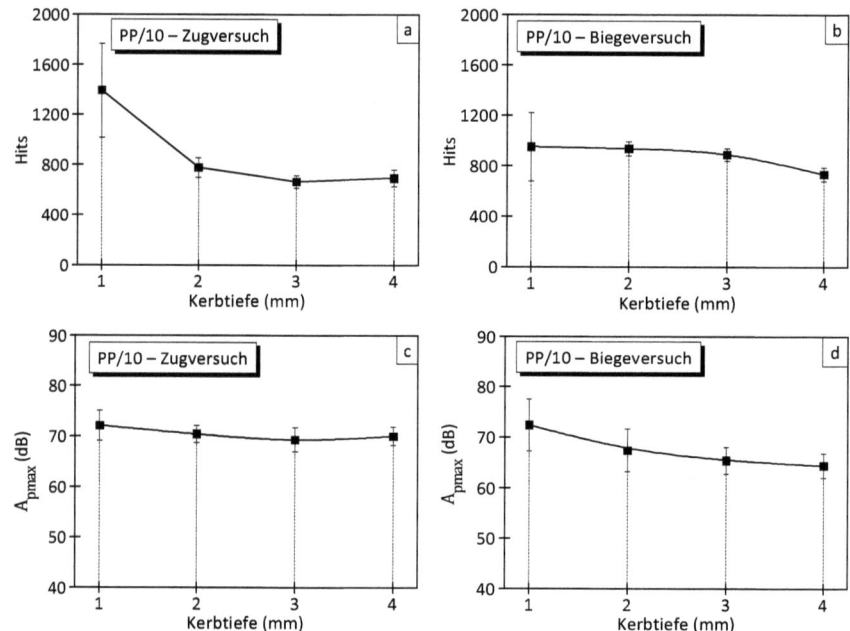

Bild 4.36: Einfluss unterschiedlicher Kerbtiefen auf die *Hits* und die maximalen Peak-Amplitudenwerte A_{pmax} im Zug- und Biegeversuch

Durch tiefere Kerben wird einerseits die Lastaufnahmefähigkeit des Werkstoffs herabgesetzt und andererseits verringert sich das akustisch aktive Volumen, wodurch weniger *Hits* detektiert werden (Bild 4.36a–b). Der Einfluss der Kerbtiefe ist im Zugversuch ausgeprägter, als dies beim Biegeversuch der Fall ist. Dies liegt darin begründet, dass die Auswertung im Biegeversuch, d.h. die Bestimmung der *Hits* und der Peak-Amplitudenwerte A_p nur bis zum Kraftmaximum erfolgte und damit der Bereich der stabilen Rissausbreitung nicht berücksichtigt wurde. Die Anzahl der *Hits* im Zugversuch ist ab einer Kerbtiefe von 2 mm konstant und beim Biegeversuch ist eine geringe Abnahme bei der Kerbtiefe von 4 mm festzustellen. Erwartungsgemäß wird der maximale Peak-Amplitudenwert A_{pmax} von der Kerbtiefe nur gering beeinflusst. So werden die aus dem Zugversuch ermittelten A_{pmax}-Werte nur minimal von der Kerbtiefe beeinflusst, während für die im Biegeversuch gemessenen Werte eine geringfügige, kontinuierliche Abnahme charakteristisch ist. Aus diesen funktionalen Zusammenhängen konnte für die Schallemissionsmessungen eine optimale Kerbtiefe von 2 mm sowohl für die Untersuchungen im Zug- als auch im Biegeversuch abgeleitet werden.

Einfluss der Prüfgeschwindigkeit

Neben der Abhängigkeit vom verwendeten Kopplungsmittel, der Sensorposition und der Kerbtiefe, ist die Prüfgeschwindigkeit eine weitere wichtige Einflussgröße bei Schallemissionsmessungen. Im Biegeversuch wurde deshalb die Geschwindigkeit v_T im Bereich von 10–50 mm/min variiert. Die Abhängigkeit der, unter Beachtung der schon erwähnten Auswerteprozedur, ermittelten *Hits* und A_{pmax}-Werte ist in Bild 4.37 graphisch dargestellt. Die Anzahl der *Hits* bleibt mit zunehmender Prüfgeschwindigkeit, ebenso wie die ermittelten A_{pmax}-Werte, nahezu konstant. Somit kann eine Beeinflussung der Schallemissionen durch die Wahl der Geschwindigkeit nicht festgestellt werden.

Ergebnisse

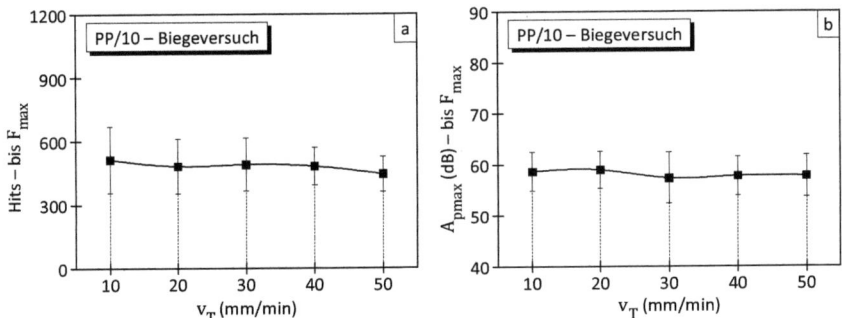

Bild 4.37: Abhängigkeit der aufgezeichneten Schallemissionen und der maximalen Peak-Amplitudenwerte A_{pmax} von der Prüfgeschwindigkeit v_T

An dieser Stelle sollen noch einmal die Ergebnisse des Einflusses der unterschiedlichen experimentellen Bedingung unter Berücksichtigung der Ermittlung der Eigenschaften im Zug- und Biegeversuch zusammengefasst werden:

- Verwendung von Bienenwachs als Kopplungsmittel im Zug- und Biegeversuch,
- Nutzung eines Abstandes von 30 mm zwischen Kerb und Sensorposition für den Zug- und Biegeversuch,
- Einheitliche Einstellung einer Kerbtiefe von 2 mm und
- Verwendung einer Prüfgeschwindigkeit von 40 mm/min im Biegeversuch.

4.5.2 Bewertung der Schädigungskinetik im Zugversuch an gekerbten Prüfkörpern

Durch die Kopplung der schädigungssensitiven Schallemissionsanalyse mit dem quasistatischen Zugversuch können Aussagen über die Schädigungskinetik getroffen werden. Aus den Voruntersuchungen zum Einfluss der experimentellen Bedingungen bei der simultanen Durchführung des Zugversuchs mit der Schallemissionsanalyse ließen sich die in Kapitel 4.5.1 abgeleiteten Parameter definieren. Mit diesen optimierten Bedingungen wurden die Schallemissionsmessungen im quasistatischen Zugversuch durchgeführt.

PP-Werkstoffe

Die Ergebnisse der *Hits* sowie der maximalen Peak-Amplitudenwerte A_{pmax} in Abhängigkeit vom Glasfasergehalt sind im Bild 4.38a–b dargestellt.

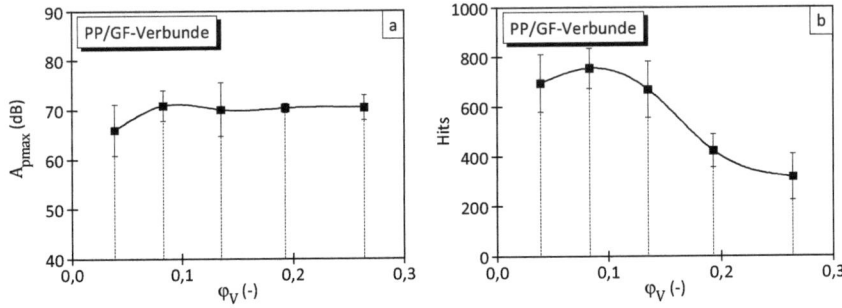

Bild 4.38: Darstellung des funktionalen Zusammenhangs zwischen den maximalen Peak-Amplitudenwerten A_{pmax} (a) und den *Hits* (b) in Abhängigkeit vom Glasfasergehalt für die PP/GF-Verbunde

Erwartungsgemäß sind die A_{pmax}-Werte vom Glasfasergehalt nur gering beeinflusst, was ursächlich auf die gleichbleibenden experimentellen Bedingungen, insbesondere des Sensor-Kerb-Abstands und der Verstärkung des akustischen Signals, zurückzuführen ist. Ein anderes Ergebnis konnte für die Anzahl der akustischen Emissionen (*Hits*) ermittelt werden. Die *Hits* nehmen mit zunehmendem Glasfasergehalt ab. Hier ist zum einem anzunehmen, dass es aufgrund des höheren Glasfasergehalts zur Überlagerung der um die Fasern ausgebildeten Spannungsfelder und damit zur Herabsetzung der lokalen Spannungsspitzen kommt [38] und damit weniger akustische Emissionen detektiert werden. Zum anderen ist eine mehrfache Schädigung der Glasfasern bei geringeren Fasergehalten möglich [6].

Die Verteilungsfunktionen für die Peak-Amplitudenwerte A_p, die Ereignisdauer t_{ED} und die kumulative Ratendarstellung der Energie E_{AE} sind für PP/10 und PP/20 zusammen mit dem Kraft-Traversenweg-Diagramm in Bild 4.39a–f dargestellt.

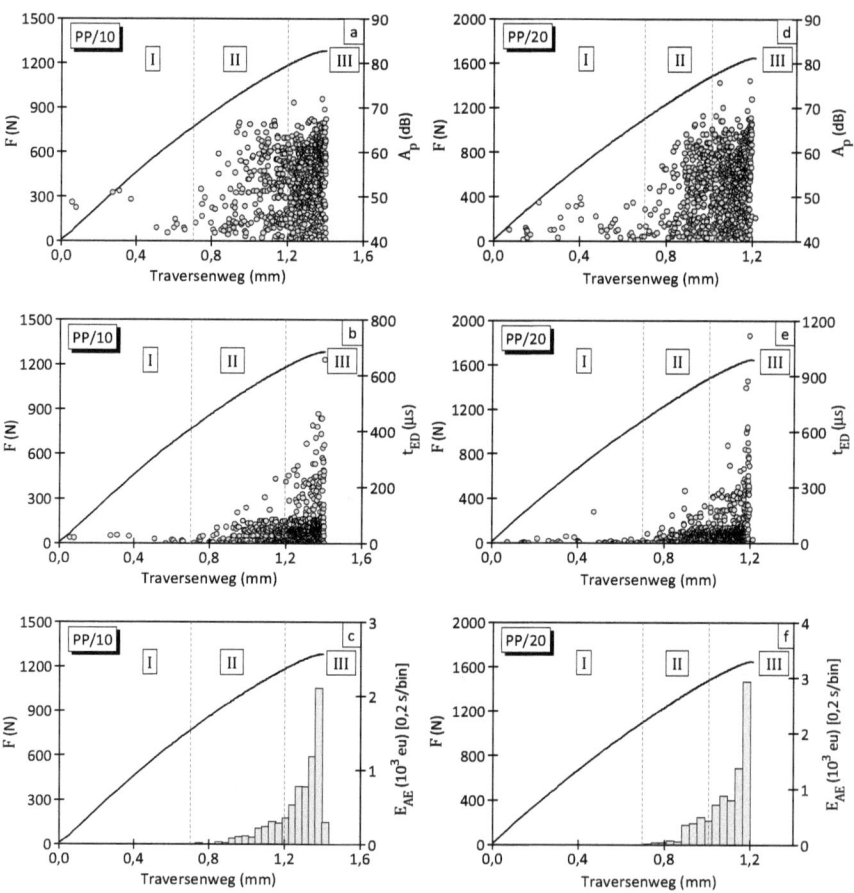

Bild 4.39: Darstellung der Verteilungsfunktionen der Amplitudenwerte A_p, der Ereignisdauer t_{ED} und kumulative Ratendarstellung der Energie E_{AE} sowie die Einteilung in drei akustisch unterschiedliche Bereiche für PP/10 (a–c) und PP/20 (d–f)

Ergebnisse

Die Ergebnisse der Amplitudenverteilung für die höher verstärkten PP-Werkstoffe sind in Bild A.12a–c aufgeführt. Für alle PP-Werkstoffe konnte eine instabile Rissausbreitung bestimmt werden und im Vergleich mit den ungekerbten Prüfkörpern (Kapitel 4.2.1) wird durch die Einbringung einer scharfen Kerbe ein geringeres Festigkeitsniveau, aufgrund der Ausbildung eines dreiachsigen Spannungszustandes und der höheren Verformungsgeschwindigkeit an der Kerbspitze, erreicht.

Aus den Verteilungsfunktionen lassen sich anhand der *Hit*-Dichte drei akustisch unterschiedliche Bereiche ableiten, welche in der graphischen Darstellung in Bild 4.39 durch vertikale Linien verdeutlicht sind und für die Ereignisdauer t_{ED} sowie für die Ratendarstellung der Energie E_{AE} übernommen wurden. Die Amplituden als auch die Ereignisdauer in den Bereichen II und III sind durch eine Überlagerung der in den Bereichen davor liegenden Werte gekennzeichnet (Tabelle 4.5). Dabei ist der Bereich I durch eine geringe akustische Aktivität charakterisiert und der Übergang vom Bereich II zu Bereich III weist einen überproportionalen Anstieg der akustischen Emission auf. Vor dem ultimativen Versagen des Werkstoffs werden die meisten Schallemissionen pro Zeiteinheit mit den höchsten Amplitudenwerten und maximalen Energien detektiert, was auf den Zuwachs an Werkstoffschädigungen zurückgeführt werden kann.

Tabelle 4.5: Zuordnung der Amplituden- und Ereignisdauerwerte zu den akustischen Bereichen für die PP-Werkstoffe

Akustischer Bereich	korrespondierende Amplituden	korrespondierende Ereignisdauer
I	40–50 dB	< 20 µs
II	50–68 dB	20–200 µs
III	> 68 dB	> 200 µs

Zur Interpretation der Ergebnisse wurden REM-Aufnahmen der zugehörigen Bruchflächen von PP/20 angefertigt, um qualitativ die Haftungsverhältnisse und Schädigungsmechanismen zu bewerten. Bild 4.40a–b zeigt eine Übersichts- und Detailaufnahme. Erkennbar sind Glasfaserbrüche (i), zahlreiche herausgezogene und nicht mit Matrixmaterial benetzte Glasfasern (ii), Löcher infolge des *pull-out* (iii) und stark plastisch verstreckte Matrixstege (iv). Anhand der Bruchflächen lässt sich nicht eindeutig klären, ob die Glasfasern während des Herstellungsprozesses oder als Folge der instabilen Rissausbreitung gebrochen sind.

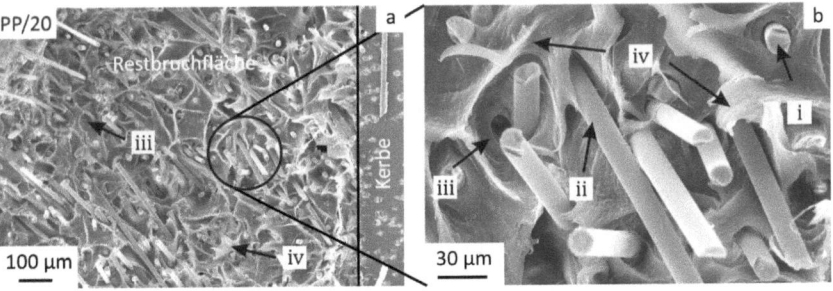

Bild 4.40: REM-Aufnahme (a) und Detailausschnitt (b) der Bruchfläche von PP/20; i – Faserbruch, ii – nicht mit Matrixmaterial benetzte Faser, iii – Loch infolge des *pull-out* und iv – plastisch verstreckte Matrixstege zwischen den Glasfasern

Die Beurteilung der Haftungsverhältnisse auf der Basis der in quasistatischen Versuchen erhaltenen Bruchflächen ist nicht möglich, da eine unzulässige Beeinflussung, d.h. eine Freilegung der Fasern während des *pull-out*, stattfindet. Hier muss eine Präparation nach einer hohen Beanspruchungsgeschwindigkeit und/oder bei tiefen Temperaturen erfolgen [181, 182]. Eine Bewertung der Haftungsbedingungen erfolgte bereits in Kapitel 4.1, an aus dem IKBV erhaltenen Bruchflächen. Dort konnte für die PP-Werkstoffe eine gute Anbindung der Fasern an die Matrix nachgewiesen werden, woraus eine gute Kraftübertragung zwischen der Matrix und der Faser während der Belastung resultiert. Es zeigt sich im Vergleich mit den Bruchflächen aus dem IKBV (Bild 4.1a–b), wo die Versuchsdauer 1–2 ms gegenüber 5–7 s im Zugversuch beträgt, dass eine Deformation und damit Energieaufnahme der Matrix im quasistatischen Versuch stattfindet, was durch die stark plastisch deformierten Matrixbereiche auf der Bruchfläche verdeutlicht wird.

PE-HD-Werkstoffe

Die Abhängigkeit der aufgezeichneten *Hits* sowie der A_{pmax}-Werte vom Glasfasergehalt ist im Bild 4.41a–b dargestellt. Ebenso wie für die PP/GF-Verbunde ist auch für die verstärkten PE-HD-Werkstoffe eine geringe Abhängigkeit der A_{pmax}-Werte vom Glasfasergehalt festzustellen. Einzig beim höchsten Glasfasergehalt werden geringere maximale Peak-Amplitudenwerte ermittelt. Im Gegensatz zur Abnahme der *Hits* für das PP-Werkstoffsystem mit zunehmendem Glasfasergehalt, nimmt die Anzahl der aufgezeichneten transienten Signale für die PE-HD-Werkstoffe geringfügig zu. Eine Erklärung für dieses Werkstoffverhalten erfolgt im nächsten Abschnitt.

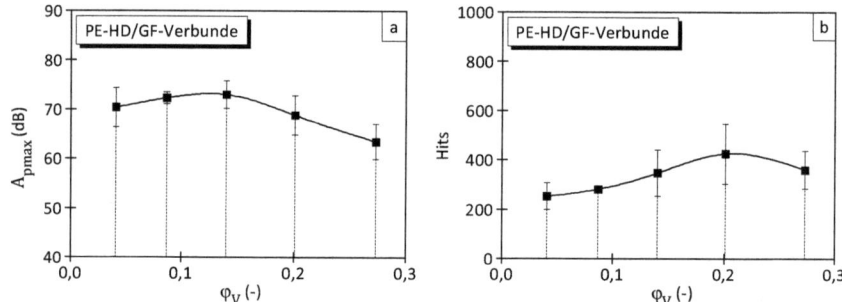

Bild 4.41: Darstellung des funktionalen Zusammenhangs zwischen den maximalen Peak-Amplitudenwerten A_{pmax} (a) und den *Hits* (b) in Abhängigkeit vom Glasfasergehalt für die PE-HD/GF-Verbunde

Die Ergebnisse der simultanen Aufzeichnung der Schallemissionen im Zugversuch für die PE-HD/10- und PE-HD/20-Werkstoffe sind im Bild 4.42a–f und für die höher verstärkten PE-HD-Werkstoffe in Bild A.13a–c dargestellt. Aus den funktionalen Abhängigkeiten konnten ebenfalls Bereiche unterschiedlicher akustischer Aktivität ermittelt werden. Im Gegensatz zu den drei ermittelten Bereichen bei den PP-Werkstoffen lassen sich für die PE-HD-Werkstoffe nur zwei Bereiche mit einer geringen und einer hohen akustischen Aktivität unterscheiden. Insbesondere die Betrachtung der Ereignisdauer t_{ED} (Bild 4.42b, e) erlaubt diese Kategorisierung. Die in diesen Bereichen charakteristischen Amplitudenwerte und Ereignisdauerwerte sind in Tabelle 4.6 aufgeführt, mit der schon für die PP-Werkstoffe diskutierten Überlagerung im Bereich II.

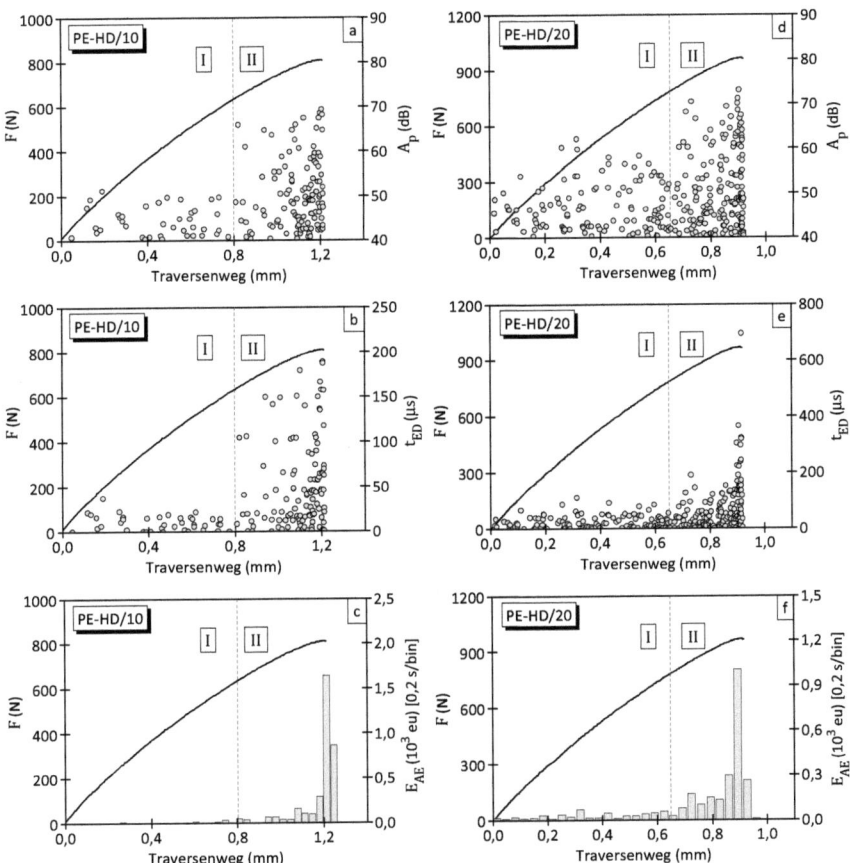

Bild 4.42: Darstellung der Verteilungsfunktionen der Amplitudenwerte A_p, der Ereignisdauer t_{ED} und kumulative Ratendarstellung der Energie E_{AE} sowie die Einteilung in zwei akustisch unterschiedliche Bereiche für PE-HD/10 (a–c) und PE-HD/20 (d–f)

Die Amplitudenbereiche lassen nur bedingt Rückschlüsse auf die Schädigungsmechanismen, wie in Kapitel 2.4 ausgeführt, zu. Die insbesondere nach Versuchsbeginn bei niedrigen Kräften auftretenden Schallemissionen lassen sich möglicherweise auf Reibungseffekte zwischen der Klemme und dem Prüfkörper sowie auf das unterschiedliche Dämpfungsverhalten von PE-HD gegenüber PP zurückführen. Einen ähnlichen Effekt wies BIERÖGEL in [6] nach, wo der Einfluss unterschiedlicher Einspannvorrichtungen auf die Schallemissionsmessungen untersucht wurde. Bei den Messungen mit einer Rollkeilklemme wurde zu Beginn des Versuchs ein starker Anstieg an Schallemissionen (*Countrate*) detektiert, welcher bei der Verwendung einer Bolzeneinspannung nicht auftrat und auf Reibungseffekte zurückgeführt werden konnte. Diese Effekte können ursächlich dafür verantwortlich gemacht werden, dass mit zunehmendem Glasfasergehalt die Anzahl der aufgezeichneten Schallemissionen (*Hits*) zunehmen, wie es im Bild 4.41b gezeigt ist.

Tabelle 4.6: Zuordnung der Amplituden- und Ereignisdauerwerte zu den akustischen Bereichen für die PE-HD-Werkstoffe

Akustischer Bereich	korrespondierende Amplitudenwerte	korrespondierende Ereignisdauerwerte
I	40–55 dB	< 100 µs
II	> 55 dB	> 100 µs

In Bild 4.43 sind Bruchflächenaufnahmen für das PE-HD/20 gezeigt. Neben einer starken plastischen Deformation der Matrix sind herausgezogene, nicht mit Matrixmaterial benetzte Glasfasern und gebrochene Fasern zu erkennen. Die Einschränkungen der Aussagefähigkeit der unter quasistatischer Beanspruchung ermittelten Bruchflächen, wie sie für die PP-Werkstoffe diskutiert wurden, gelten auch für PE-HD-Werkstoffe. In Kapitel 4.1 wurden die Haftungsverhältnisse der PE-HD-Werkstoffe anhand von Bruchflächenaufnahmen aus dem IKBV charakterisiert und es konnte eine partielle Haftung der Fasern in der Matrix abgeleitet werden. Gegenüber einer vollständigen Anbindung wird hier nur eine geringe Kraftübertragung zwischen Matrix und Fasern ermöglicht.

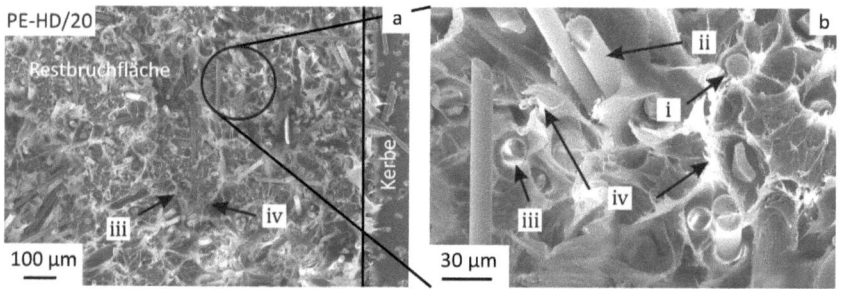

Bild 4.43: REM-Aufnahme (a) und Detailausschnitt (b) der Bruchfläche von PE-HD/20; i – Faserbruch, ii – nicht mit Matrixmaterial benetzte Faser, iii – Loch infolge des *pull-out* und iv – plastisch verstreckte Matrixstege zwischen den Glasfasern

PB-1-Werkstoffe

In dem Bild 4.44a–b sind die funktionalen Zusammenhänge für die Abhängigkeiten der A_{pmax}-Werte und der *Hits* vom Glasfasergehalt dargestellt.

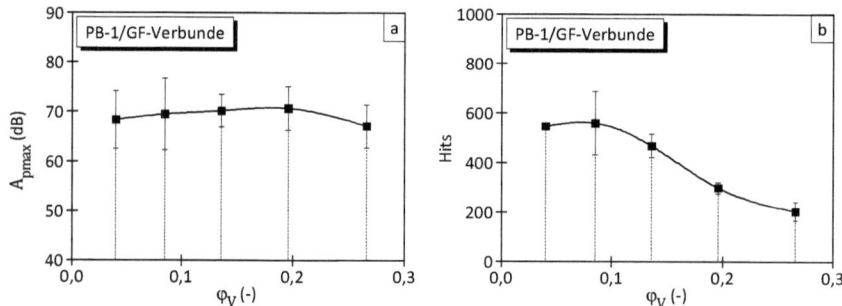

Bild 4.44: Darstellung des funktionalen Zusammenhangs zwischen den maximalen Peak-Amplitudenwerten A_{pmax} (a) und den *Hits* (b) in Abhängigkeit vom Glasfasergehalt für die PB-1/GF-Verbunde

Ergebnisse

Erwartungsgemäß werden die A_{pmax}-Werte der PB-1-Werkstoffe nicht vom Glasfasergehalt beeinflusst, was durch die Ergebnisse der Voruntersuchungen in Kapitel 4.5.1 sowie die Ergebnisse der PP- und PE-HD-Werkstoffe gestützt wird. Die *Hits* nehmen, wie schon für das PP-Werkstoffsystem diskutiert, mit zunehmendem Glasfaseranteil ab, was auf die Überlagerung der Spannungsfelder zurückgeführt werden kann.

In Bild 4.45 und Bild A.14a–c sind die Resultate der Kopplung des quasistatischen Zugversuchs mit der Schallemissionsanalyse für die PB-1-Werkstoffe dargestellt. Dabei kann eine Einteilung in drei Bereiche unterschiedlicher akustischer Aktivität, analog zu der Einteilung für die PP-Werkstoffe, vorgenommen werden. Der Bereich I ist durch eine geringe und der Übergang von Bereich II zu III durch einen überproportionalen Anstieg der akustischen Aktivität charakterisiert.

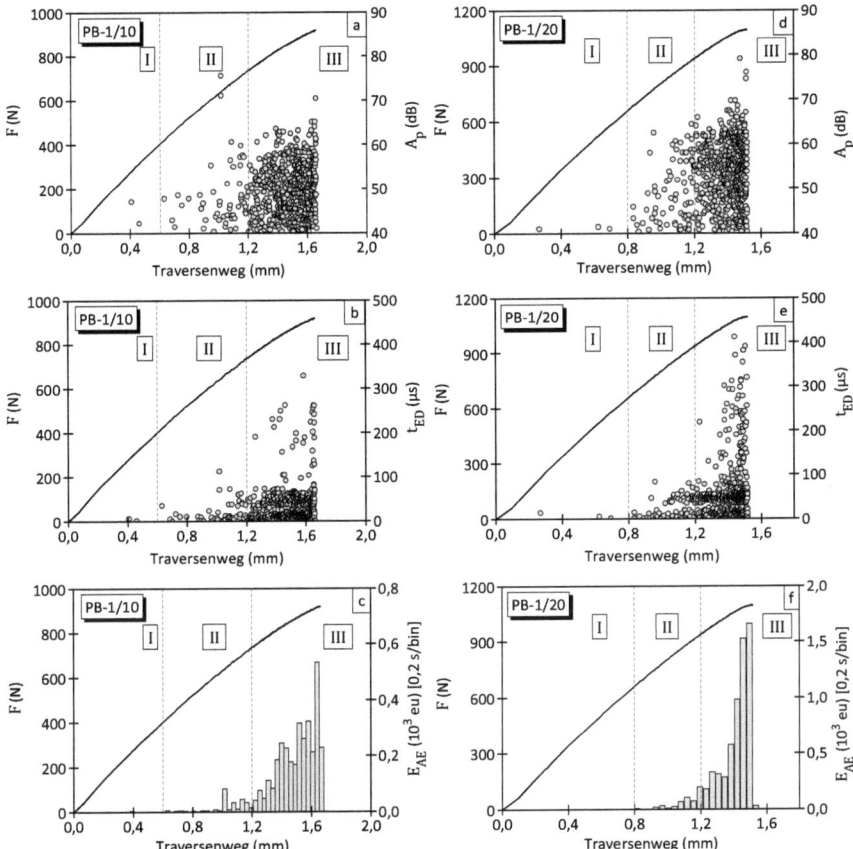

Bild 4.45: Darstellung der Verteilungsfunktionen der Amplitudenwerte A_p, der Ereignisdauer t_{ED} und kumulative Ratendarstellung der Energie E_{AE} sowie die Einteilung in drei akustisch unterschiedliche Bereiche für PB-1/10 (a–c) und PB-1/20 (d–f)

Die Werte für die Bereichszuordnungen sind in der Tabelle 4.7 aufgeführt. Dabei ist bei der Betrachtung der Ereignisdauer ein großer Unterschied zu den PP- und PE-HD-Werkstoffen festzustellen. Die für die PB-1-Werkstoffe ermittelten Zeiten sind deutlich geringer, was auf andere Schädigungsmechanismen schließen lässt.

Tabelle 4.7: Zuordnung der Amplituden- und Ereignisdauerwerte zu den akustischen Bereichen für die PB-1-Werkstoffe

Akustischer Bereich	korrespondierende Amplituden	korrespondierende Ereignisdauer
I	40–42 dB	< 10 µs
II	42–62 dB	10–60 µs
III	> 62 dB	> 60 µs

Die REM-Aufnahmen der Bruchfläche von PB-1/20 sind in Bild 4.46 dargestellt. Im Unterschied zu den PP- und PE-HD-Werkstoffen ist nur eine geringe plastische Deformation der Matrix neben nicht benetzten Fasern sowie Faserbrüchen zu erkennen. Wie auf der Bruchfläche aus dem IKBV in Bild 4.1 zu erkennen ist, sind die Glasfasern in der PB-1-Matrix nicht angebunden und aufgrund der fehlenden Haftung erfolgt keine Kraftübertragung unter Wirkung einer Belastung zwischen der Matrix und den Fasern. Unter der quasistatischen Beanspruchung führt dies zu einer verformungsarmen Matrixbruchfläche.

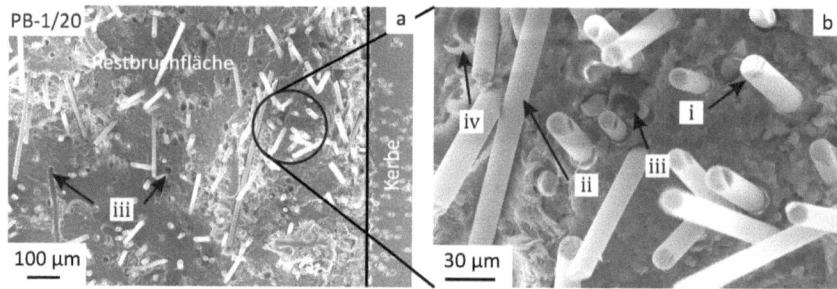

Bild 4.46: REM-Aufnahme (a) und Detailausschnitt (b) der Bruchfläche für PB-1/20; i – Faserbruch, ii – nicht mit Matrixmaterial benetzte Faser, iii – Loch infolge des *pull-out* und iv – plastisch verstreckte Matrixstege zwischen den Glasfasern

Im Folgenden sollen die Ergebnisse unter Beachtung der unterschiedlichen Werkstoffsysteme zusammengefasst werden.

Im Vergleich der unterschiedlichen Bereiche für die Peak-Amplitudenwerte sowie der Ereignisdauerwerte der Polyolefinwerkstoffe ergeben sich im Hinblick auf die wirkenden Schädigungsmechanismen folgende Zusammenhänge. Bei einer guten bzw. partiellen Haftung der Glasfasern im Fall des PP- und PE-HD-Systems, findet eine Lastübertragung zwischen der Matrix und den Glasfasern statt. Die Bruchflächenaufnahmen, nach erfolgter quasistatischer Belastung, zeigen deutliche plastische Verformungen der Matrixwerkstoffe. Sind die Fasern, wie beim PB-1-Werkstoffsystem, nicht in der Matrix angebunden, ist dagegen ein verformungsarmer Matrixbruch charakteristisch. Die unterschiedlichen Haftungsbedingungen spiegeln sich ebenso in der Zeitdauer der Schallemissionsereignisse wider. Die Zeitdauer nimmt mit der Verschlechterung der Haftungsverhältnisse ab. Exakte Aussagen über die konkreten Schädigungsmechanismen können aus den Bruchflächenaufnahmen nicht eindeutig abgeleitet werden, da die sichtbaren Faserbrüche während der Verarbeitung oder als Folge der instabilen Rissausbreitung entstanden sein können. Bei den PB-1-Werkstoffen kann davon ausgegangen werden, dass aufgrund der nahezu fehlenden Haftung die Prozesse *debonding* und *pull-out* mit Matrixfließen nicht stattfinden. Eine Zuordnung der Schädigungsmechanismen ist über die Frequenzanalyse der aufgezeichneten Schallemissionen möglich, was allerdings notwendigerweise eine im Vorfeld durchgeführt Validierung, wie es in Kapitel 4.6 dargelegt ist, bedingt.

Ergebnisse

4.5.3 Ermittlung der Biegeeigenschaften gekerbter Prüfkörper mit simultaner Schallemissionsanalyse

Die Durchführung der Biegeversuche mit Kopplung der Schallemissionsmessungen an gekerbten Prüfkörpern wurde im Kapitel 3.5.3 erläutert und die sich aus der Variation der experimentellen Bedingungen ergebenden Parametersätze sind in Kapitel 4.5.1 aufgeführt.

PP-Werkstoffe

Die Ergebnisse für die Peak-Amplitudenwerte A_p und die Ereignisdauer t_{ED} sind für das PP/20 im Bild 4.47a–b und für die anderen verstärkten PP-Werkstoffe im Bild A.15a–c dargestellt. Wie in Kapitel 3.5.3 dargestellt, ergibt sich bei der Versuchsdurchführung nach Erreichen der Maximalkraft und infolge der stabilen Rissausbreitung das Problem der Prüfkörperbewegung auf den Widerlagern und damit die Generierung von unerwünschten Schallemissionen. Aus diesem Grund erfolgte hier die systematische Auswertung nur bis zum Kraftmaximum. Die nicht berücksichtigen Ergebnisse sind im Bild 4.47a–b grau hervorgehoben. In Analogie zum Zugversuch mit der gekoppelten Schallemissionsanalyse, konnte auch für den Biegeversuch eine Einteilung in Bereiche unterschiedlicher akustischer Aktivität vorgenommen werden. Dies wird im Bild 4.47a–b durch die gestrichelte Linie verdeutlicht. Der Bereich I ist durch eine vernachlässigbare Aktivität charakterisiert, wobei im Bereich II Amplitudenwerte zwischen 40–61 dB und Ereignisse mit einer Dauer von bis zu 380 µs auftreten. Die Abhängigkeiten der maximalen Peak-Amplitudenwerte A_{pmax} und der *Hits* vom Glasfasergehalt sind im Bild 4.47c–d aufgeführt.

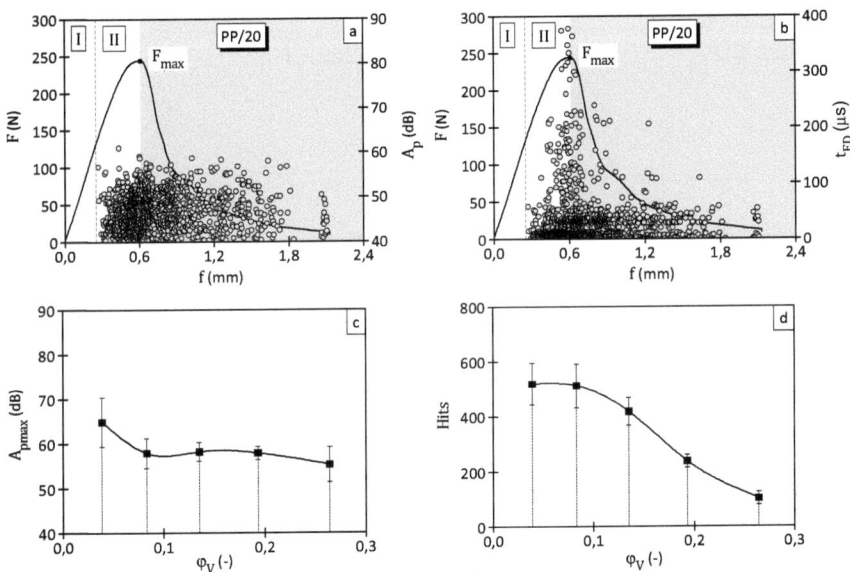

Bild 4.47: Funktionaler Zusammenhang zwischen der Kraft F, den Amplitudenwerten A_p (a), der Ereignisdauer t_{ED} (b) und der Durchbiegung f für PP/20 sowie den maximalen Peak-Amplitudenwerten A_{pmax} (c) und den *Hits* (d)

Die bis zur Maximalkraft und damit bis zum Punkt des Beginns der stabilen Rissausbreitung bestimmten A_{pmax}-Werte werden vom Glasfasergehalt nur gering beeinflusst, dagegen nimmt die absolute Anzahl der Schallemissionen (*Hits*) kontinuierlich mit Zunahme des Glasfasergehaltes ab. Die während der Kerbaufweitung induzierten und mit der SEA aufgezeichneten Schädigungen nehmen demnach bei höheren Fasergehalten ab. Die Ursache hierfür kann in der bei einem geringeren Glasfasergehalt möglichen Spannungsüberhöhung an wenigen Fasern liegen, die somit mehrfach geschädigt werden können [6].

PE-HD-Werkstoffsystem

Im Bild 4.48a–b sind die Ergebnisse für PE-HD/20 und im Bild A.16a–c für die anderen Glasfasergehalte dargestellt. Die Abhängigkeit der A_{pmax}-Werte und der *Hits* vom Glasfasergehalt zeigt Bild 4.48c–d. Dabei kann in Analogie zum PP-Werkstoffsystem ein Bereich ohne akustische Aktivität sowie eine Zone mit auftretenden Schallemissionen definiert werden. Der Amplitudenbereich ist mit 40 – 60 dB mit der für das PP-System bestimmten Größenordnung vergleichbar und ist unabhängig vom Glasfasergehalt. Im Vergleich zu den PP-Werkstoffen sind die registrierte Ereignisdauer und die *Hit*anzahl allerdings deutlich geringer. So werden um den Faktor 16 weniger Schallemissionen bis zum Kraftmaximum während der Kerbaufweitung detektiert. Dies kann auf die partielle Anbindung der Fasern in die Polymermatrix zurückgeführt werden, da die Kraftübertragung und damit die Generierung von insbesondere *pull-out* mit Matrixfließen sowie *debonding* nur bedingt möglich sind. Im Gegensatz zum PP tritt bei den PE-HD-Werkstoffen keine kontinuierliche Abnahme der akustischen Emission in Abhängigkeit vom Glasfaservolumengehalt, sondern ein Maximum im Bereich von 0,204 bis 0,303 auf, welches allerdings werkstoffphysikalisch nicht interpretiert werden kann.

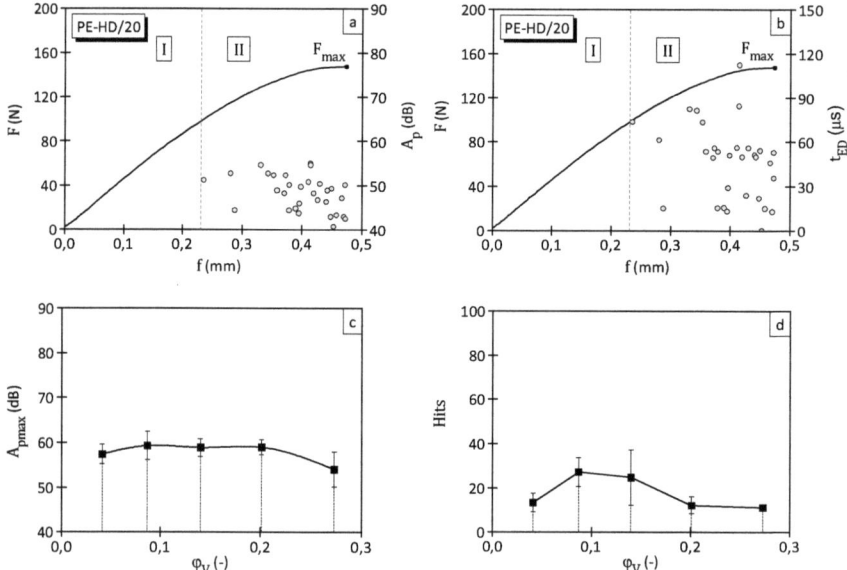

Bild 4.48: Funktionaler Zusammenhang zwischen der Kraft F, den Amplitudenwerten A_p (a), der Ereignisdauer t_{ED} (b) und der Durchbiegung f für PE-HD/20 sowie der Peak-Amplitudenwerte A_p (c) und den *Hits* (d) vom Glasfaservolumengehalt

Ergebnisse

PB-1-Werkstoffe

Der funktionale Zusammenhang zwischen den Messgrößen Amplitudenwerte A_p, Ereignisdauer t_{ED}, der Kraft F und der Durchbiegung f ist für PB-1/20 im Bild 4.49a–b und der Verlauf der maximalen Peak-Amplitudenwerte A_{pmax} sowie der Hits als Funktion des Glasfaservolumengehaltes im Bild 4.49c–d aufgeführt. Im Anhang sind im Bild A.17a–c die weiteren Abhängigkeiten für das PB-1-Werkstoffsystem graphisch dargestellt.

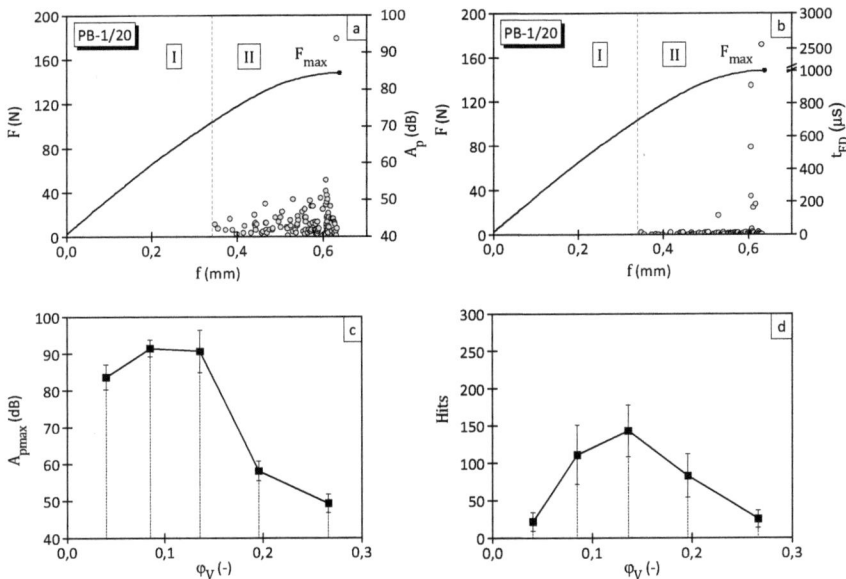

Bild 4.49: Funktionaler Zusammenhang zwischen der Kraft F, den Amplitudenwerten A_p (a), der Ereignisdauer t_{ED} (b) und der Durchbiegung f für PB-1/20 sowie der Peak-Amplitudenwerte A_{pmax} (c) und den Hits (d) in Abhängigkeit vom Fasergehalt

In Analogie zu den PP- und PE-HD-Werkstoffen kann auch bei dem PB-1-System eine Zweiteilung der akustischen Aktivität vorgenommen werden, wobei im Bereich I keine Aktivität besteht. Der Bereich II, der am onset der Schallemission beginnt, weist mit Zunahme der Durchbiegung eine kontinuierliche Erhöhung der Amplitude und der Ereignisdauer auf. Allerdings ergibt sich innerhalb des PB-1-Werkstoffsystems eine zweigeteilte Charakteristik. So werden für PB-1/10 bis PB-1/30 sowohl Peak-Amplitudenwerte $A_{pmax} > 80$ dB als auch eine Zunahme der Hits bis zur Maximalkraft ermittelt, während die höher verstärkten Werkstoffe A_{pmax}-Werte nur bis 60 dB bzw. 50 dB und eine Abnahme der Hits aufweisen. Die hohen Peak-Amplitudenwerte werden direkt am Punkt des Beginns der stabilen Rissausbreitung (vgl. Bild 4.49a–F_{max} und Bild A.17a) erreicht. Die Ursächlichkeit dieser vereinzelt auftretenden Hits kann mit diesen Untersuchungen nicht schlüssig geklärt werden, da insbesondere auch keine Informationen zur Kerbaufweitung vorliegt.

4.5.4 Charakterisierung der Schädigungskinetik unter schlagartiger Belastung

Die simultane Aufzeichnung der Kraft F sowie der Schallemissionen unter schlagartiger Belastung erfolgte unter den in Kapitel 3.5.4 genannten Bedingungen. Dabei unterscheidet sich die Durchführung im Vergleich zu den in Kapitel 4.2.4 diskutierten Ergebnissen dahingehend, dass eine geringere Prüfgeschwindigkeit von 1,0 m/s gewählt wurde und der Sensor einseitig auf dem Prüfkörper appliziert ist. Die Diskussion der physikalischen Abhängigkeit der ermittelten Zähigkeit vom Glasfasergehalt mit Hilfe bruchmechanischer Konzepte erfolgte für die verstärkten Polyolefinwerkstoffe unter den gegebenen Bedingungen [185].

Bewertung der Schädigungskinetik für PP/20

Im Bild 4.50a–b ist die elektrische Ausgangsspannung des akustischen Sensors U sowie das Ergebnis der Wavelet-Transformation zusammen mit dem Kraft-Zeit-Diagramm (F-t-Diagramm) für PP/20 dargestellt. Die Ergebnisse für die anderen verstärkten PP-Werkstoffe zeigt Bild A.20a–h.

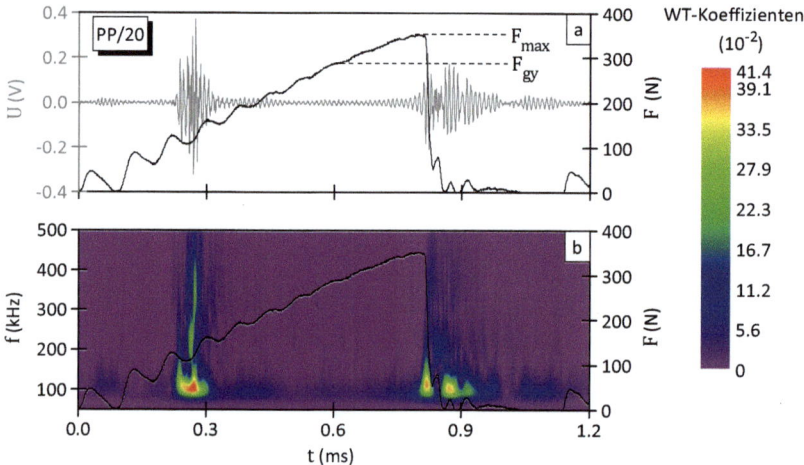

Bild 4.50: Aufgezeichnete elektrische Ausgangsspannung U (a) und Darstellung der Frequenzcharakteristik (b) mit dem Kraft-Zeit-Diagramm für PP/20

Für PP/20 konnte ein elastisch-plastisches Werkstoffverhalten mit instabiler Rissausbreitung und ein geringer Rissverzögerungsanteil ermittelt werden. Dies ist im Bild 4.50a durch die lineare Zunahme der Kraft F bis zu F_{gy} und dem Steilabfall nach Erreichen der Maximalkraft F_{max} zu erkennen. Die akustischen Emissionen werden in Abhängigkeit vom Glasfasergehalt zu unterschiedlichen Zeitpunkten registriert. Gemeinsam ist bei allen PP-Werkstoffen, dass am Kraftmaximum d.h. dem Beginn der instabilen Rissausbreitung verstärkte akustische Aktivitäten registriert werden, die partiell auch dem Bereich der Rissverzögerung zuordenbar sind. Die im Prüfkörper gespeicherte elastische Energie wird somit während der Rissausbreitung in mechanische und akustische Arbeit umgesetzt. Der zeitliche Beginn der Schallemissionen ist offensichtlich vom Glasfasergehalt abhängig und wird entweder deutlich vor F_{gy} oder in der Nähe des Übergangs vom elastischen zum elastisch-plastischen Verhalten registriert. Während bei PP/10, PP/20 und PP/40 zwischen diesen Ereignissen nur kontinuierliche Emission mit sehr niedriger Amplitude und Energie auftreten, weisen PP/30 und PP/50 Schallemissionen mit höherer Intensität auf (Bild 4.50 und Bild A.20).
Die Wavelet-Transformation der während des Versuchs aufgezeichneten Schallemissionen lässt zu den verschiedenen Zeitpunkten unterschiedliche Frequenzbereiche erkennen. Dies ist im Bild 4.51a–b für den Zeitpunkt bei 0,26 ms durch die Darstellung der Frequenzcharak-

Ergebnisse

teristik in einem engen Zeitfenster verdeutlicht, woraus drei Frequenzbereiche (Δf_1 bis Δf_3) abgeleitet werden konnten. Der Frequenzbereich Δf_1 tritt auch beim Bruch des Prüfkörpers auf. Eine konkrete Zuordnung der auftretenden Schädigungsmechanismen zu den Frequenzbereichen bedingt eine Validierung, wie sie im Kapitel 4.6 durch die Kopplung des *in-situ* Zugversuchs an gekerbten Prüfkörpern im ESEM durchgeführt wurde. Eine Diskussion und Übertragung der Ergebnisse auf den IKBV mit simultaner Schallemissionsanalyse ist Gegenstand des Kapitels 5.

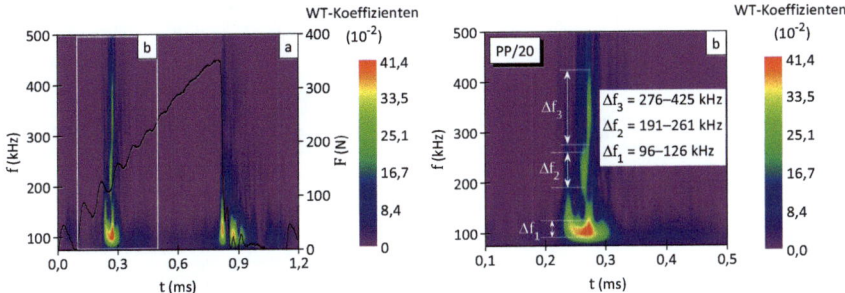

Bild 4.51: Ergebnis der Wavelet-Transformation (a) und Detailbild am Punkt der Schädigungsinitiierung zur besseren Auswertung der Frequenzbereiche (b) für PP/20

Um den ersten Zeitpunkt der auftretenden Schallemissionen genauer zu definieren und eine Schädigung nachzuweisen, wurde zusätzlich die Stopp-Block-Methode angewendet. Dabei wird der Pendelhammer nach einer definierten Durchbiegung des Prüfkörpers durch einen Metallblock abgefangen [156]. Die Abstumpfung der ursprünglichen Rissspitze infolge plastischer Verformung ist dabei als beginnende Werkstoffschädigung zu verstehen. Die plastische Verformung ist auf der Bruchfläche als Stretchzone mit der Stretchzonenhöhe (SZH) und Stretchzonenweite (SZW) gekennzeichnet. Im Bild A.18 ist die Ausbildung der Stretchzone vor der Rissspitze anhand der REM-Aufnahmen von unverstärktem PP gezeigt. Aufgrund der durch die Glasfasern dominierten Bruchfläche und der daraus resultierenden Problematik der Erkennung der SZH bzw. SZW diente die Aufzeichnung der Schallemissionscharakteristik als indirekter Nachweis, das durch die Abstumpfung der Rissspitze und den beginnenden stabilen Rissfortschritt Schallemissionen induziert werden. Als Referenz für F_{max} und f_{max} sowie zur Beurteilung des Habitus der Diagramme diente das F-t- und U-t-Diagramm eines vollständig gebrochenen Prüfkörpers. Im Anschluss wurden mit Hilfe des Stopp-Blocks definierte Prüfkörperdurchbiegungen eingestellt und simultan die Schallemissionen aufgezeichnet. Die Ergebnisse sind in Bild 4.52a–d dargestellt. Die Betrachtung der funktionalen Zusammenhänge bestätigt die bisher für PP/20 diskutierten Ergebnisse. So werden sowohl vor dem Übergang vom elastischen zum elastisch-plastischen Werkstoffverhalten Schädigungen mittels SEA detektiert, als auch beim Bruch des Prüfkörpers, was in Bild 4.52a–b zu erkennen ist. Durch die Begrenzung der Durchbiegung konnte gezeigt werden, dass die Emissionen durch Schädigungsprozesse beim Abstumpfen der Rissspitze hervorgerufen werden.
Im Ergebnis der in Kapitel 4.1 diskutierten Haftungsverhältnisse konnte für die Polypropylenwerkstoffe eine gute Anbindung und Lastübertragung der Fasern in der PP-Matrix festgestellt werden. Aufgrund der Spannungskonzentration im Kerbgrund und begünstigt durch eine mikrostrukturelle Schädigung beim Einbringen der Kerben mittels Metallklinge können Schallemissionen vor Erreichen von F_{gy} induziert werden, d.h. vor dem Übergang vom elastischen zum elastisch-plastischen Werkstoffverhalten. Im weiteren Schädigungsverlauf werden erst am Punkt der instabilen Rissausbreitung, d.h. durch die Werkstofftrennung Schall-

emissionen aufgezeichnet. Die während der Phase des stabilen Rissfortschritts zugeführte Energie wird offensichtlich verbraucht und erst bei der instabilen Rissausbreitung erfolgt eine Freisetzung der im Prüfkörper gespeicherten elastischen Energie.

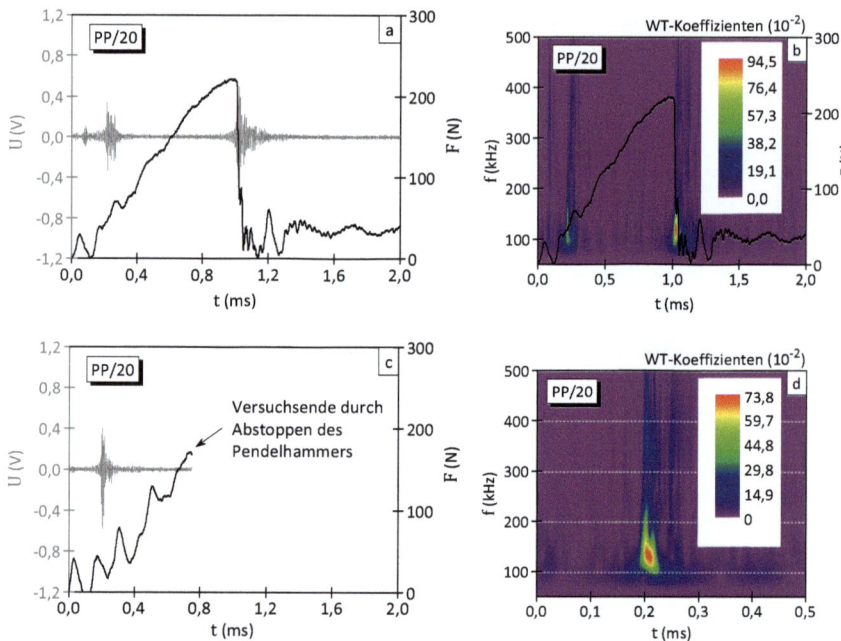

Bild 4.52: U-t- und F-t-Diagramme eines vollständig gebrochenen Prüfkörpers und das Ergebnis der Wavelet-Transformation (a, b) sowie das Ergebnis für die Begrenzung der Durchbiegung mit Hilfe des Stopp-Blocks (c, d) für PP/20

Charakterisierung der Schädigungskinetik für PE-HD/20

Die Ergebnisse der simultanen Aufzeichnung der auftretenden Schallemissionen und der F-t-Diagramme für PE-HD/20 sind im Bild 4.53a–b dargestellt. Bild A.21a–h zeigt die Resultate für die weiteren Verstärkungsgrade. PE-HD/20 ist, wie in Bild 4.53a ersichtlich, durch ein elastisch-plastisches Werkstoffverhalten mit einem Anteil an instabiler Rissausbreitung charakterisiert, was durch einen deutlichen Abfall der Kraft nach Erreichen der Maximalkraft F_{max} und einen Rissverzögerungsanteil verdeutlicht wird. Im Vergleich mit der für PP/20 ermittelten Charakteristik findet der Beginn der Schädigung für PE-HD/20 kurz vor dem Übergang vom elastischen zum elastisch-plastischen Verhalten, d.h. bei F_{gy} statt. Diese Verschiebung des Schädigungsbeginns kann, wie in Kapitel 4.1 dargelegt, durch die geringe Haftung der Fasern in der PE-HD-Matrix begründet werden. So finden erst bei einer höheren Belastung und Verformung Schädigungen statt, welche Schallemissionen induzieren. Der dabei auftretende Frequenzbereich entspricht weitestgehend dem Bereich Δf_1 von PP/20. Ebenso wie für PP/20, sind auch für PE-HD/20 bis zum Punkt der stabilen Rissausbreitung keine Schallemissionen detektierbar. Der durch die Wavelet-Transformation ermittelte Frequenzumfang ist dabei identisch zum Bereich der ersten Werkstoffschädigung.

Ergebnisse

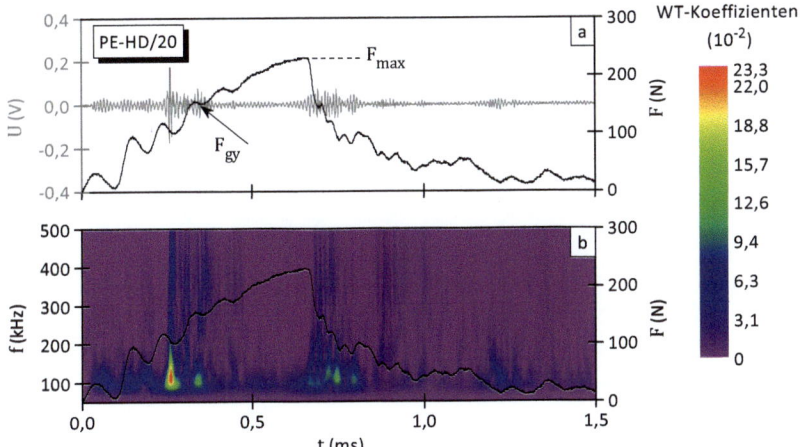

Bild 4.53: Aufgezeichnete elektrische Ausgangsspannung U (a) und Darstellung der Frequenzcharakteristik (b) mit dem Kraft-Zeit-Diagramm für PE-HD/20

Eine Korrelation zwischen Schädigungsmechanismus und Frequenzbereich wird, wie oben erläutert, im Kapitel 5 vorgenommen.

Ergebnisse der Messung der Schallemissionen im IKBV für PB-1/20

Das F-t-Diagramm und die Frequenzcharakteristik für PB-1/20 sind in dem Bild 4.54a–b dargestellt. Im Anhang in Bild A.22a–h finden sich die Ergebnisse der weiteren PB-1-Werkstoffe. Ebenso wie für PE-HD/20, wurde auch für PB-1/20 ein elastisch-plastisches Werkstoffverhalten mit instabiler Rissausbreitung und nachfolgender Rissverzögerung ermittelt. Eine Haftung der Glasfasern in der PB-1-Matrix ist, im Gegensatz zu den PP- und PE-HD-Werkstoffen, nicht gegeben, was aus den REM-Aufnahmen im Bild 4.1 abgeleitet werden konnte. Aufgrund dieses unterschiedlichen Werkstoffzustandes kann die Schädigungskinetik für die PB-1-Werkstoffe dahingehend beschrieben werden, dass erst am Übergang vom elastischen zum elastisch-plastischen Verhalten (F_{gy}) mikromechanischen Schädigungen eintreten, was im Bild 4.54 zu erkennen ist. Am Beginn der stabilen Rissausbreitung werden Schädigungen detektiert, welche den Frequenzbereich Δf_1 aufweisen, der sowohl für PP/20 als auch für PE-HD/20 ermittelt wurde. Im Unterschied zu den PP- und PE-HD-Werkstoffen können bei den PB-1-Werkstoffen aufgrund der fehlenden Haftung Schädigungsmechanismen wie *debonding* und *pull-out* mit Matrixfließen nicht stattfinden. Dies äußert sich sowohl in den deutlich niedrigeren WT-Koeffizienten, als auch in der für die unterschiedlichen Glasfasergehalte ermittelten Charakteristik der Schädigung. So können nicht einheitlich für alle Glasfasergehalte sowohl beim Erreichen des elastisch-plastischen Werkstoffverhaltens als auch beim Bruch Schädigungen mittels Schallemissionsanalyse detektiert werden. Dieser Umstand wird in Kapitel 5 sowohl unter Berücksichtigung der in Kapitel 4.6 gewonnen Erkenntnisse, als auch unter den daraus abgeleiteten Ergebnissen in Abhängigkeit von der Glasfaserhaftung für die unterschiedlichen Matrizes, diskutiert.

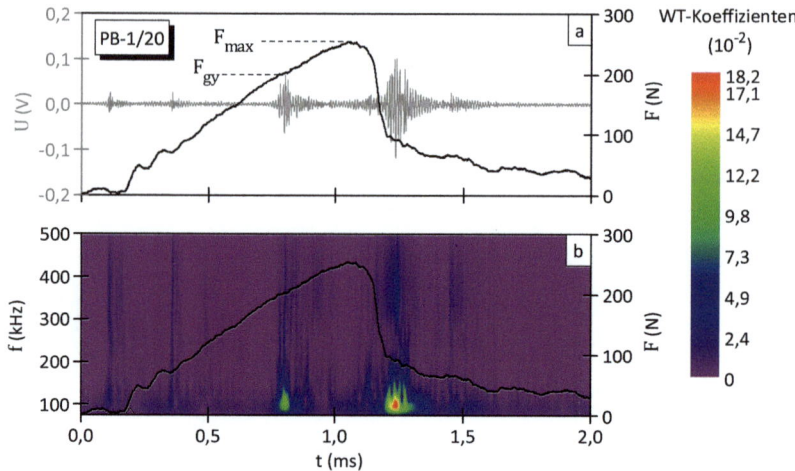

Bild 4.54: Aufgezeichnete elektrische Ausgangsspannung U (a) und Darstellung der Frequenzcharakteristik (b) mit dem Kraft-Zeit-Diagramm für PB-1/20

4.6 Korrelation der auftretenden Schädigungsmechanismen mit den Schallemissionsereignissen im quasistatischen *in-situ* Zugversuch

Im ESEM wurde der *in-situ* Zugversuch mit einer Zugbühne unter den in Kapitel 3.6 angegebenen Bedingungen an gekerbten Prüfkörpern durchgeführt. Dabei erlaubt die Beobachtung der an der Rissspitze ablaufenden Schädigungsmechanismen eine zeitliche Zuordenbarkeit zu den Schallemissionsmessgrößen. In einem weiteren Schritt können die *Hits* (transienten Signale) in ausgewählten Bereichen mit Hilfe der Wavelet-Transformation in den Frequenzraum überführt und damit Korrelationen zwischen Frequenzen und Schädigungsmechanismen abgeleitet werden. Details zur Wavelet-Transformation sind im Kapitel 3.5.1 dargestellt.

Schädigungskinetik, Fraktographie und Schallemissionsanalyse von PP/20

Die während des Zugversuchs ablaufenden Schädigungsmechanismen für PP/20 sind in den Bildern 4.55–4.57 dokumentiert und die Korrelationen der Schallemissionsmessgrößen mit dem Kraft-Zeit-Diagramm zeigt Bild 4.58. Um die Vergleichbarkeit der in den Bildern 4.55–4.57 gezeigten mikromechanischen Schädigungsmechanismen zu ausgewählten Zeitpunkten mit der graphischen Darstellung der Schallemissionsmessgrößen in Bild 4.58 zu ermöglichen, wurden die Zeitpunkte mit den Buchstaben A–C gekennzeichnet. Erkennbar ist im Bild 4.55a und b, das kleine Kräfte im Bereich vor der Rissspitze zu elastischen Verformungen um die Glasfasern sowie zu einer elastischen Aufweitung der Rissflanken führen. An der Stelle des Übergangs vom linear-viskoelastischen zum nichtlinear-viskoelastischen Verhalten führt die Belastung zur irreversiblen Lochbildung an den Glasfasern (Bild 4.55a–i und b–i) sowie zur Abstumpfung des scharfen oberflächigen Anrisses (Bild 4.55a–ii und b–ii), welcher als Folge des Kerbens mit anschließender Polierung entstanden ist. Der Beginn der irreversiblen Schädigung des Werkstoffs nach einer Zeit von 81 s korreliert mit dem zu diesem Zeitpunkt vermehrt auftretenden *Hits*. Im weiteren Verlauf der Laststeigerung kommt es zur Fibrillierung der Matrix (Bild 4.55c–iii und d–iii) infolge der weiteren Aufweitung des Kerbes sowie zu plastischen Deformationen um die Glasfasern, entsprechend der Kraftwirkungslinien (Bild

4.55b–i). Diese starken plastischen Deformationen im Bereich der Glasfaserenden sind ein Hinweis auf eine gute Haftung der Glasfasern in der Polymermatrix, was eine Kraftübertragung zwischen Matrix und Fasern ermöglicht und so zu einer lokalen Duktilität in der angrenzenden Matrix führt [22, 186]. Zu diesem Zeitpunkt erfasst die Dissipationszone ein größeres Volumen und eine vermehrte Anzahl von *Hits* werden detektiert, was in Bild 4.58 mit dem Buchstaben A gekennzeichnet ist und mit der ESEM-Aufnahme von Bild 4.55b korreliert. Die Dissipationszone ist, im Einklang mit der Literatur [22], die Zone vor der Rissspitze, in der die Versagensprozesse auf ein mehr oder weniger ausgedehntes Gebiet bezogen werden, in der das Spannungsfeld aufgrund der äußeren Belastung wirkt. Die Kerbaufweitung sowie die plastische Deformation um die Glasfasern im Bereich der Dissipationszone nehmen bei weiterer Krafteinleitung zu und die Kraftsteigerung bewirkt eine deutliche plastische Verformung vor der Rissspitze in Form einer Muldenbildung (Bild 4.55c–iv und d–iv).

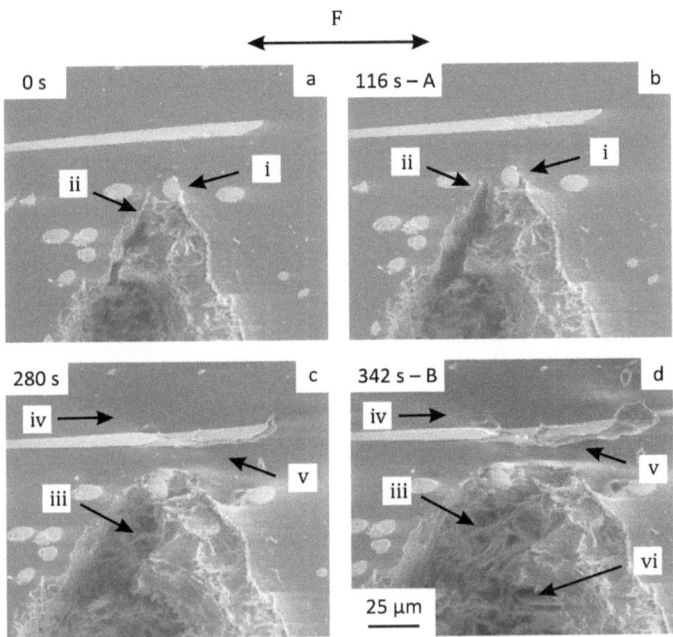

Bild 4.55: Vergleich der Aufweitung des Kerbes und der Abstumpfung des scharfen oberflächigen Anrisses (ii) sowie der plastischen Deformation entsprechend der Kraftwirkungslinien an der Glasfaser im Bereich der Dissipationszone (i) nach einer Versuchsdauer von 116 s (b) gegenüber dem unbelasteten Zustand vor Versuchsbeginn (a) und Fibrillierung der Polymermatrix (iii) sowie plastische Deformationen vor der Rissspitze in Form von Muldenbildung (iv) mit Zertrümmerung einer querliegenden Glasfaser (v) nach einer Versuchsdauer von 280 s (c) sowie Zunahme der plastischen Deformationen verbunden mit der Freilegung von Glasfasern (vi) nach 342 s; Doppelpfeil repräsentiert die Kraftwirkungslinien (Beanspruchungsrichtung) für PP/20 [187]

Die unmittelbar vor der Rissspitze querliegende Glasfaser wird durch die Zunahme der Größe der Dissipationszone bzw. der Höhe des Spannungsfeldes und begünstigt durch eine Vorschädigung als Folge des Polierens zerstört (siehe Bilder 4.55c–v und d–v). Die Zunahme der Kerbaufweitung führt neben der weiteren Fibrillierung der Matrix zum *debonding* und anschließend zum *pull-out* der Glasfasern, d.h. es kommt zu Gleitprozessen entlang der Fasern. Dies äußert sich in der Zunahme der Schallemissionsereignisse (Bild 4.58–B). Die Schädigung vor der Rissspitze ist gekennzeichnet durch Lochbildung und Einziehen von Matrixmaterial in das Loch, vergleichbar mit den typischen Crazewachstumsmechanismen (Bild 4.56a–i) [22]. Das *pull-out* der Fasern aus der Matrix aufgrund der Kerbaufweitung ist durch die gute Haftung der Fasern in der Matrix mit Reibungsprozessen gekoppelt. Die plastische Deformation hat nach 434 s (Bild 4.58–C) eine Größenordnung erreicht, in der lose Enden der Fasern sichtbar sind, d.h. dass sich die Fasern einseitig komplett von der Matrix gelöst haben (Bild 4.55d–vi und Bild 4.56b–ii), was sich in einem Maximum der Kraft äußert.

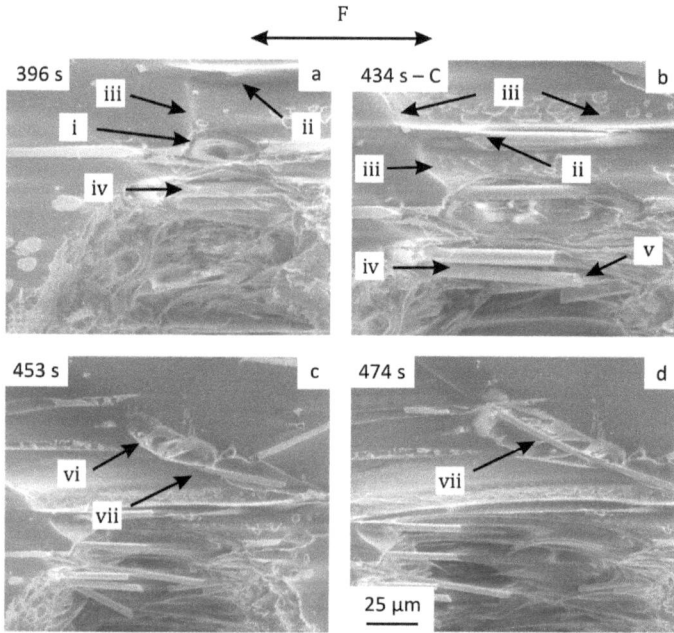

Bild 4.56: Lochbildung und Einziehen von Matrixmaterial in die Löcher (i) verbunden mit der Freilegung von Glasfasern im Bereich der Dissipationszone (ii) nach 396 s (a) und lokale Muldenbildung vor der Rissspitze (iii) und Herausziehen von Fasern (iv – Vergleiche mit b–iv) sowie sichtbare lose Faserenden (v) aufgrund der starken Kerbaufweitung nach 434 s; Aufreißen der Grenzfläche Faser/Matrix mit anschließender Fibrillierung der übriggebliebenen Matrixstege (vi) sowie Ausrichtung der Glasfaser in Richtung der wirkenden Kraftlinien (vii) nach einer Versuchszeit von 453 s (a) und 474 s (b); Doppelpfeil repräsentiert die Kraftwirkungslinien für PP/20

Die wirkenden Schädigungsmechanismen zu diesem Zeitpunkt sind die Fibrillierung der Rissflanken, sichtbare Oberflächenschädigungen in Form von Muldenbildung sowie das *pull-out* der Fasern mit starken plastischen Verformungen der angrenzenden Matrix. Dabei ist ein Aufreißen der Grenzfläche Faser/Matrix mit anschließender Fibrillierung der übriggebliebenen Matrixstege zu beobachten (Bild 4.56c–vi). Die oberflächennahen Glasfasern können sich aufgrund der geringeren Verformungsbehinderung gegenüber den Fasern im Prüfkörperinneren in Richtung der Kraftwirkungslinien ausrichten, was im Bild 4.56c–vii und d–vii deutlich zu erkennen ist. Der Bruch erfolgt nach Erreichen der Maximalkraft durch eine der instabilen Rissausbreitung vorgelagerte stabile Rissausbreitung mit plastischer Verformung der Matrix. Mikrofraktographische Aufnahmen verschiedener Vergrößerungen nach Versuchsende sind im Bild 4.57a–c dargestellt.

Ergebnisse

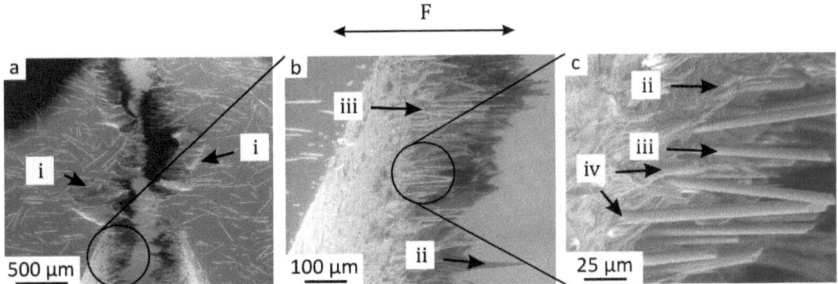

Bild 4.57: Mulden- und Fransenbildung im Bereich der Dissipationszone entlang der Bruchflanken (a–i) sowie Zipfelbildung des Matrixmaterials (b–ii und c–ii) und ausgerichtete, nicht mit Matrixmaterial benetzte Glasfasern (b–iii und c–iii) mit guter Matrixanbindung (c–iv); Doppelpfeil repräsentiert die Kraftwirkungslinien für PP/20

Die Bruchflanken sind durch ausgeprägte Mulden- und Fransenbildung im Bereich der Dissipationszone gekennzeichnet, wie im Bild 4.57a–i ersichtlich ist. Detailaufnahmen vom Kerbgrund sind im Bild 4.57b und c gezeigt. Dabei ist aufgrund der guten Faser/Matrix Haftung und der damit verbundenen Kraftübertragung im Bereich der Faser/Matrix Grenzflächen eine starke plastische Deformation der Matrix in Form von Zipfelbildung erkennbar (Bild 4.57b–ii und c-ii). Des Weiteren findet speziell im oberflächennahen Bereich eine Ausrichtung der Fasern in Richtung der Kraftwirkungslinien statt und als Folge des *pull-out* der Glasfasern ist keine Grenzflächenschicht mehr vorhanden, d.h. die Fasern sind nicht mit Matrixmaterial benetzt (Bild 4.57b–iii und c-iii). Die Anbindung der Fasern an die Matrix (Bild 4.57c-iv) ist sehr gut, wodurch am Kerbgrund eine Verstreckung des Matrixmaterials auftritt. Dies bestätigt die in Kapitel 4.1 getroffenen qualitativen Aussagen über die gute Anbindung der Glasfasern in der PP-Matrix auf der Basis von Bruchflächen aus dem IKBV.

Die für die Auswertung herangezogenen Schallemissionsmessgrößen sind die Anzahl der Schallemissionsereignisse (Hits), die Energie E_{AE}, die Ereignisdauer t_{ED} sowie die Peak-Amplitudenwerte A_p aller aufgezeichneten Hits. Der funktionale Zusammenhang zwischen der jeweiligen Messgröße und der Kraft-Zeit-Kurve ist in Bild 4.58a–d dargestellt. Für eine bessere Vergleichbarkeit der Ergebnisse, insbesondere im Hinblick auf die unterschiedlichen Werkstoffeigenschaften der untersuchten glasfaserverstärkten Polyolefine, wurde die Häufigkeitsverteilung der Ereignisse, der Energie sowie der Ereignisdauer herangezogen. Die distributive Darstellung mit einem Zeitfenster (Δt–Balkendiagrammbreite) von 5 s entspricht bei einer Versuchsdauer von 500 s einer Einteilung in 100 Abschnitte. Aus den charakteristischen Kurvenverläufen und unter Kenntnis der oben diskutierten Ergebnisse, lässt sich die Schallemissionscharakteristik in drei Abschnitte einteilen. Im linear-viskoelastischen Bereich (I) liegt eine geringe Schallemissionsaktivität vor und bei einer Versuchsdauer von 81 s erfolgt der Übergang vom linear-viskoelastischen zum nichtlinearen-viskoelastischen Verhalten, welcher durch eine kontinuierliche Zunahme der Schallemissionsereignisse (II) gekennzeichnet ist. Im dritten Abschnitt, nach einer Dauer von 434 s, nimmt am Kraftmaximum die Schallemissionsaktivität infolge der in den ESEM-Bildern zu erkennenden stabilen Rissausbreitung signifikant zu, wobei am Punkt der instabilen Rissausbreitung das Maximum erreicht wird, was auf den Bruch des Prüfkörpers und der damit verbundenen Schädigungsakkumulation zurückzuführen ist (III). Die Einteilung der Abschnitte ist im Bild 4.58a–d durch vertikale Linien hervorgehoben.

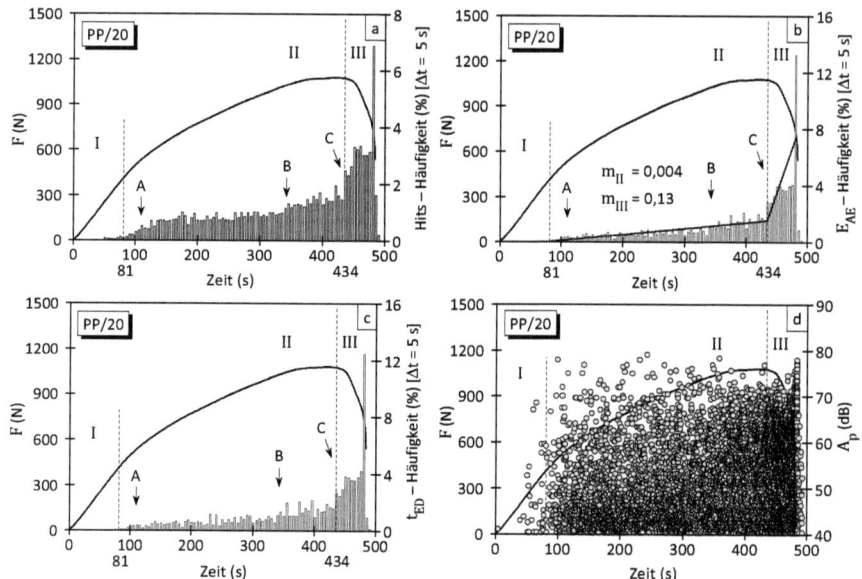

Bild 4.58: Kraft-Zeit-Kurve von PP/20 bei einer Prüfgeschwindigkeit von 0,2 mm/min mit der Häufigkeitsverteilung der *Hits* (a), der Energie E_{AE} (b) und der Ereignisdauer t_{ED} (c) sowie der Peak-Amplitudenwerte A_p aller *Hits*; distributive Darstellung mit einem Zeitfenster von 5 s

In der Betrachtung des funktionalen Zusammenhanges zwischen der Kraftzunahme und der distributiven Energiedarstellung (Bild 4.58b) wurde zur mathematischen Beschreibung des Abschnittes II und III eine lineare Regressionsfunktion verwendet. Der Anstieg der Kurven (m_{II} und m_{III}) ist ein Maß für die Energiezunahme infolge der erhöhten Schallemissionsaktivität, wobei ein um 2 Größenordnungen höherer Wert für den Bereich III erkennbar ist. Das ist auf die der instabilen Rissausbreitung vorgelagerten stabilen Rissausbreitung und damit der Berücksichtigung eines größeren Volumens zurückführbar. Die Einteilung in drei Abschnitte unterschiedlicher Schallemissionsaktivitäten kann auf die Darstellung der Peak-Amplitudenwerte in Bild 4.58d übertragen werden, wobei die Amplituden im Bereich von 40–80 dB liegen. Eine Systematisierung hinsichtlich der unterschiedlichen Werkstoffzustände kann, wie in Kapitel 2.4 dargelegt, aus den A_p-Werten dagegen nicht abgeleitet werden.

Die Frequenzanalyse der schädigungssensitiven Schallemissionen ermöglicht die Korrelation von charakteristischen Frequenzbereichen mit den bei kurzglasfaserverstärkten Werkstoffen auftretenden Schädigungsmechanismen. Voraussetzung dafür ist die oben diskutierte zeitliche Validierung der Mechanismen. So ließen sich geeignete Zeitfenster für PP/20 ableiten, die eine genügend hohe Anzahl von Schallemissionen (*Hits*) beinhalten. Die in diesen Zeitfenstern aufgezeichneten *Hits* wurden hinsichtlich ihrer charakteristischen Frequenzeigenschaften mit der in Kapitel 3.5.1 genannten Wavelet-Transformation untersucht und kategorisiert. In Bild 4.59a sind die gewählten Zeitfenster dargestellt. Im Ergebnis der Wavelet-Transformation konnten drei signifikante Frequenzbereiche ermittelt werden, die auf unterschiedliche Deformationsmechanismen schließen lassen. Die Grundlage für die Herstellung der Korrelationen bilden die im Bild 4.60a–c gezeigten funktionalen Zusammenhänge zwischen Frequenz f, Zeit t und Wavelet-Koeffizient (WT-Koeffizient), aus welchen anschließend die charakteristischen Frequenzbereiche abgeleitet wurden. Zur Kategorisierung wurden unter Berücksichtigung aller *Hits* allgemeine Frequenzbereiche festgelegt.

Ergebnisse

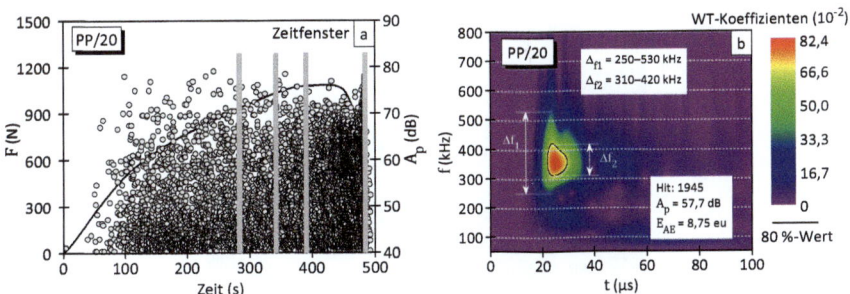

Bild 4.59: Darstellung der für die Frequenzanalyse berücksichtigten Zeitbereiche (a) sowie beispielhaft ein Ergebnis der Wavelet-Transformation eines transienten Signals (*Hit*) und die daraus abgeleiteten Angaben der Frequenzbereiche (b)

In Bild 4.59b wird anhand eines ausgewählten transienten Signals (*Hit*) die Ermittlung der Frequenzbereiche erläutert. Dabei gilt der 80 %-Wert als Kriterium zur Festlegung des Hauptfrequenzbereiches, d.h. es werden nur Wavelet-Koeffizienten berücksichtigt, die größer oder gleich 80 % des Maximalwertes (Δf_2) sind. Zu beachten ist, dass in Bild 4.60 jeweils nur ein Beispiel einer Wavelet-Transformation eines transienten Signals mit den daraus ableitbaren Frequenzbereichen dargestellt ist. Für die Aufstellung der Bereiche wurden alle transienten Signale der in Bild 4.59a angegebenen Zeitfenster berücksichtigt.

Der Frequenzbereich von 122–165 kHz (Bild 4.60a) konnte dem Mechanismus Glasfaserbruch zugeordnet werden, wobei die bei den polierten Prüfkörpern beobachteten Faserbrüche zu Beginn des Versuches auf Vorschädigungen infolge des Poliervorganges zurückzuführen sind. Aus der Literaturanalyse in Kapitel 2.4 geht hervor, dass der Mechanismus Faserbruch durch ein weites Spektrum von 30–700 kHz (Bild 2.21) charakterisiert ist, was auf die im Kapitel 2.4 genannten Einflussfaktoren zurückzuführen ist. Infolge des Polierens sowie des Kerbens der Prüfkörper können die geschädigten Fasern im Vergleich zu intakten Fasern nur eine geringere Last aufnehmen und damit weniger elastische Energie speichern. Diese Vorschädigungen begünstigen zum einem den Mechanismus Glasfaserbruch unterhalb der kritischen Faserlänge l_{krit} und führen zum anderen aufgrund der geringeren Lastaufnahmefähigkeit zu einem niedrigeren Frequenzbereich. Aus der Frequenzanalyse (Bild 4.60a) ist deutlich ein weiterer Frequenzbereich von 319–377 kHz zu erkennen, der auf Reibungsvorgänge der gebrochenen Fasern in der Matrix zurückgeführt werden kann.

Die Laststeigerung führt zur Lochbildung vor der Rissspitze und zum Einziehen von Matrixmaterial in die Löcher, was damit zur Abgleitung größerer Volumenbereiche führt. Das typische Frequenzmuster dieser Mechanismen ist im Bild 4.60b dargestellt. Ein weiterer kennzeichnender Frequenzbereich lässt sich aus dem im Bild 4.60c dargestellten Frequenzverlauf ableiten. Der Bereich von 288–390 kHz kann aufgrund der Erkenntnisse aus dem *in-situ* Zugversuch für das PP/20 mit den Mechanismen *pull-out* mit Matrixfließen sowie Reibungsvorgängen in der Matrix erklärt werden.

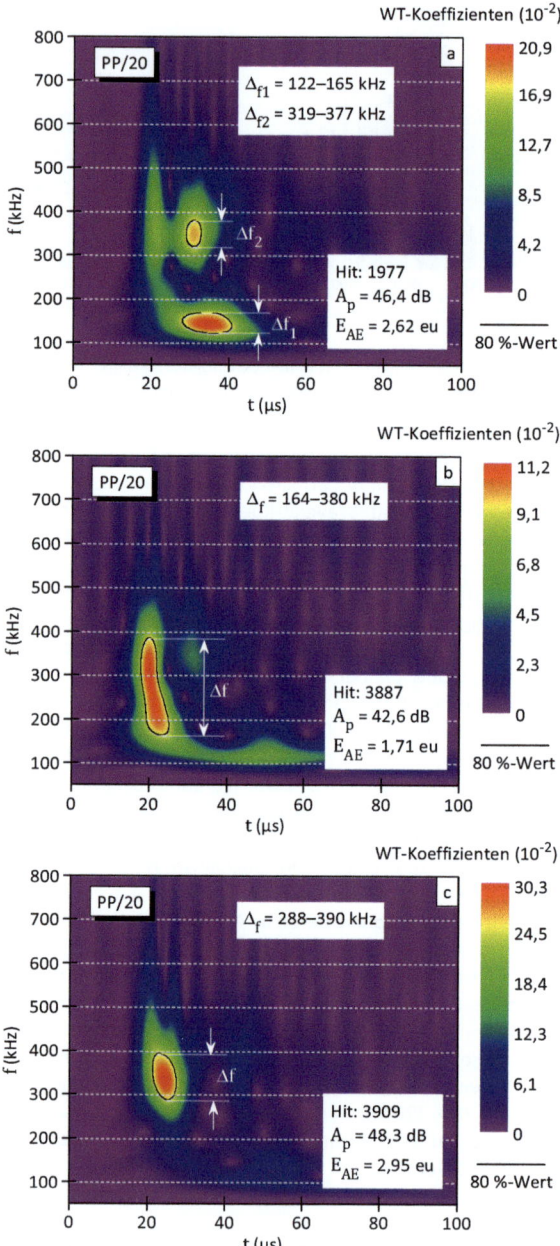

Bild 4.60: Zuordnung von charakteristischen Frequenzbereichen zu den auftretenden Schädigungsmechanismen Glasfaserbruch (a), plastische Verformung von Matrixmaterial mit Einziehen von Matrixmaterial in vorher gebildete Löcher und Reibung (b) sowie *debonding* und *pull-out* mit Matrixfließen und Reibung in der Matrix (c) für PP/20 [188]

Unter Berücksichtigung aller in den Zeitfenstern erfassten transienten Signale konnte die in Bild 4.61 dargestellte Häufigkeitsverteilung mit der genannten Frequenzbereichszuordnung ermittelt werden.

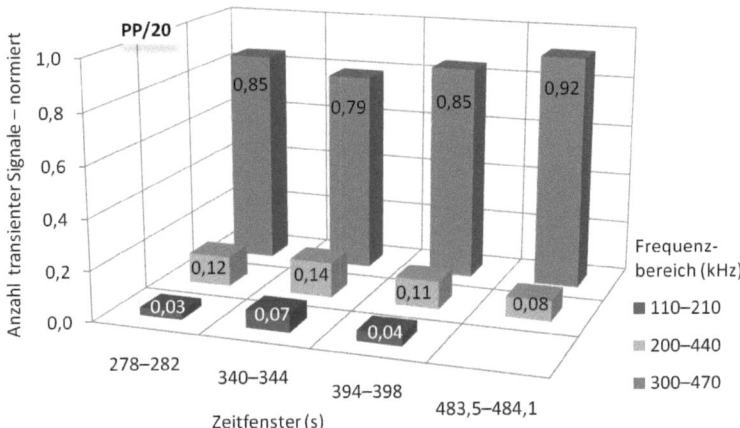

Bild 4.61: Normierte Anzahl der transienten Signale mit Frequenzbereichzuordnung für PP/20

Anhand dieser Häufigkeitsverteilung und unter Berücksichtigung der in den Bildern 4.55 und 4.56 diskutierten zeitlichen Zuordnung der Schädigungsmechanismen konnten die in der Tabelle 4.8 aufgeführten Korrelationen aufgestellt werden. Aus der Darstellung der normierten Häufigkeitsverteilung in Bild 4.61 ist ersichtlich, dass *pull-out* mit Matrixfließen der dominierende Schädigungsmechanismus ist und insbesondere Glasfaserbrüche, begünstigt durch Vorschädigungen aufgrund der Polierung des Prüfkörpers, zu Versuchsbeginn auftreten und nur einen geringen Anteil am Gesamtschädigungsprozess besitzen. Dies korreliert mit der qualitativen Bewertung der ESEM-Aufnahmen während des *in-situ* Zugversuchs sowie mit der anschließend durchgeführten Fraktographie an den Bruchflächen.

Tabelle 4.8: Zeitliche Zuordnung der Schädigungsmechanismen für PP/20

Δt (s)	Δf (kHz)	Schädigungsmechanismus	Bildzuordnung
278–282 Bild 4.55c	110–210	Glasfaserbruch	Bild 4.60a
	200–411	plastische Verformung von Matrixmaterial; Hereinziehen von Matrixmaterial in vorher gebildete Löcher	Bild 4.60b
	305–471	*debonding* und *pull-out* mit Matrixfließen und Reibung in der Matrix	Bild 4.60c
340–344 Bild 4.55d	128–190	Glasfaserbruch	Bild 4.60a
	203–408	plastische Verformung von Matrixmaterial; Hereinziehen von Matrixmaterial in vorher gebildete Löcher, Reibung	Bild 4.60b
	307–458	*debonding* und *pull-out* mit Matrixfließen und Reibung in der Matrix	Bild 4.60c
	298–444	*debonding* und *pull-out* mit Matrixfließen und Reibung in der Matrix	Bild 4.60c

Tabelle 4.9: Zeitliche Zuordnung der Schädigungsmechanismen für PP/20 (Fortsetzung)

Δt (s)	Δf (kHz)	Schädigungsmechanismus	Bildzuordnung
394–398 Bild 4.56a	118–198	Glasfaserbruch	Bild 4.60a
	227–387	plastische Verformung von Matrixmaterial; Hereinziehen von Matrixmaterial in vorher gebildete Löcher, Reibung	Bild 4.60b
	305–446	*debonding* und *pull-out* mit Matrixfließen und Reibung in der Matrix	Bild 4.60c
483,5–484,1	216–444	plastische Verformung von Matrixmaterial; Hereinziehen von Matrixmaterial in vorher gebildete Löcher, Reibung	Bild 4.60b
	298–444	*debonding* und *pull-out* mit Matrixfließen und Reibung in der Matrix	Bild 4.60c

Aufgrund des in der Literatur für verschiedene Werkstoffsysteme diskutierten breiten Frequenzspektrums von 30–700 kHz für den Mechanismus Faserbruch soll die Frequenzcharakteristik des Glasfaserbruchs mit einer weiteren Untersuchung verifiziert werden. Hierfür erfolgte eine einseitige Kühlung eines gekerbten Prüfkörpers in flüssigem Stickstoff mit der Applizierung des akustischen Sensors auf der ungekühlten Prüfkörperhälfte mit anschließenden ruckartigen Brechen. Der Versuchsaufbau ist im Bild A.19 im Anhang gezeigt und erkennbar ist, dass die Abkühlungszone im Bereich der Kerbe gering ist, so dass sie nicht bis zum applizierten Sensor reicht. Außerdem ist erkennbar, dass der Sensor während des Brechens des Prüfkörpers keine Bewegung vollzogen hat und damit eine unzulässige Beeinflussung durch Reibungsvorgänge des Sensors auf der Prüfkörperoberfläche auszuschließen ist. Die Grundlage der Beschreibung des Glasfaserbruchs bildet die Annahme, dass die dissipativen Prozesse, wie Reibung der Fasern in der Matrix, Matrixfibrillierung aufgrund der Faser/Matrix-Wechselwirkung und Abgleiten von Fasern, aufgrund der niedrigen Temperatur von nahezu -196°C nicht stattfinden können. Das aufgezeichnet elektrische Signal sowie das Ergebnis der Wavelet-Transformation sind im Bild 4.62a–b dargestellt. Der aus der Darstellung der Frequenz *f* und der WT-Koeffizienten über der Zeit abgeleitete Frequenzbereich liegt zwischen 96 und 130 kHz. Weitere charakteristische Frequenzbereiche lassen sich nicht ermitteln.

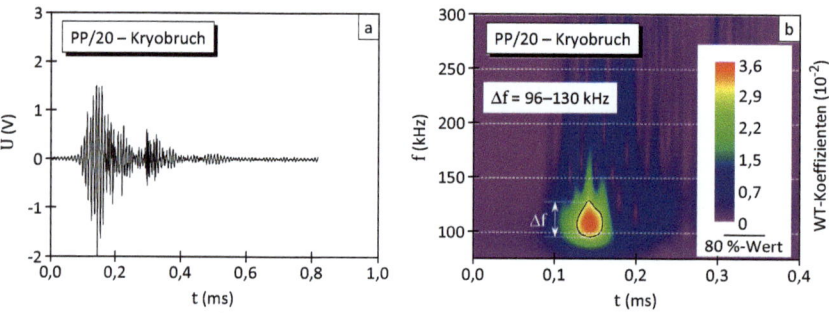

Bild 4.62: Aufgezeichnetes elektrisches Signal vom Kryobruch (a) und das Ergebnis der Wavelet-Transformation (b) für PP/20

Aufgrund der getroffenen Annahmen und der ebenfalls im *in-situ* Zugversuch ermittelten Frequenzcharakteristik (Bild 4.60a) kann induktiv der Zusammenhang des Frequenzbereiches zum Schädigungsmechanismus Glasfaserbruch hergestellt werden. Dabei ist zu beachten, dass der Mechanismus Glasfaserbruch sowohl durch die Einbringung der Kerbe mittels Hobelmesser und damit einer mikrostrukturellen Schädigung im Kerbgrund als auch durch die erhöhte Beanspruchungsgeschwindigkeit begünstigt wird.

Fraktographische Analyse und Diskussion der Frequenzbereiche für PB-1/20

In Bild 4.63a–d und Bild 4.64a–b sind die während des *in-situ* Zugversuchs an der Rissspitze ablaufenden mikromechanischen Schädigungsmechanismen bei PB-1/20 gezeigt.

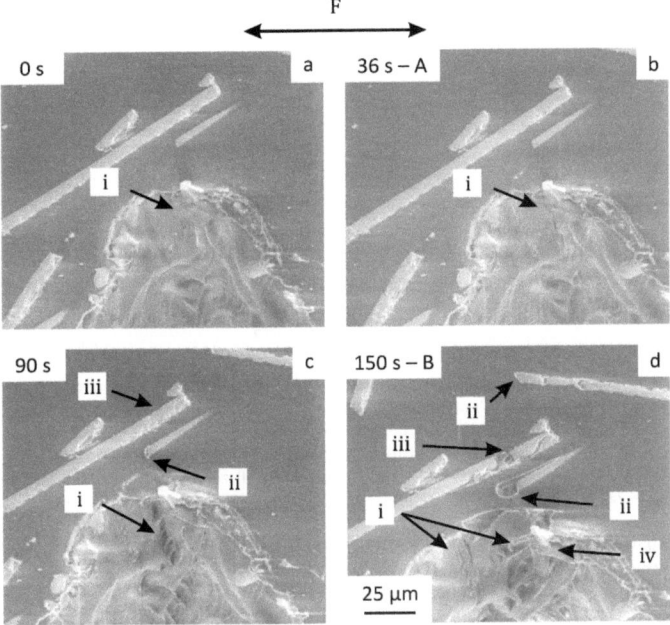

Bild 4.63: Gegenüberstellung des unbelasteten Zustandes vor Versuchsbeginn (a) mit der Rissbildung im Kerbgrund (i), nach einer Versuchsdauer von 36 s (b) und der Fibrillierung der Polymermatrix (i) mit Abstumpfung der Rissspitze und Lochbildung an den Glasfaserenden im Bereich der Dissipationszone (ii) nach einer Versuchsdauer von 90 s (c) sowie Zertrümmerung einer Glasfaser (iii) und fortschreitende Fibrillierung mit Neubildung von Rissen (i), verbunden mit der Freilegung einzelner Glasfasern (iv) aufgrund der zunehmenden Kerbaufweitung nach 150 s (d) für PB-1/20 [187]

Dabei ist erkennbar, dass mit der Zunahme der Belastung für PB-1/20 nach einer Versuchszeit von 36 s eine Mehrfachrissbildung im Kerbgrund (Bild 4.63b–i) auftritt, was sich ebenfalls in den auftretenden Schallemissionen widerspiegelt (Bild 4.66–A). Bei einer weiteren Kraftsteigerung nimmt die Ausdehnung der Dissipationszone zu und dies führt bei den sich im Kerbgrund herausgebildeten Rissen zu einer Fibrillierung (i) sowie an den im Bereich der Dissipationszone liegenden Glasfaserenden zur Lochbildung (ii) verbunden mit einem Aufreißen (*debonding*) entlang der Glasfasern. Diese stattfindenden Deformationsmechanismen nach einer Versuchszeit von 90 s und 150 s sind im Bild 4.63c–d dokumentiert. Erkennbar sind darüber hinaus sowohl eine Abstumpfung der Kerbspitze mit zunehmender Versuchsdauer sowie die fehlende Anbindung der Glasfasern an die Polymermatrix. Eine Fibrillierung von Matrixstegen als Folge der Kraftübertragung zwischen Matrix und Fasern, wie für PP/20 charakteristisch und in Bild 4.56a–i erkennbar, ist für PB-1/20 nicht existent. Ein mit steigender Krafteinwirkung stattfindender Bruchprozess der direkt vor der Rissspitze und damit im unmittelbaren Wirkungsbereich der Dissipationszone liegenden Glasfaser, unter Berücksichtigung der durch das Polieren aufgetretenen Vorschädigungen, ist ebenso wie für PP/20 auch für PB-1/20 zu beobachten (Bild 4.63c–iii). Die weitere Kinetik der Schädigung ist durch die Lochbildung vor der Kerbspitze mit anschließendem Hereinziehen von Matrixmaterial in die Löcher und dem damit verbundenen Freilegen von Glasfasern (Bild 4.63d–iv) sowie durch die Bildung von Oberflächenanrissen charakterisiert (Bild 4.64a–ii). Der Werkstoffzustand kurz vor dem ultimativen Versagen des Prüfkörpers nach einer Versuchszeit von 242,5 s ist in Bild 4.64b visualisiert.

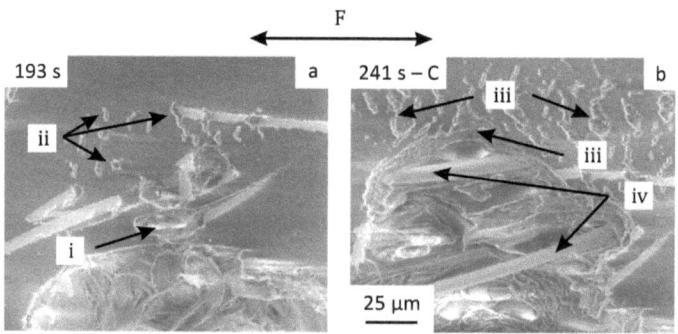

Bild 4.64: Hereinziehen von Matrixmaterial vor der Kerbe in gebildete Löcher verbunden mit der Freilegung von Glasfasern (i) und Entstehung von Oberflächenanrissen im Bereich der Dissipationszone (ii) nach 193 s (a) sowie Aufreißen des Matrixmaterials als Folge der Mehrfachbildung und Koaleszenz von Oberflächenanrissen (iii) mit gleichzeitiger Freilegung der Glasfasern im Bereich der Kerbaufweitung (iv) nach 241 s (b); der Doppelpfeil repräsentiert die Belastungsrichtung für PB-1/20

Feststellbar ist eine Zunahme der vorhandenen Oberflächenanrisse, welche sich durch die Krafteinwirkung vergrößern und dabei unter Koaleszenz maßgeblich zum Rissfortschritt und der anschließenden instabilen Rissausbreitung von PB-1/20 beitragen. Das Bild 4.65a–c zeigt in verschiedenen Vergrößerungen Detailaufnahmen eines gebrochenen Prüfkörpers zur weiteren qualitativen Bewertung der Haftungsverhältnisse sowie der Schädigungskinetik und -mechanismen. Offenkundig treten, im Gegensatz zu PP/20, im Bereich der Dissipationszone, d.h. entlang der Bruchkante (Bild 4.65–i), keine plastischen Deformationsbereiche in Form von Mulden- und Fransenbildung auf. Dies deutet auf eine geringe Wechselwirkung zwischen der Matrix und den Fasern hin, d.h. die Möglichkeit der Übertragung von Scherkräften durch die Grenzschicht Faser/Matrix ist nur begrenzt bis gar nicht gegeben, was auch durch die geringen plastischen Deformationen im Kerbgrund, (Bild 4.65b–ii und c–iii) verdeutlicht wird. Dies bestätigt die in Kapitel 4.1 anhand von Bruchflächenaufnahmen aus dem IKBV diskutierten Haftungsverhältnisse für das PB-1-Werkstoffsystem. Die charakteristische Ausrichtung von oberflächennahen Glasfasern in Richtung der Wirkung der Kraftlinien trifft sowohl für PP/20 als auch für PB-1/20 zu (Bild 4.65a und b), was als Folge der verarbeitungsbedingten Orientierung auftritt.

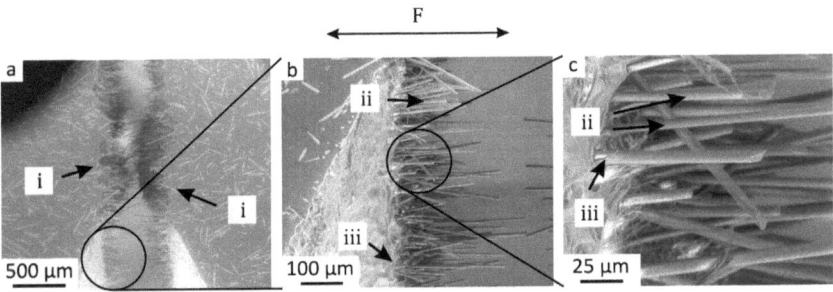

Bild 4.65: Geringe plastische Deformationen an den Rissflanken (i) sowie im Kerbgrund (ii) und Fasern in Orientierungsrichtung ohne erkennbare Anbindung an die Polymermatrix (iii); der Doppelpfeil repräsentiert die Belastungsrichtung für PB-1/20

Die schädigungssensitiven Schallemissionsmessgrößen, d.h. die Anzahl der auftretenden Schallemissionen (*Hits*), die Energie E_{AE}, die Ereignisdauer t_{ED} sowie die Peak-Amplitudenwerte A_p sind im Bild 4.66a–d zusammen mit der Kraft-Zeit-Kurve dargestellt. Ebenso wie für PP/20 erfolgte auch für PB-1/20 die Darstellung der Messgrößen über eine Häufigkeitsverteilung, wobei aufgrund der geringeren Versuchszeit von 250 s das Zeitfenster auf 2,5 s verringert wurde, um eine äquivalente Anzahl von Abschnitten (100) zu gewährleisten. Eine Einteilung in drei Bereiche unterschiedlicher Schallemissionsaktivitäten ist auch für PB-1/20 erkennbar, wobei nach dem Übergang vom linear- zum nichtlinear-viskoelastischen Verhalten eine stetige Zunahme der Anzahl der Schallemissionen auftritt (Bild 4.66-A). Der Bereich III ist noch vor dem Erreichen der Maximalkraft durch eine Sättigung der Schallemissionsereignisse gekennzeichnet und um Punkt der instabilen Rissausbreitung wird das Maximum an Schallemissionsaktivitäten, hervorgerufen durch den instabilen Rissfortschritt, erreicht. Dieses für PB-1/20 charakteristische Werkstoffverhalten spiegelt sich auch in der Darstellung des funktionalen Zusammenhanges zwischen der Kraft-Zeit-Kurve und der Ereignisdauer t_{ED} sowie energetischen Betrachtung der Schallemissionen wider, was im Bild 4.66b und c dargestellt ist. Zugleich wurde die Separierung in die drei Bereiche in die Darstellung der A_p-Werte übernommen, da ähnlich wie bei PP/20 die Verteilung der Amplitudenwerte eine Systematisierung nur bedingt zulässt. Durch die mathematische Beschreibung der Energiezunahme im Bereich II und III in Form einer linearen Regression kann eine quantitative Bewertung vorgenommen werden. Der Vergleich des Anstiegs zeigt, dass die Energie im Bereich II deutlich stärker zunimmt, als dies im Sättigungsbereich der Fall ist, wo die auftretenden Schallemissionen weniger Energie bei gleichzeitig steigender Belastung beinhalten. Die Abnahme der *Hits* als auch der korrespondierenden Energie E_{AE} kann einerseits in der Bildung von Oberflächenanrissen liegen, die nur geringe Wechselwirkung mit den Glasfasern aufweisen, was durch die Spezifik des *in-situ* Zugversuchs und die präparierten Prüfkörper begründet ist.

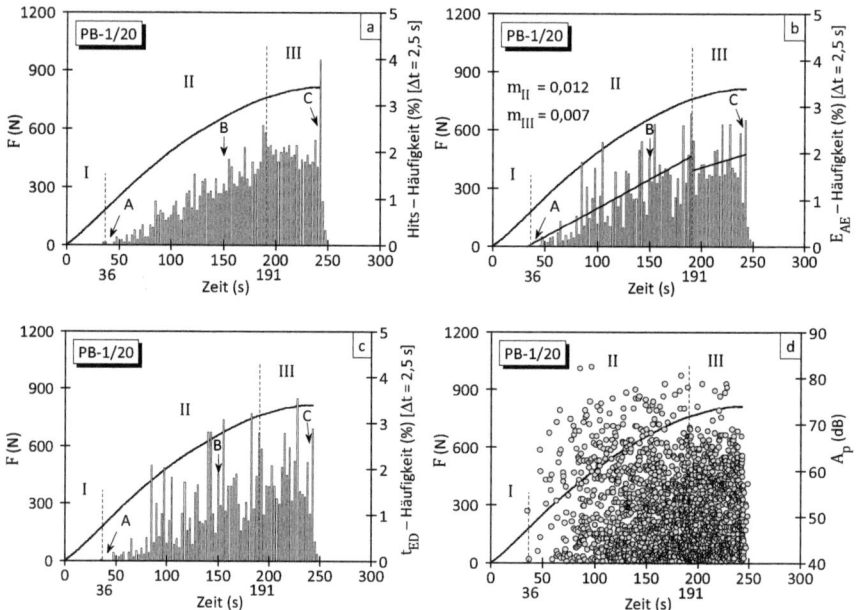

Bild 4.66: Kraft-Zeit-Kurve von PB-1/20 bei einer Prüfgeschwindigkeit von 0,2 mm/min mit der Häufigkeitsverteilung der *Hits* (a), der Energie E_{AE} (b) und der Ereignisdauer t_{ED} (c) sowie der Peak-Amplitudenwerte A_p aller *Hits* (d); distributive Darstellung mit einem Zeitfenster von 2,5 s

Andererseits zeigten die Untersuchungen im Vergleich zum PP/20 deutlich schlechtere Haftungsverhältnisse. Infolge dessen ist die Tragfähigkeit des Verbundes eher erschöpft, so dass zum Versuchsende ein dominierendes Matrixversagen mit Reibungsprozessen vorliegt, welches ein deutlich niedrigeres Energieniveau aufweist. So treten lediglich 4 % der Schallemissionen am Kraftmaximum bzw. an der Stelle der instabilen Rissausbreitung auf, welche nur knapp 3 % der Gesamtenergie repräsentieren. Bei einer guten Glasfaseranbindung, wie es für PP/20 der Fall ist, entsprechen 7 % der Schallemissionsereignisse kurz vor dem Versagen des Prüfkörpers dagegen über 12 % der Gesamtenergie, was auch im ermittelten Anstieg quantitativ zum Ausdruck kommt. Für PP/20 wurde ein Wert von 0,13 gegenüber 0,007 für PB-1/20 ermittelt. Gleichzeitig liegen zu diesem Zeitpunkt Spannungskonzentrationen vor, die bei Steigerung der äußeren Belastung sehr schnell zum Bruch des Prüfkörpers führen. Die Bildung der Oberflächenanrisse passt zeitlich mit dem Übergang des Bereichs II zu III zusammen (vgl. Bild 4.63d und Bild 4.64a).

Die Wavelet-Transformation der Schallemissionen erfolgte wie beim PP/20 in ausgewählten Zeitfenstern, unter Berücksichtigung der zeitlichen Zuordenbarkeit der an der Rissspitze ablaufenden mikromechanischen Schädigungsmechanismen, um eine Korrelation mit charakteristischen Frequenzbereichen herstellen zu können. Die Einteilung in drei signifikante Frequenzbereiche konnte ebenfalls für PB-1/20 durchgeführt werden. In der Tabelle 4.10 sind die ermittelten Frequenzbereiche der in den betrachteten Zeitfenstern ausgewerteten transienten Signale sowie die korrespondierende Zuordnung zu charakteristischen Schädigungsmechanismen aufgelistet. Die Häufigkeitsverteilung der auftretenden Frequenzbereiche in den Zeitfenstern, normiert auf die Gesamtanzahl der *Hits*, ist im Bild 4.67 dargestellt.

Ergebnisse

Tabelle 4.10: Korrelationen zwischen Schädigungsmechanismen und Frequenzbereiche für PB-1/20

Δt (s)	Δf (kHz)	Schädigungsmechanismus	Bildzuordnung
87–93 Bild 4.63b	119–197	Glasfaserbruch	Bild 4.68a
	308–448	*pull-out* und Reibung in der Matrix	Bild 4.68c
147–153 Bild 4.63d	133–204	Glasfaserbruch	Bild 4.68a
	200–410	plastische Verformung von Matrixmaterial; Einziehen von Matrixmaterial in vorher gebildete Löcher, Reibung	Bild 4.68b
	309–449	*pull-out* und Reibung in der Matrix	Bild 4.68c
190–196 Bild 4.64a	138–207	Glasfaserbruch	Bild 4.68a
	204–400	plastische Verformung von Matrixmaterial; Hereinziehen von Matrixmaterial in vorher gebildete Löcher, Reibung	Bild 4.68b
	304–444	*pull-out* und Reibung in der Matrix	Bild 4.68c
238,0–242,5 Bild 4.64b	110–205	Glasfaserbruch	Bild 4.68a
	300–436	*pull-out* und Reibung in der Matrix	Bild 4.68c

In Bild 4.68a–c sind beispielhaft die der Bereichszuordnung zugrundeliegenden Ergebnisse der Wavelet-Transformation ausgewählter transienter Signale dargestellt.

Für PB-1/20 konnte der Frequenzbereich von 113–186 kHz (Bild 4.68a) dem Mechanismus Glasfaserbruch zugeordnet werden, wobei in Bild 4.67 erkennbar ist, dass der Anteil an Glasfaserbrüchen bis zum ultimativen Versagen höher ist, als dies für PP/20 der Fall ist. Hier liegt die Ursache im Poliervorgang begründet, da der größere Härteunterschied zwischen Matrix und Faser zu erheblichen Problemen beim Polieren und zu einer lokalen Temperaturerhöhung führt, die nur bedingt durch die Wasserkühlung gemindert werden kann.

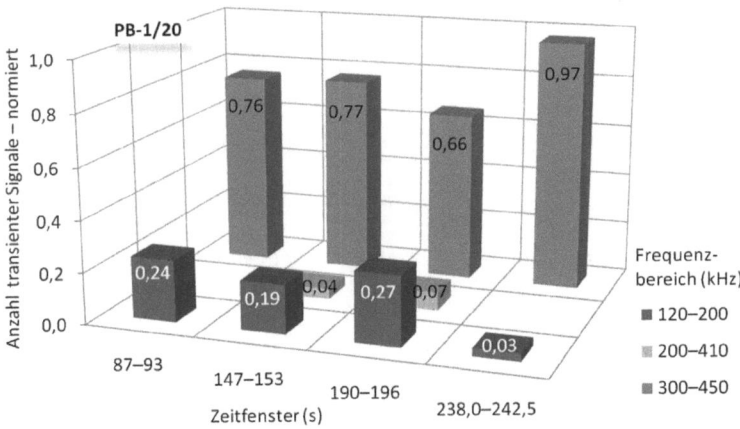

Bild 4.67: Normierte Anzahl der transienten Signale mit Frequenzbereichzuordnung für PB-1/20

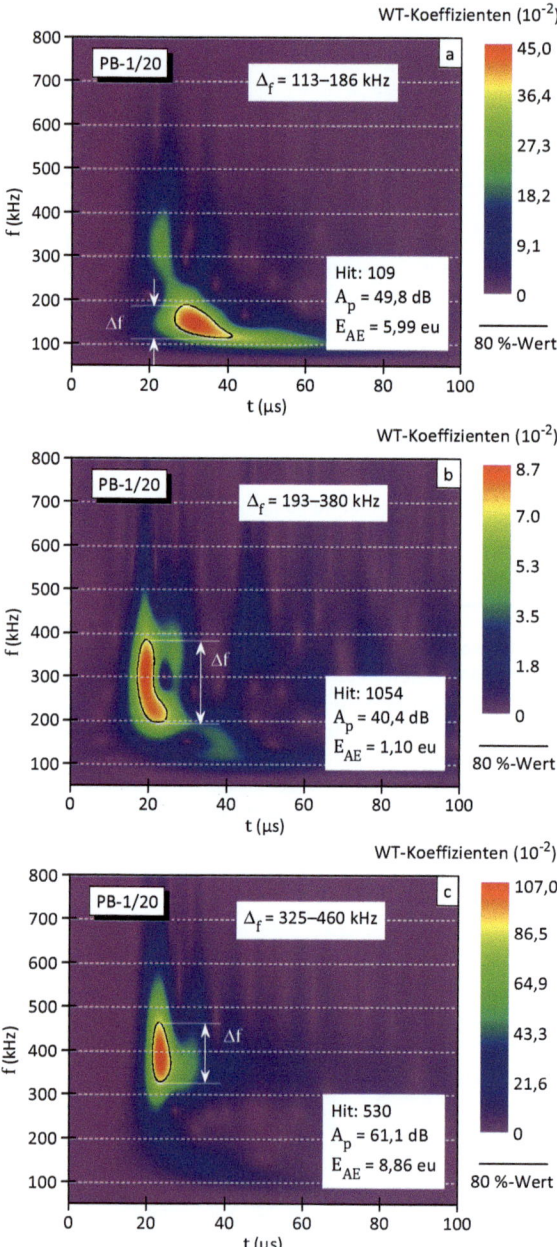

Bild 4.68: Zuordnung von charakteristischen Frequenzbereichen zu den auftretenden Schädigungsmechanismen Glasfaserbruch (a), plastische Verformung von Matrixmaterial mit Hereinziehen von Matrixmaterial in vorher gebildete Löcher und Reibung (b) sowie *pull-out* und Reibung in der Matrix (c) für PB-1/20 [188]

Dies äußert sich dahingehend, dass sich auf den polierten Prüfkörperoberflächen Schlieren bilden. Durch den Härteunterschied vom PP/20 und PB-1/20 (Kapitel 4.2.2) kann für PB-1/20 von einer stärkeren Vorschädigung ausgegangen werden, was sich in der Betrachtung der Schädigungsmechanismen im jeweiligen Zeitfenster zeigt. Des Weiteren ist die Lastaufnahmefähigkeit der Fasern aufgrund der schlechten Haftung der Fasern in der Matrix limitiert, so dass die gespeicherte elastische Energie gering ist. Dies führt, wie schon für PP/20 ausgeführt, zu einen geringen Frequenzbereich für den Schädigungsmechanismus Glasfaserbruch. Das Werkstoffversagen ist durch eine instabile Rissausbreitung gekennzeichnet und der dominierende Schädigungsmechanismus ist das *pull-out* von Fasern mit Reibungsprozessen in der Matrix. Glasfaserbrüche treten zum Bruchzeitpunkt so gut wie gar nicht auf, was in der mittleren Faserlänge l_n bzw. l_c in Relation zur theoretisch errechneten kritischen Faserlänge l_{krit} begründet liegt. Die plastische Verformung führt zur Lochbildung vor der Rissspitze und zum Einziehen von Matrixmaterial in die Löcher und damit zur Abgleitung eines größeren Volumenbereichs. Das typische Frequenzmuster dieser Mechanismen mit einem Bereich von 193–380 kHz ist in Bild 4.68b gezeigt. Ein weiterer kennzeichnender Frequenzbereich lässt sich aus dem in Bild 4.68c dargestellten Wavelet-Bild ableiten. Im Bereich von 325–460 kHz kann für das PB-1/20 aufgrund der sehr geringen Faser/Matrix Haftung von dem dominierenden Schädigungsmechanismus *pull-out* mit Reibung der Fasern in der Ablösezone ausgegangen werden kann.

5 Zusammenhang zwischen den auftretenden Schädigungsmechanismen und der Schallemissionscharakteristik unter quasistatischer und schlagartiger Beanspruchung

Das Ziel dieses Kapitels liegt in der Übertragung der in Kapitel 4.6 erzielten Korrelationen zwischen den Schädigungsmechanismen und den aus der Frequenzanalyse ermittelten Frequenzbereichen aus den *in-situ*-Zugversuchen im ESEM auf die Ergebnisse der quasistatischen und schlagartigen Untersuchungen. In der Tabelle 5.1 sind die im Kapitel 4.6 anhand von PP/20 und PB-1/20 diskutierten Resultate zum einen bei einer guten Haftung der Fasern in der Matrix und zum anderen bei fehlender Anbindung in der Matrix aufgelistet. Der Vergleich der Frequenzcharakteristik in Abhängigkeit von unterschiedlichen Haftungsverhältnissen und damit der Tatsache, dass bei einer guten Haftung Schubspannungen in der Grenzfläche aufgebaut werden und dadurch Normalspannungen in den Fasern auftreten zeigt, dass die prinzipiellen Frequenzbereiche der auftretenden Schädigungsmechanismen vergleichbar sind. Dies lässt den Schluss zu, dass eine Separierung des *pull-out* mit und ohne Matrixdeformation nicht möglich ist, da der Frequenzanteil der Matrixdeformationen, wie z.B. die stattfindende Fibrillierung angrenzender Matrixbereiche (vgl. Bild 4.56c–d), keinen signifikanten Beitrag in der Freisetzung der aus dem Mechanismus resultierenden elastischen Energie leistet. Eine Aussage über die Haftungsverhältnisse ist dagegen, wie in Kapitel 4.6 gezeigt, mit Hilfe der distributiven Darstellung der *Hits*, der Energie E_{AE} sowie der Ereignisdauer t_{ED} möglich.

Tabelle 5.1: Korrelation der Frequenzbereiche mit den Schädigungsmechanismen

Frequenzbereich (kHz)	Schädigungsmechanismus
gute Haftung der Glasfasern in der Matrix	
110–210	Glasfaserbruch
200–440	Matrixdeformation mit Abgleitung von Fasern und Reibung der Fasern in der Matrix
300–470	*debonding* und *pull-out* mit Matrixdeformation
fehlende Haftung	
120–200	Glasfaserbruch
200–410	Matrixdeformation mit Abgleitung von Fasern und Reibung der Fasern in der Matrix
300–450	*pull-out*

Quasistatischer Zugversuch

Die in Kapitel 4.5.2 und 4.6 diskutierten Ergebnisse hinsichtlich der Kopplung der SEA mit dem quasistatischen Zugversuch unterscheiden sich in der Versuchsdurchführung dahingehend, dass die gewählten experimentellen Bedingungen in Kapitel 4.6 auf die Anforderungen des *in-situ* Zugversuchs angepasst sind. Dies betrifft sowohl die Kerbform und -schärfe wie auch die Einspannlänge sowie Prüfgeschwindigkeit und insbesondere die Prüfkörperpräparation. Mit den gewählten Parametern konnte eine Beobachtung der an der Rissspitze ablaufenden Schädigungsmechanismen während der einachsigen Zugbeanspruchung im ESEM erfolgen. BIERÖGEL untersuchte in [6] den Einfluss unterschiedlicher Prüfgeschwindigkeiten und Einspannlängen auf die Schallemissionsmessungen ungekerbter Prüfkörper im Zugversuch. Im Ergebnis der systematischen Untersuchungen wurde anhand der Abhängigkeit der *Counts* festgestellt, dass bei geringer Prüfgeschwindigkeit und Einspannlänge eine Beeinflussung vorliegt, wobei aufgrund der großen Abweichungen innerhalb der Messreihen kein mathematischer Zusammenhang abgeleitet werden konnte. Ab einer Einspannlänge von 23 mm kann von einer Vernachlässigung des Einflusses der Prüfgeschwindigkeit auf die Schallemissionsmessungen ausgegangen werden. Aufgrund dieser Ergebnisse liegt ein methodisch bedingter Einfluss der in dieser Arbeit gewählten Einspannlängen und Prüfgeschwindigkeiten auf die Schallemissionsmessungen nicht vor.

Der Einfluss der experimentellen Bedingungen, sowohl auf den F-t-Verlauf, als auch auf die Schallemissionscharakteristik am Beispiel der Peak-Amplitudenwerte A_p, ist für PP/20 in Bild 5.1a–b dargestellt.

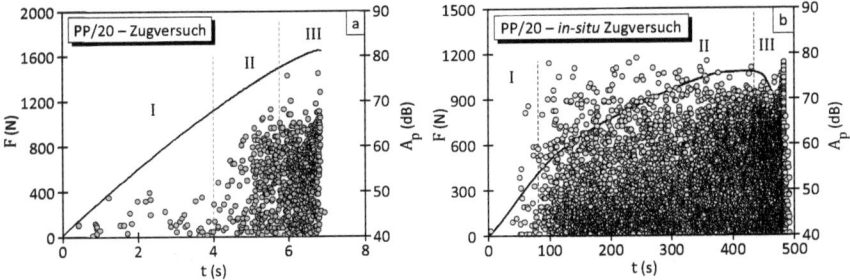

Bild 5.1: F-t-Diagramme und Verläufe der Amplitudenwerte A_p für den Zugversuch mit einer Geschwindigkeit von 10 mm/min (a) und dem *in-situ* Zugversuch mit einer Geschwindigkeit von 0,2 mm/min (b) für gekerbte Prüfkörper

Erkennbar sind deutliche Unterschiede im zeitlichen Ablauf der Beanspruchung. Bei PP/20 tritt das ultimative Werkstoffversagen bei einer Prüfgeschwindigkeit von 10 mm/min nach 7,2 s und bei der für die ESEM-Untersuchungen angepassten Geschwindigkeit von 0,2 mm/min nach ca. 484 s ein. Aufgrund der unterschiedlichen Beanspruchungsgeschwindigkeit sowie der Kerbschärfe ist die Rissausbreitungskinetik bei der höheren Geschwindigkeit durch eine instabile Ausbreitung gekennzeichnet. Dagegen ist beim Erreichen der Maximalkraft im *in-situ* Zugversuch die Rissausbreitung durch einen anfänglichen stabilen Anteil gekennzeichnet, welcher bei weiterer Laststeigerung in eine instabile Ausbreitung übergeht. Aus dem Vergleich der Amplitudenwerte lassen sich folgende Aussagen treffen. Zum einen können aus der Verteilung nur bedingt und mit Hilfe weiterer Kenngrößen, wie der Ereignisdauer t_{ED} oder der Häufigkeitsverteilung der Energie E_{AE}, Aussagen über die Schädigungskinetik getroffen werden und zum anderen ist eine Zuordnung der Schädigungsmechanismen zu charakteristischen Amplitudenbereichen ohne eine zusätzlich durchgeführte Frequenzanalyse nicht möglich. Diese Aussagen treffen für alle in dieser Arbeit untersuchten Werkstoffsysteme zu und können insoweit verallgemeinert werden, als dass die zugrundeliegenden Ursachen in der Methodik der Schallemissionsmessung begründet liegen.

Aus diesem Grund werden die im Kapitel 4.5.2 dargelegten Ergebnisse für PP/20, PE-HD/20 und PB-1/20 durch eine Schädigungszuordnung in den definierten unterschiedlichen akustischen Bereichen ergänzt. Im Bild 5.2a–c sind die Ergebnisse der Frequenzanalyse unter den in den aufgeführten Tabellen genannten Randbedingungen dargestellt. Dabei ist die Anzahl der den Frequenzbereichen zuordenbaren transienten Signale auf die Gesamtanzahl in den jeweiligen Zeitfenstern normiert. Daraus können in Abhängigkeit von der Güte der Haftung der Glasfasern in der Polymermatrix folgende Schlüsse gezogen werden. Für PP/20 mit einer guten Haftung der Fasern in der Matrix werden sowohl *debonding* und *pull-out* mit Matrixfließen als auch Glasfaserbrüche beobachtet. Die in den akustischen Bereichen dominierenden Schädigungsmechanismen sind das *debonding* und das *pull-out* mit Matrixfließen. Der Frequenzbereich von 200–400 kHz tritt nur vereinzelt auf, so dass die Ableitung von Fasern in der Matrix, verbunden mit Reibungsvorgängen infolge der höheren Beanspruchungsgeschwindigkeit, eine untergeordnete Bedeutung besitzt. Aufgrund der für PP/20 ermittelten Glasfaserlängenverteilung (Bild A.5a) kann, in Abhängigkeit von den komplexen Zusammenhängen zwischen Faserhaftung, Faserorientierung zur Beanspruchungsrichtung und Prüfgeschwindigkeit, davon ausgegangen werden, dass Glasfaserbrüche auftreten können.

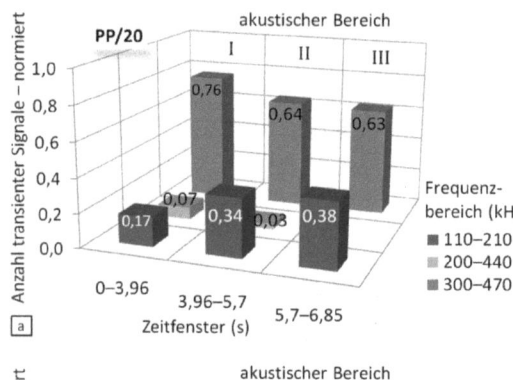

Akustischer Bereich	A (dB)	t_{ED} (µs)
I	40–50	< 20
II	50–68	20–200
III	> 68	> 200

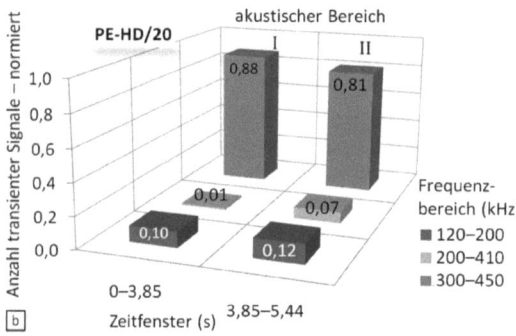

Akustischer Bereich	A (dB)	t_{ED} (µs)
I	40–55	< 100
II	> 55	> 100

Akustischer Bereich	A (dB)	t_{ED} (µs)
I	40–42	< 10
II	42–62	10–60
III	> 62	> 60

Bild 5.2: Darstellung der normierten Anzahl der transienten Signale mit Frequenzbereichzuordnung in den aus Kapitel 4.5.2 abgeleiteten akustischen Bereichen für PP/20 (a), PE-HD/20 (b) und PB-1/20 (c)

Schädigungsmechanismen

Dies ist im Bild 5.2a durch den hohen Anteil von 0,38 am Gesamtdeformationsprozess ersichtlich. Begünstigt durch die während des Kerbens verursachten Vorschädigungen, ist bei niedriger Belastung dieser Anteil geringer. Mit Zunahme der Belastung treten vermehrt Glasfaserbrüche auf, da sich der Normalspannungszustand in den Fasern ebenfalls erhöht. Die für das PE-HD/20 mit einer partiellen Haftung der Fasern in der Matrix dominierenden Deformationsprozesse sind das *debonding* und *pull-out*. Der Anteil von Glasfaserbrüchen in den festgelegten akustischen Bereichen ändert sich mit Zunahme der Belastung nur geringfügig und der Anteil der Abgleitung und Reibung von Fasern in der Matrix ist gering. Die Ermittlung der in den akustischen Bereichen auftretenden Schädigungsmechanismen führt für PB-1/20 zu einem anderen Ergebnis. Im ersten akustischen Bereich erfolgte aufgrund von nur vereinzelt (< 3) auftretenden *Hits* keine Schädigungszuordnung. Mit Zunahme der Belastung ist der dominierende Schädigungsmechanismus das *pull-out* der Glasfasern. Der Anteil von Glasfaserbrüchen nimmt dagegen bei höherer Belastung ab, was mit den Vorschädigungen zu Beginn des Versuchs begründet werden kann.

Zusammenfassend kann, im Einklang mit der Literatur [22, 28] festgestellt werden, dass die dominierenden Schädigungsmechanismen das *debonding* und *pull-out* der Glasfasern sind.

Instrumentierter Kerbschlagbiegeversuch

Die in Kapitel 4.5.4 erzielte Erkenntnisniveauebene wird um die ablaufenden Schädigungsmechanismen ergänzt. Hierfür sollen nachstehend die Ergebnisse für die PP/20-, PE-HD/20- und PB-1/20-Werkstoffe vergleichend diskutiert werden.

Im Bild 5.3a–b ist das Kraft-Zeit-Diagramm (F-t-Diagramm) und die Frequenzcharakteristik sowie die am Schädigungsbeginn auftretenden Frequenzbereiche für das PP/20 im Detail dargestellt. Das Werkstoffverhalten sowie die Schädigungskinetik wurden im Kapitel 4.5.4 diskutiert. Die Abstumpfung der Rissspitze und die dabei auftretenden Schädigungen, begünstigt durch eine Vorschädigung in Folge der Kerbeinbringung mittels Rasierklinge, können in die Frequenzbereiche Δf_1, Δf_2 und Δf_3 eingeteilt werden, was in Bild 5.3b hervorgehoben ist.

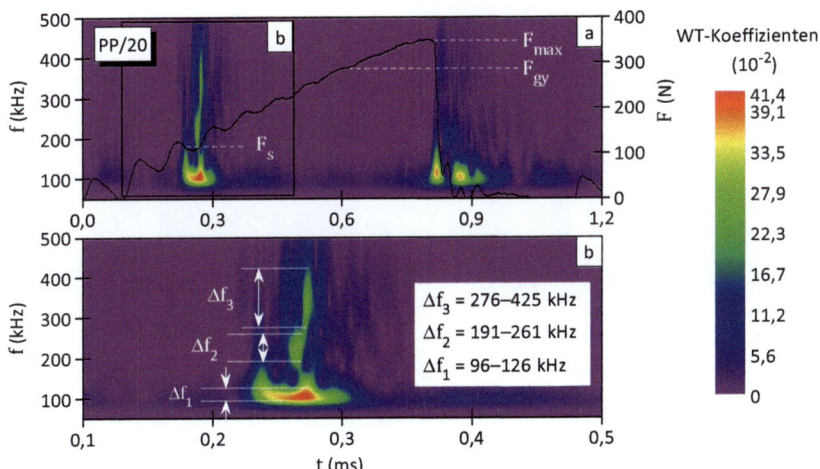

Bild 5.3: Frequenzcharakteristik und Kraft-Zeit-Diagramm (F-t-Diagramm) (a) für PP/20 sowie im Detail die Frequenzbereiche am Punkt der Schädigungsinitiierung (b)

Der Vergleich der Bereiche mit den in der Tabelle 5.1 aufgeführten Resultaten lässt folgende Korrelationen zu:
- Δf_1 – Glasfaserbruch,
- Δf_2 – Abgleitung der Fasern und Reibung in der Matrix,
- Δf_3 – *debonding* und *pull-out* mit Matrixdeformation.

Diese Schädigungen sind auf ein geringes, durch die Vorschädigung vorgegebenes Volumen begrenzt und erst mit der Werkstofftrennung durch die instabile Rissausbreitung können weitere Schallemissionen detektiert werden. In diesem Stadium tritt nur der Frequenzbereich Δf_1 auf, was auf den Glasfaserbruch als dominierenden Mechanismus schließen lässt. Dies kann mit der instabilen Ausbreitung des Risses begründet werden, welcher sich nahezu mit Schallgeschwindigkeit ausbreitet und demzufolge können energiedissipative Prozesse wie *debonding* und *pull-out* nicht stattfinden. Im Bereich zwischen dem Beginn der irreversiblen Werkstoffschädigung und der instabilen Rissausbreitung kann davon ausgegangen werden, dass die durch die Steigerung der Last zugeführte Energie für den stabilen Rissfortschritt verbraucht wird bzw. die während des stabilen Rissfortschritts partiell emittierte elastische Energie so gering ist, dass sie nicht registriert werden kann. Zusammenfassend lässt sich für PP/20 feststellen, dass die Abstumpfung der Rissspitze Schädigungen initiiert [18], welche aufgrund der guten Haftung der Fasern in der Matrix die gesamte Bandbreite an Versagensmechanismen beinhalten. Im Gegensatz dazu werden beim Bruch des Werkstoffs nur Glasfaserbrüche beobachtet, da eine Wechselwirkung zwischen Faser und Matrix sowie die Prozesse *debonding* und *pull-out* aufgrund der Rissausbreitungskinetik nicht möglich sind.

Ein anderes Werkstoffverhalten kann dagegen für die PE-HD/20 und PB-1/20-Werkstoffe festgestellt werden. In Bild 5.4a–b sind die Ergebnisse der Kopplung des IKBV mit der schädigungssensitiven SEA und der daraus resultierenden Frequenzanalyse dargestellt. Im Vergleich zum PP/20 ist eine andere Schädigungskinetik erkennbar. So werden sowohl bei der Initiierung als auch beim ultimativen Versagen nur Glasfaserbrüche beobachtet. Dies lässt sich auf die Vorschädigung der Glasfasern infolge der Kerbeinbringung mittels Rasierklinge zurückführen. Im Bereich der Abstumpfung des Risses treten aufgrund der geringen bis nicht vorhandenen Kraftübertragung zwischen Matrix und Faser sowohl für PE-HD/20 als auch für PB-1/20 keine weiteren Wechselwirkungen auf.

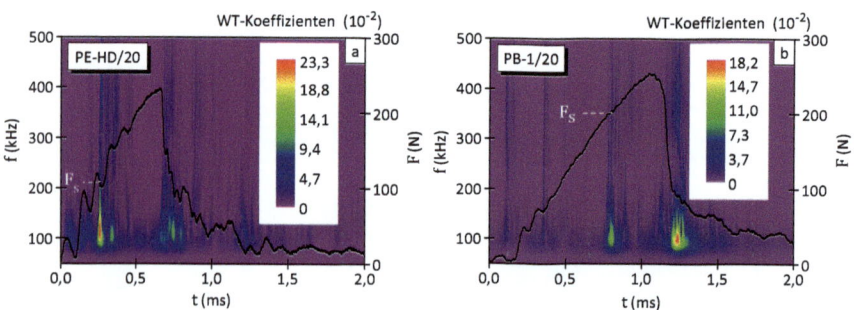

Bild 5.4: Frequenzcharakteristik und Kraft-Zeit-Diagramm (*F-t*-Diagramm) für PE-HD/20 (a) und PB-1/20 (b)

Dieses Werkstoffverhalten wurde sowohl für die PE-HD- als auch für die PB-1-Werkstoffe für alle Glasfasergehalte ermittelt (Bild A.21 und Bild A.22). Charakteristisch für die PB-1-Werkstoffe ist die aufgrund der fehlenden Haftung der Glasfasern in der PB-1-Matrix nicht einheitliche Detektion von Glasfaserbrüchen sowohl am Übergang vom elastischen zum elastisch-plastischen Werkstoffverhalten als auch beim Bruch. Dies ist z.B. im Bild A.22c–d ersichtlich, wo nur im Bereich der Rissverzögerung Faserbrüche auftreten. Hier kann davon ausgegangen werden, dass die während der Abstumpfung der Rissspitze auftretenden Glasfaserbrüche einen zu geringen, mit Hilfe der Schallemissionsanalyse nicht detektierbaren, Energieanteil liefern bzw. die Dämpfung zu hoch ist oder die durch das Kerben verursachten Vorschädigungen nicht einheitlich sind und damit das Schädigungsvolumen eine unterschiedliche Größe aufweist.

Die im Kerbgrund stattfindenden und mit Hilfe der SEA detektierbaren Schädigungen können durch die Bestimmung des Spannungsintensitätsfaktors K_{Si}, der Rissöffnungsverschiebung δ_{Si} und des J-Integral J_{Si} dahingehend quantifiziert werden, dass eine Bewertung des Werkstoffverhaltens hinsichtlich der Initiierung von mikromechanischen Schädigungsmechanismen möglich ist. Die Berechnung der bruchmechanischen Kennwerte erfolgte nach den Gl. A.3–A.5. In den Bildern 5.3 und 5.4a–b sind die für die Berechnung benötigten Kräfte F_s dargestellt. Aus der korrespondierenden Zeit t_s konnte die Durchbiegung f_s und die Energie A_s bestimmt werden. Aufgrund der vor bzw. am Punkt des Übergangs vom elastischen zum plastischen Werkstoffverhalten auftretenden Schädigungsinitiierung unterscheidet sich die für die Berechnung der energiedeterminierten J-Werte J_{Si} verwendete Gl. A.5 von der Gl. 3.24 dahingehend, dass nur der elastische Anteil (erster Term) berücksichtigt wird. In Bild 5.5 sind für die untersuchten Werkstoff-Verbunde die J_{Si}-Werte und in Bild A.23a–b die K_{Si}- und δ_{Si}-Werte graphisch dargestellt. Die Messgrößen sind für die glasfaserverstärkten Polyolefinwerkstoffe in der Tabelle A.11 aufgelistet.

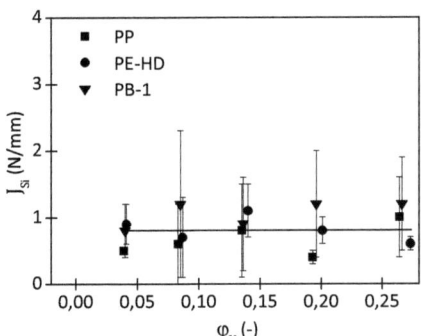

Bild 5.5: J_{Si}-Werte der Werkstoffsysteme in Abhängigkeit vom Glasfaservolumengehalt

Mit höheren Glasfasergehalten nehmen die am Schädigungsbeginn ermittelten K_{Si}-Werte zu und die δ_{Si}-Werte aufgrund der zunehmenden Verformungsbehinderung ab (Bild A.23a–b). Dieses Werkstoffverhalten konnte für alle kurzglasfaserverstärkten Werkstoffsysteme ermittelt werden. Die energiedeterminierten J_{Si}-Werte sind dagegen vom Glasfaservolumengehalt und vom Matrixsystem unabhängig. Dies lässt sich auf den größeren Einfluss der Kerbschärfe sowie der durch die Kerbung mit Hilfe einer Metallklinge unter ständigem Vorschub erzeugten mikromechanischen Vorschädigung auf die Schädigungsinitiierung als auf die unterschiedliche Glasfaserhaftung sowie Matrixsysteme zurückführen. Aufgrund der Abhängigkeit der mikromechanischen Schädigung vom Kerbprozess sowie der Problematik der Festlegung der konkreten Schädigungsinitiierung aufgrund der teilweise vorliegenden breiten Frequenzcharakteristik (vgl. Bild 5.3a) ergibt sich für die bruchmechanischen Kennwerte eine hohe Standardabweichung.

Die ermittelte bruchmechanische Kenngrößen J_{Si} beschreibt demnach den Energieanteil, der für die Abstumpfung (*blunting*) der Rissspitze benötigt wird. Mit Überschreiten einer kritischen Energie kann davon ausgegangen werden, das eine stabile Rissausbreitung unter ständigem Energieverbrauch stattfindet. Die Ermittlung der Kenngröße J_{Si} auf der Basis der Ergebnisse der Schallemissionsmessungen stellt eine quantitative Bewertung der Abstumpfung der Rissspitze und damit eine Bewertung des Widerstandes gegenüber stabiler Rissinitiierung dar.

Die Bewertung des Werkstoffwiderstandes gegenüber stabiler Rissausbreitung erfolgt üblicherweise durch die Aufnahme von Risswiderstandskurven (R-Kurven) in der Mehrprobentechnik mit der Stopp-Block Methode [15, 156, 189]. Aufgrund der Problematik bei der Bestimmung des stabilen Rissfortschritts Δa auf der Basis von Bruchflächen ist eine zuverlässige Aufnahme von R-Kurven bei glasfaserverstärkten Werkstoffen nicht durchführbar. In Analogie zu der in dieser Arbeit bestimmten charakteristischen Abhängigkeit der J_{Si}-Werte vom Glasfaservolumenanteil sowie von der verwendeten Matrix wurde von SEIDLER [18] für verschiedene polymeren Mehrphasensystemen auf der Basis von R-Kurven nachgewiesen, dass sich Änderungen in der Morphologie stärker auf das stabile Rissausbreitungsverhalten als auf das stabile Rissinitiierungsverhalten auswirken.

Auf der Basis der hier dargestellten Ergebnisse kann eine Bewertung des Werkstoffwiderstandes gegenüber stabiler Rissinitiierung mit Hilfe der Schallemissionsmessungen unter schlagartiger Beanspruchung bei faserverstärkten Werkstoffen erfolgen.

6 Zusammenfassung und Ausblick

Die vorliegende Arbeit befasst sich mit der Charakterisierung des Deformations- und Bruchverhaltens von kurzglasfaserverstärkten Polyolefinwerkstoffen. Basis für eine gezielte werkstoffwissenschaftliche Weiterentwicklung von glasfaserverstärkten Werkstoffsystemen ist dabei die genaue Kenntnis der Wechselwirkungsprozesse zwischen Faser, Matrix, Haftvermittler und sonstigen Zusatzstoffen. Unter dem Aspekt einer vollständigen Ausnutzung des Werkstoffpotentials hinsichtlich Steifigkeit, Festigkeit, Härte und Zähigkeit leitet sich die Notwendigkeit ab, diese Verbundwerkstoffe mit modernen Methoden der Werkstoffprüfung und Werkstoffdiagnostik zu bewerten und geeignete physikalisch begründete Morphologie-Eigenschafts-Korrelationen aufzustellen. So können durch die Bewertung der Zähigkeit unter Verwendung bruchmechanischer Konzepte geometrieunabhängige, struktursensitive Werkstoffkennwerte ermittelt werden, die im Rahmen einer Werkstoffentwicklung und -optimierung von großer Bedeutung sind. Die simultane Aufzeichnung der schädigungssensitiven Schallemissionen unter quasistatischer und schlagartiger Beanspruchung erlaubt über die Frequenzanalyse die Aufstellung einer direkten Korrelation zu den auftretenden Schädigungsmechanismen. Die für diese Bewertung notwendige Validierung erfolgte durch den in einem ESEM (*Environmental Scanning Electron Microscope*) durchgeführten *in-situ* Zugversuch, wo eine simultane Beobachtung der an der Rissspitze ablaufenden Schädigungsprozesse möglich ist.

Bei den **untersuchten Werkstoffen** handelt es sich um von LYONDELLBASELL zur Verfügung gestellte Polypropylen (PP)-, Polyethylen hoher Dichte (PE-HD)- und Polybuten-1 (PB-1)-Verbunde. Alle Werkstoffe wurden mit E-Glasfasern in den Masseanteilen von 0,1 bis 0,5 verstärkt und zusätzlich mit dem Haftvermittler Maleinsäureanhydrid versehen. In vorangegangenen Arbeiten [143, 144] konnte für PP-Verbunde gezeigt werden, dass bei der Verwendung von „Echtblau" als Nukleierungsmittel das beste mechanische Eigenschaftsprofil erzielt wird, weshalb es bei allen untersuchten Werkstoffen eingesetzt wurde.

Im **werkstoffcharakterisierenden Teil** der Arbeit erfolgte die Ermittlung der Glasfaserlängenverteilungen, der Orientierung der Fasern in der Matrix und die qualitative Bewertung der Haftungsbedingungen anhand von rasterelektronenmikroskopischen Aufnahmen. In Abhängigkeit vom Glasfasergehalt konnten für die durchschnittlichen Faserlängen Werte im Bereich von 250–425 µm ermittelt werden, was bei einem Faserdurchmesser von 10 µm einem *aspect ratio* von 25–42,5 entspricht. Die Orientierung der Fasern in den spitzgegossenen Vielzweckprüfkörpern kann mit dem in der Literatur beschriebenen 3-Schicht Modell erklärt werden. Die Haftungsverhältnisse der Glasfasern in den Werkstoffsystemen sind unterschiedlich. Die Fasern in der PP-Matrix sind sehr gut angebunden, wie rasterelektronenmikroskopische Aufnahmen anhand der Benetzung der Fasern mit Matrixmaterial und Deformationsbereiche in der Grenzfläche Matrix/Faser belegen. Bei einer mechanischen Belastung kann eine Kraftübertragung zwischen der Matrix und den Glasfasern erfolgen. Dagegen sind die Fasern in der PE-HD-Matrix nur partiell angebunden und die Kraftübertragung findet nur im Fall der angebundenen Fasern statt. Bei den PB-1-Werkstoffen konnte anhand der Bruchflächenanalyse keine Haftung der Fasern in der Matrix nachgewiesen werden, da eine Benetzung der Fasern nicht zu erkennen war.

Der **experimentelle Teil** dieser Arbeit beinhaltet die Ermittlung der mechanischen Eigenschaften unter quasistatischer und dynamischer Beanspruchung. Die unter einachsiger Zugbeanspruchung und in der Dreipunktbiegeanordnung ermittelten E-Moduli nehmen entsprechend der Mischungsregel mit der Zugabe von Glasfasern linear zu. Das höchste Steifigkeitsniveau weist dabei das PP-Werkstoffsystem auf. Eine nichtlineare Zunahme der Zugfestigkeit in Abhängigkeit vom Glasfasergehalt konnte für alle Werkstoffsysteme ermittelt werden. Dabei wirkt sich die Verstärkung mit Glasfasern für das PB-1-Werkstoffsystem stärker als für das PE-HD-System aus.

In Analogie zur Bewertung der Steifigkeits- und Festigkeitseigenschaften der Werkstoffsysteme, wird auch das Härteniveau positiv durch die Verstärkung mit Fasern beeinflusst. Das höchste Niveau weist das PP-Werkstoffsystem gegenüber vergleichbaren Werten für die PE-HD- und PB-1-Werkstoffe auf.

Es konnte für die glasfaserverstärkten Werkstoffe gezeigt werden, dass durch die bruchmechanische Charakterisierung eine fundierte Beschreibung der Zähigkeit als Widerstand gegenüber instabiler Rissausbreitung in Abhängigkeit vom Glasfasergehalt möglich ist. Über die Ermittlung der Geometriefaktoren erfolgte für alle in dieser Arbeit untersuchten Werkstoffe der Nachweis der **Geometrieunabhängigkeit der bruchmechanischen Kennwerte**. Für das PP-Werkstoffsystem liegt ein optimales Zähigkeitsniveau bei einem mittleren Glasfaservolumenanteil von 0,135 vor. Höhere Verstärkungsgrade haben Zähigkeitseinbußen aufgrund der Verformungsbehinderung durch die Glasfasern zur Folge. Das Bruchverhalten ist bis zum Faseranteil von 0,135 kraftdeterminiert und bei den höchsten Glasfasergehalten verformungsdeterminiert. Das Werkstoffverhalten der PE-HD-Werkstoffe ist durch die Zunahme der Bruchzähigkeit mit steigendem Glasfasergehalt bei einer geringen Beeinflussung der Verformung gekennzeichnet, d.h. es liegt für alle Werkstoffe ein kraftdeterminiertes Verhalten vor. In Abhängigkeit vom Glasfasergehalt ist für die PB-1-Werkstoffe eine kontinuierliche Zunahme der Bruchzähigkeit bei gleichzeitiger Verringerung der Verformungsfähigkeit charakteristisch. Die energetische Betrachtung des Bruchprozesses unter Anwendung des J-Integral-Konzept berücksichtigt sowohl den Kraft- als auch den Verformungsanteil und aufgrund der Superposition dieser beiden Anteile ergibt sich ein geringer Einfluss des Faseranteils auf die Zähigkeit.

Ein weiterer Schwerpunkt dieser Arbeit ist die Beschreibung der Abhängigkeit der **Zähigkeitseigenschaften unter Wirkung einer medial-thermischen Beanspruchung**. Ausgangspunkt und Motivation zugleich bildete der im konventionellen Schlagbiegeversuch für das mit einem Volumenanteil von 0,085 verstärkte PB-1 ermittelte sprunghafte Zähigkeitsanstieg nach einer Auslagerungsdauer von 20 Tagen in Wasser bei 95°C. Die durchgeführte Eigenschaftsbeschreibung mittels struktursensitiver Methoden, wie der Röntgenweitwinkelstreuung oder der *Differential Scanning Calorimetry*, zeigten, dass dies nicht auf die für das PB-1 bekannte Polymorphie und die möglicherweise daraus resultierende Kristall-Kristall-Umwandlung zurückgeführt werden kann. Stattdessen konnte über die Bewertung der Zähigkeit im instrumentierten Kerbschlagbiegeversuch nachgewiesen werden, dass nach einer Auslagerungsdauer von 20 Tagen eine Änderung der Rissausbreitungskinetik von dominierend instabilen zu stabilen Verhalten stattfindet. Die Ermittlung der Zähigkeit im konventionellen Kerbschlagbiegeversuch führt aufgrund der integralen Messung der Energie zu einer Überbewertung des Zähigkeitsniveaus, wogegen im instrumentierten Kerbschlagbiegeversuch eine Separierung der unterschiedlichen Energieanteile des Bruchprozesses möglich ist und somit eine werkstoffphysikalisch begründete Zähigkeitsbewertung erfolgen kann. Die Änderung des Rissausbreitungsverhaltens ist auf die kombinierte Wirkung des Mediums Wasser und der Temperatur zurückzuführen, da bei einer rein thermischen Auslagerung dieses charakteristische Phänomen nicht existiert.

Zusammenfassung und Ausblick

Die Kenntnis des **dehnratenabhängigen Werkstoffverhaltens** ist für eine korrekte Dimensionierung sowie Konstruktion von Bauteilen, welche einer hohen Beanspruchungsgeschwindigkeit ausgesetzt sind, von essentieller Bedeutung. In der Werkstoffprüfung existieren vielfältige Prüfmethoden zur Ermittlung und Beschreibung des dehnratenabhängigen Verhaltens. Der in dieser Arbeit verwendete Hochgeschwindigkeitszugversuch trägt den internationalen sowie nationalen Bemühungen Rechnung, eine Prüf- und Auswertemethodik zu etablieren, welche die Aufstellung von Fließkurven, d.h. des wahren Zusammenhanges zwischen Spannung (σ_w) und Dehnung (ε_w), ermöglicht. Das Festigkeits- und Deformationsverhalten wurde an ausgewählten PP- und PB-1-Werkstoffen in einem Dehnratenbereich von 0,007–174 s^{-1} mit einer servo-hydraulischen Prüfmaschine ermittelt. Der funktionale Zusammenhang zwischen der Spannung und der Dehnung wird von den während des Versuchs methodisch sowie experimentell bedingt auftretenden Schwingungen dominiert, was die Auswertung kompliziert gestaltet. Allerdings konnte gezeigt werden, dass durch eine mathematische Anpassung eine zuverlässige Festlegung der Kenngrößen erfolgen kann. Die in Abhängigkeit von der Dehnrate ermittelte Festigkeit nimmt für beide Werkstoffsysteme zu, wobei das Festigkeitsniveau für die PP-Werkstoffe höher ist. Weiterhin lässt sich bei zunehmenden Dehnraten ein deutlicher Anstieg der Zugfestigkeitswerte feststellen, was mit dem Übergang vom isothermen zum adiabatischen Werkstoffverhalten begründet werden kann. Der **mathematische Zusammenhang zwischen der Zugfestigkeit und der Dehnrate wurde mit dem G'SELL-JONAS-Modell** beschrieben, welches sowohl das viskoelastische und viskoplastische Verhalten als auch die plastische Dehnungsverfestigung berücksichtigt. Am Übergang vom isothermen zum adiabatischen Verhalten wurde eine Zunahme der Verfestigung sowie Verringerung des Einflusses der Viskoelastizität sowohl für die unverstärkten als auch für die verstärkten Werkstoffe ermittelt. Die Zugabe von Glasfasern wirkt sich auf die viskoelastischen Eigenschaften aus, welche in Abhängigkeit von der Dehnrate allerdings einen geringeren Einfluss haben, als bei den unverstärkten Werkstoffen. Die unterschiedlichen Haftungsbedingungen der Glasfasern in der PP- und PB-1-Matrix beeinflussen auch das makroskopische Bruchbild. Dabei findet bei guter Anbindung der Fasern in der Matrix in Abhängigkeit von der Dehnrate eine Änderung von Einzelbruch zu Mehrfachbrüchen bis hin zu Mehrfachsplitterbrüchen statt. Ist eine Kraftübertragung zwischen den Fasern und der Matrix nicht gewährleistet, werden nur Einzel- und Mehrfachbrüche (PB-1) beobachtet. Die Durchführung von Hochgeschwindigkeitszugversuchen sowie die mathematische Beschreibung des dehnratenabhängigen Werkstoffverhaltens mit dem G'SELL-JONAS konnte für alle untersuchten Werkstoffe erfolgen.

In Erweiterung zu der mechanischen Grundcharakterisierung sowie der Beschreibung der Abhängigkeit der Festigkeit von der Dehnrate erfolgte die **Ermittlung der Schädigungskinetik** der faserverstärkten Polyolefinwerkstoffe durch die **simultane Aufzeichnung der Schallemissionen** sowohl unter **quasistatischer als auch schlagartiger Beanspruchung**. Für die Validierung der verwendeten akustischen Sensoren wurde eine Prozedur auf der Basis eines unter festgelegten Bedingungen durchgeführten Bleistiftminenbruchs zur Sicherstellung der Funktionsfähigkeit erarbeitet. Die Bewertung der **Abhängigkeit der Schallemissionsmessgrößen von den gewählten experimentellen Bedingungen** waren Gegenstand von umfangreichen Untersuchungen mit dem Ziel, optimale Parameter für eine reproduzierbare Auswertung abzuleiten und so eine fundierte Diskussion der Ergebnisse zu ermöglichen. Zu diesem Zweck wurden gekerbte Prüfkörper verwendet und die Ermittlung der experimentellen Bedingungen umfasste den Einfluss unterschiedlicher Sensorpositionen, Kopplungsmittel, Prüfgeschwindigkeiten sowie Kerbtiefen und lassen sich wie folgt zusammenfassen:

- Verwendung von Bienenwachs als Kopplungsmittel im Zug- und Biegeversuch,
- Nutzung eines Abstandes von 30 mm zwischen Kerb und Sensorposition für den Zug- und Biegeversuch,
- Einheitliche Einstellung einer Kerbtiefe von 2 mm,
- Verwendung einer Prüfgeschwindigkeit von 40 mm/min im Biegeversuch.

Für alle Werkstoffsysteme konnte unter quasistatischer Beanspruchung eine Einteilung in akustische Bereiche erfolgen, welche durch typische Amplitudenwerte und Ereignisdauerwerte charakterisiert sind. Für die PP- und PB-1-Werkstoffe wurden insgesamt drei Bereiche definiert. Dies sind ein Bereich geringer akustischer Aktivität und im Übergang von Bereich II zu Bereich III ein überproportionaler Anstieg der akustischen Emissionen. Vor dem ultimativen Versagen des Werkstoffs werden die meisten Schallemissionen mit den höchsten Amplitudenwerten und Energie detektiert, was auf den Zuwachs an Werkstoffschädigung während der instabilen Rissausbreitung zurückgeführt werden kann. Aufgrund der Haftungsunterschiede zwischen den beiden Werkstoffsystemen ergeben sich für die Amplituden, Ereignisdauer und Energie für das PB-1-Werkstoffsystem geringere Werte, da energiedissipative Prozesse, wie das *pull-out* mit Matrixfließen, nicht stattfinden können. Eine andere Schädigungskinetik mit einer Einteilung in 2 akustische Intervalle wurde für die PE-HD-Werkstoffe ermittelt. Die schon bei geringen Kräften auftretenden Schallemissionen lassen sich auf das unterschiedliche Dämpfungsverhalten von PE-HD zurückführen.

Die **Schallemissionsmessung** und damit auch die Auswertung unterscheiden sich bei der schlagartigen Beanspruchung im **instrumentierten Kerbschlagbiegeversuch** im Vergleich zu der quasistatischen Beanspruchung dahingehend, dass eine Aufzeichnung nur über den direkt an ein Digital-Oszilloskop angeschlossenen akustischen Sensor erfolgen kann. Somit sind einerseits über die Triggerung des Kraftsignals eine simultane Aufzeichnung der Schlagkraft und der Schallemissionscharakteristik und andererseits auch eine Wavelet-Transformation des kompletten Signals möglich. Aus den durchgeführten Untersuchungen konnte in Abhängigkeit von den Haftungsbedingungen eine Schädigung vor dem ultimativen Versagen des Werkstoffs festgestellt werden. Diese ersten Werkstoffschädigungen (*onset*) konnten auf die Abstumpfung der Rissspitze (*blunting*) zurückgeführt werden. Die an dieser Stelle auftretenden Schädigungsmechanismen werden durch die während des Kerbens mit einer Rasierklinge hervorgerufenen Vorschädigungen begünstigt. Beim PP-Werkstoffsystem mit einer guten Haftung der Fasern in der Matrix treten diese Schädigungen vor dem Übergang vom elastischen zum elastisch-plastischen Werkstoffverhalten auf. Dagegen findet bei partieller (PE-HD) bzw. fehlender (PB-1) Haftung die Schädigung unmittelbar vor oder direkt am Übergang zum elastisch-plastischen Verhalten statt. Weitere Schallemissionen werden erst am Punkt des ultimativen Versagens detektiert, was auf das bei der Rissausbreitung berücksichtige größere Prüfkörpervolumen und die plötzliche Freisetzung der gespeicherten elastischen Energie zurückgeführt wird.

Die Herstellung von **Korrelationen zwischen den Schallemissionen und den auftretenden Schädigungsmechanismen** bedingt zum einen eine Validierung und ist zum anderen nur über eine Frequenzanalyse möglich. Aus diesem Grund erfolgte im **ESEM die Durchführung von *in-situ* Zugversuchen** an gekerbten Prüfkörpern, wo neben der simultanen Aufzeichnung der Kraft und der Schallemissionen die online-Beobachtung der an der Rissspitze ablaufenden Schädigungsprozesse gewährleistet ist. Aus der Beschreibung des Werkstoffverhaltens, der Schädigungskinetik und den sichtbaren Schädigungsmechanismen konnte eine Festlegung in drei charakteristische Frequenzbereiche aus den mittels Wavelet-Transformation ermittelten Frequenzen der transienten Signale erfolgen:

- 110–210 kHz — Glasfaserbruch,
- 200–440 kHz — Matrixdeformation mit Abgleitung und Reibung von Fasern in der Matrix,
- 300–470 kHz — *debonding* und *pull-out* mit Matrixdeformation bei guter Faserhaftung,
- 300–450 kHz — *pull-out* von Glasfasern bei fehlender Anbindung der Fasern in der Matrix.

Des Weiteren ließen sich Aussagen über den Anteil bestimmter Schädigungsmechanismen am gesamten Versagensprozess in einem definierten Zeitbereich treffen. Die sowohl bei guter wie auch bei fehlender Haftung dominierenden Prozesse sind das *debonding* und *pull-out* mit Matrixfließen bzw. *pull-out* der Glasfasern ohne Wechselwirkungen mit der Matrix. Darüber hinaus ist die Schallemissionsaktivität aufgrund der energiedissipativen Prozesse des PP-Systems im Vergleich zu den anderen Werkstoffsystemen am größten, wie es sich anhand der Signaldichte und Energie belegen lässt.

Die ermittelten **Korrelationen zwischen den Frequenzbereichen und den Schädigungsmechanismen** wurden auf die Ergebnisse des Zugversuchs und des instrumentierten Kerbschlagbiegeversuchs übertragen. Dabei konnte nachgewiesen werden, dass die schon aus dem *in-situ* Zugversuch gewonnenen Erkenntnisse über die auftretenden Schädigungsmechanismen sowie über die zeitliche Verteilung sich auf die Ergebnisse des Zugversuchs übertragen lassen. Dieser Sachverhalt trifft für alle in dieser Arbeit untersuchten Werkstoffsysteme zu. In Abhängigkeit von den Haftungsbedingungen konnten bei der schlagartigen Beanspruchung am Punkt der Schädigungsinitiierung unterschiedliche Schädigungsmechanismen ermittelt werden. Für die PP-Werkstoffe wurden sowohl die Mechanismen Faserbruch als auch die Abgleitung von Fasern, das *debonding* und *pull-out* mit Matrixfließen nachgewiesen, wobei beim Bruch des Werkstoffs nur Glasfaserbrüche auftreten. Ursächlich für dieses Werkstoffverhalten sind die aufgrund der Rissausbreitungskinetik und der hohen Verformungsgeschwindigkeit nicht stattfindenden energiedissipativen Prozesse *debonding* und *pull-out*, da eine Wechselwirkung zwischen Faser und Matrix nicht möglich ist. Bei den PE-HD- und PB-1-Werkstoffen treten dagegen sowohl bei der Initiierung als auch beim ultimativen Versagen des Werkstoffs nur Glasfaserbrüche auf, welche damit erklärt werden können, dass der Riss aufgrund der hohen Rissausbreitungsgeschwindigkeit sich nicht entlang der Fasern oder in der Matrix ausbreiten kann und es somit zum Brechen der Fasern kommt. Im Bereich der Abstumpfung des Risses ergeben sich aufgrund der geringen bis nicht vorhandenen Kraftübertragung zwischen Matrix und Faser keine weiteren Wechselwirkungen. Unter schlagartiger Beanspruchung kann mit Hilfe der Ermittlung der bruchmechanischen Kennwerte K_{Si}, δ_{Si} und J_{Si} am Beginn der Schädigungen eine quantitative Beschreibung des Werkstoffverhaltens hinsichtlich der Initiierung von mikromechanischen Schädigungsmechanismen und damit der Rissabstumpfung erfolgen. So nehmen mit höheren Glasfasergehalten die K_{Si}-Werte zu und die δ_{Si}-Werte aufgrund der zunehmenden Verformungsbehinderung ab. Dieses Werkstoffverhalten konnte für alle kurzglasfaserverstärkten Werkstoffsysteme ermittelt werden. Dagegen wurde für die energiedeterminierten J_{Si}-Werte ein vom Glasfaservolumengehalt und vom Matrixsystem unabhängiger Zusammenhang gefunden. Dies lässt sich auf den größeren Einfluss der Kerbschärfe sowie durch die Kerbung mit Hilfe einer Metallklinge erzeugten mikromechanischen Schädigung als auf die unterschiedliche Glasfaserhaftung sowie Matrizes zurückführen. Aufgrund der Abhängigkeit der mikromechanischen Vorschädigung vom Kerbprozess sowie der Problematik der Festlegung der konkreten Schädigungsinitiierung aufgrund der teilweise vorliegenden breiten Frequenzcharakteristik ergibt sich eine hohe Standardabweichung der bruchmechanischen Kenngrößen. Es konnte gezeigt werden, dass durch die simultane Aufzeichnung der schädigungssensitiven Schallemissionen unter schlagartiger Beanspruchung eine Bewertung des Werkstoffwiderstandes gegenüber stabiler Rissinitiierung durch die Ermittlung der Kenngröße J_{Si} möglich ist.

Die Ergebnisse der vorliegenden Arbeit tragen zur Aufklärung und vertieftem Verständnis der komplexen Zusammenhänge zwischen der Struktur, Morphologie und dem Deformations- und Bruchverhalten von kurzglasfaserverstärkten Polyolefinwerkstoffen bei. Durch die Anwendung von mechanischen und bruchmechanischen Prüfmethoden, wie dem instrumentierten Kerbschlagbiegeversuch oder dem *in-situ* Zugversuch im ESEM, kann in Kombination mit der Schallemissionsanalyse eine Charakterisierung der im Werkstoffverbund unter Wirkung einer Beanspruchung ablaufenden Schädigungsmechanismen erreicht werden, die einen Informationszuwachs im Vergleich mit konventionellen Prüfmethoden bedeutet. Besonders hervorzuheben ist hierbei die Möglichkeit der Bewertung des Widerstandes gegenüber stabiler Rissinitiierung durch die Kenngröße J_{Si}. Die war bisher nur durch die Aufzeichnung von R-Kurven und der Ermittlung des stabilen Rissfortschritts Δa möglich, was sich bei glasfaserverstärkten Werkstoffen aufgrund der von den Fasern dominierten Bruchfläche als nicht geeignet erwies.

Aus den in diese Arbeit durchgeführten Untersuchungen sowie daraus resultierenden Ergebnissen konnten Fragestellungen abgeleitet werden, welche zu einen tieferen Verständnis der Werkstoffeigenschaften und der auftretenden Schädigungsmechanismen in glasfaserverstärkten Verbundwerkstoffen beitragen. Im Folgenden werden Anregungen für weiterführende Arbeiten gegeben.

Die Untersuchung des **Einflusses unterschiedlicher Orientierungszustände** auf die auftretenden Schädigungsmechanismen unter Einbeziehung der ortsaufgelösten Ermittlung der Verformung in quasistatischen Zugversuchen sollte zu einem vertieften Verständnis der Schallemissionscharakteristik und der Schädigungskinetik führen. Grundlegende Voraussetzung ist dabei, dass die zu nutzenden Prüfkörper aus spritzgegossenen Platten präpariert werden und unterschiedliche Orientierungen bezüglich der Belastungsrichtung aufweisen. Das Ziel ist dabei die ortsaufgelöste Messung der lokalen Verformung von ungekerbten und gekerbten Prüfkörpern mittels Laserextensometrie bei simultaner Aufzeichnung der Schallemissionen, da die Zonen maximaler Verformung am ungekerbten Prüfkörper orientierungsabhängig die größte akustische Aktivität aufweisen bzw. bei gekerbten Prüfkörpern im Bereich des Risses typische Dehnungsüberhöhungen auftreten, die mit dieser Prüfmethodik quantitativ spezifiziert werden können. Damit sollten Korrelationen zwischen dem lokalen Dehnungsfeld und Dehnraten im Prüfkörper bzw. vor der Rissspitze und dem herstellungsbedingten Einfluss des Orientierungszustandes (*on-axis*, *off-axis*) auf die auftretenden Schädigungsmechanismen unter Einbeziehung von charakteristischen Frequenzbereichen sowie der Größe der Schädigungszone erstellt werden können.

Ein **grundsätzliches messtechnisches Problem** ist die zuverlässige und gleichzeitig **korrekte Ermittlung des stabilen Rissfortschritts Δa** an faserverstärkten Verbundwerkstoffen. Aufgrund der durch die Fasern dominierten Struktur der Bruchfläche kann, im Gegensatz zu unverstärkten Kunststoffen, keine direkte Ermittlung von Δa durch das Ausmessen der Bruchfläche erfolgen. Eine Validierung der im IKBV mittels SEA ermittelten Schädigungskinetik hinsichtlich des Beginns des stabilen Rissfortschritts kann durch ein modifiziertes Tast-

Zusammenfassung und Ausblick

schnittverfahren erfolgen. Dazu wird unter definierten Bedingungen und unter Verwendung einer geeigneten Kerbgeometrie ein stabiler Rissfortschritt mit Hilfe der Stopp-Block-Methode im instrumentierten Kerbschlagbiegeversuch erzeugt, wobei der Glasfasergehalt in einem niedrigen Bereich ($\leq$ 5 M.-%) liegen sollte. Anschließend wird der Prüfkörper z.B. in einer Universalprüfmaschine in eine 4-Punkt-Biegevorrichtung eingespannt, wobei die Kerbe im Druckbereich liegt und damit die Rissflanken geschlossen werden. Mit einem Mikrotommesser/Hubfräser wird von der dem Riss gegenüberliegenden Seite langsam und unter ständigem Vortrieb Material abgeschnitten. Durch die Verwendung eines möglichst breiten Mikrotommessers/Hubfräsers wird sichergestellt, dass die Schnittbreite größer als die Schädigungszone ist. In Bild 6.1 ist schematisch die experimentelle Anordnung zur Ermittlung des stabilen Rissfortschritts dargestellt.

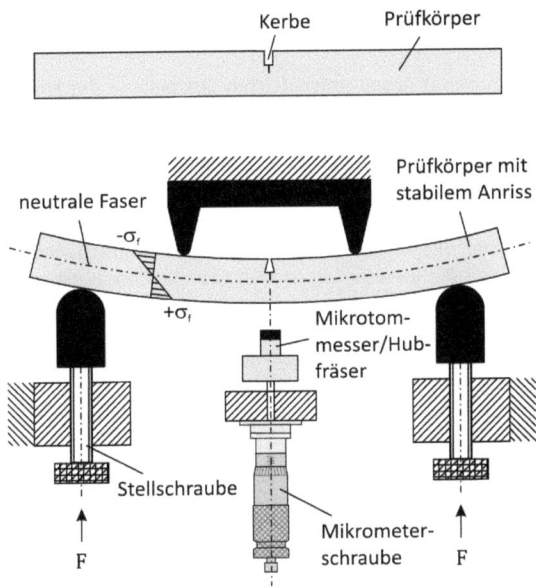

Bild 6.1: Schematische Darstellung eines Tastschnittverfahrens zur Ermittlung der stabilen Risslänge

Wird beim Schneiden der Riss erreicht, findet eine Werkstofftrennung und damit eine plötzliche Änderung der Nachgiebigkeit statt, welche unmittelbar über das Kraftsignals registriert wird. Die so erzeugte Bruchfläche wird durch einen relativ glatten Bereich, hervorgerufen durch die Kerbung mittels Metallklinge, und einen rauen Bereich definiert, welcher auf das stabile Risswachstum zurückzuführen ist. Mit Hilfe des Tastschnittverfahrens kann sowohl eine Ermittlung von Δa für die Aufstellung von Risswiderstands-Kurven als auch bei Kombination mit der Schallemissionsprüfung eine Bewertung der stabilen Rissinitiierung und des stabilen Rissfortschritts mittels SEA erfolgen.

Die experimentelle Durchführung des IKBV mit simultaner SEA kann entscheidend durch eine **Änderung der Positionierung des akustischen Sensors** vereinfacht werden. Dabei liegt das Hauptaugenmerk auf einer messtechnischen Vereinfachung der Aufzeichnung des transienten Signals im IKBV durch die direkte Applizierung des akustischen Sensors auf das Widerlager/Stativ. Hier liegen die Vorteile zum einen darin begründet, dass eine breitere Auswahl an geeigneten Breitbandsensoren erfolgen kann und zum anderen ist die Applizierung direkt auf den Prüfkörper aufwendiger und fehleranfälliger. Des Weiteren kann der Sensor z.B. während des Versuchs durch das Wegschleudern der Bruchstücke des Prüfkörpers beschädigt werden, was nicht sofort und eindeutig in einer Änderung der Schallemissionscharakteristik resultiert. Damit werden Untersuchungen zur Validierung der Sensoren nötig, welche im Falle einer dauerhaften Applizierung entfallen würden. Ein weiterer Vorteil liegt in der einfacheren Durchführung von temperaturabhängigen Messungen, da die Applizierung auf dem Prüfkörper schwierig und nicht praxistauglich ist.

Ein vertieftes Verständnis der mikromechanischen Prozesse bei der Schädigungsinitiierung unter schlagartiger Beanspruchung kann durch die **Korrelation der bruchmechanischen Kenngrößen δ_{SI} und J_{SI} mit den Ergebnissen von Risswiderstandskurven**, d.h. der Bewertung des Werkstoffwiderstandes gegenüber stabiler Rissinitiierung und Rissausbreitung, erfolgen. Dabei muss insbesondere auf die Problematik der Ermittlung des stabilen Rissfortschritts Δa sowie der Sensorpositionierung bei erhöhten Temperaturen eingegangen werden.

In Ergänzung zu den in dieser Arbeit präsentierten Ergebnissen der **Hochgeschwindigkeitszugversuche** an ungekerbten Prüfkörpern, kann mit der Durchführung von Versuchen an **gekerbten Prüfkörpern** unter direkter Messung der Verformung durch die Applizierung von Dehnmessstreifen und simultaner Aufzeichnung der Schallemissionen eine Beschreibung der Schädigung durch die Schallemissionsanalyse sowie eine bruchmechanische Auswertung bei hohen Dehnraten erfolgen. Dabei ist es sowohl möglich eine Abhängigkeit der auftretenden Schädigungsmechanismen wie auch der Zähigkeit von der Prüfgeschwindigkeit zu diskutieren und methodisch könnten die diskutierten Modelle zur Beschreibung der Dehnratenabhängigkeit dann durch einen Schädigungsanteil ergänzt werden.

Die in dieser Arbeit für das **PB-1** diskutierte **Änderung der Rissausbreitungskinetik** von dominierend instabil zu dominierend stabil unter schlagartiger Beanspruchung bei einer **medial-thermische Auslagerung** sollte durch weiterführende Untersuchungen werkstoffphysikalisch beschrieben werden. Hierfür ist es erforderlich, nach einer erneuten Auslagerung in Luft und Wasser bei erhöhten Temperaturen, simultan die Schallemissionen im IKBV aufzuzeichnen und hinsichtlich der stattfindenden Schädigungsmechanismen zu analysieren. Die so gewonnenen Ergebnisse können durch Untersuchungen der Bruchfläche mittels 3D-Topographieaufnahmen sowie REM-Aufnahmen ergänzt werden.

7 Literatur

[1] Grellmann, W., Seidler, S. (Hrsg.), Kunststoffprüfung. Carl Hanser Verlag, München Wien, 2005.

[2] Seidler, S., Grellmann, W., Zähigkeit von teilchengefüllten und kurzfaserverstärkten Polymerwerkstoffen. Fortschr.-Berichte VDI-Reihe 18: Mechanik/Bruchmechanik Nr. 92, VDI-Verlag Düsseldorf, 1991.

[3] Schemm, F., Vliet, F. v. d., Grasmeder, J., Polybuten (PB-1) - Fazinierendes Polyolefin. 7. Würzburger Kunststoffrohrtage, 12.–13. Dezember 2001.

[4] Schemm, F., Rohrsysteme aus Polybutene-1: Materialspezifische Eigenschaften und typische Anwendungen. Wiesbadener Kunststoffrohrtage, 25.–26. April 2002.

[5] Grellmann, W., Seidler, S., Bierögel, C., Zwanzig, I., Bischoff, R., Mediale Beständigkeit von PP/GF-Verbundwerkstoffen. In: Grellmann, W., Seidler, S. (Hrsg.), Deformation und Bruchverhalten von Kunststoffen. Springer Verlag, Berlin Heidelberg, 1998, 459–470.

[6] Bierögel, C., Zur Problematik der Schallemissionsanalyse an verstärkten Thermo- und Duroplasten. Dissertation. Technische Hochschule Carl Schorlemmer Leuna-Merseburg, 1983.

[7] Bierögel, C., Hybride Verfahren der Kunststoffdiagnostik. In: Grellmann, W., Seidler, S. (Hrsg.), Kunststoffprüfung. Carl Hanser Verlag, München Wien, 2005, 521–536.

[8] Krietsch, T., Schallemissionsanalyse struktureller Versagensprozesse in faserverstärkten Polymeren. Dissertation. Technische Universität Berlin, 1999.

[9] Block, J., Detektion von Schädigungsgrenzen in kohlenstoffaserverstärkten Kunststoffen mittels Schallemissionsanalyse. Dissertation. Universität Kassel, 1988.

[10] Kalkhof, D., Schallemissionsanalyse zur Bestimmung der Rißinitiierung beim instrumentierten Kerbschlagbiegeversuch. Materialprüfung, 28 (1986) 267–271.

[11] Richter, H., Ermittlung zähbruchmechanischer Kennwerte unter schlagartiger Belastung mittels Schallemission. Dissertation. Forschungszentrum Rossendorf, 2000.

[12] Tronskar, J. P., Mannan, M. A., Lai, M. O., Application of acoustic emission for measuring crack initiation toughness in instrumented Charpy impact testing. Journal of Testing and Evaluation, 31 (2003) 222–233.

[13] Zankel, A., Pölt, P., Ingolic, E., Gahleitner, M., Grein, C., The fracture behaviour of polymers – in situ investigations in the ESEM. Imaging & Microscopy, 7 (2005) 16–18.

[14] Zankel, A., Pölt, P., Gahleitner, M., Ingolic, E., Grein, C., Tensile tests of polymers at low temperatures in the environmental scanning electron microscope: An improved cooling platform. Scanning, 29 (2007) 261–269.

[15] Grellmann, W., Zähigkeitsbewertung mit bruchmechanischen Methoden. In: Grellmann, W., Seidler, S. (Hrsg.), Kunststoffprüfung. Carl Hanser Verlag, München Wien, 2005, 243–298.

[16] Grellmann, W., Seidler, S., J-Integral analysis of fibre-reinforced injection-moulded thermoplastics. Journal of Polymer Engineering, 11 (1992) 71–101.

[17] Langer, B., Bruchmechanische Bewertung von Polyamid-Werkstoffen. Dissertation. Martin-Luther-Universität Halle-Wittenberg, 1998.

[18] Seidler, S., Anwendung des Rißwiderstandskonzeptes zur Ermittlung strukturbezogener bruchmechanischer Werkstoffkenngrößen bei dynamischer Beanspruchung. Fortschr.-Berichte VDI-Reihe 18: Mechanik/Bruchmechanik Nr. 231, VDI-Verlag Düsseldorf, 1997.

[19] Friedrich, K. (Hrsg.), Application of fracture mechanics to composite materials. Pipes, R.B. (Series Hrsg.), Volume 6, Composite Materials Series. Elsevier Science Publishers B.V., Amsterdam, 1989.

[20] Schürmann, H., Konstruieren mit Faser-Kunststoff-Verbunden. Springer Verlag, Berlin Heidelberg New York, 2005.

[21] Ehrenstein, G. W., Faserverbund-Kunststoffe – Werkstoffe – Verarbeitung – Eigenschaften. Carl Hanser Verlag, München Wien, 2006.

[22] Michler, G. H., Kunststoff-Mikromechanik: Morphologie, Deformations- und Bruchmechanismen. Carl Hanser Verlag, München Wien, 1992.

[23] Michaeli, W., Einführung in die Kunststoffverarbeitung. Carl Hanser Verlag, München Wien, 1999.

[24] N.N., Culimeta GmbH & Co. KG, Datenblatt: Technische Daten E-Glas, http://www.culimeta.de.

[25] Karger-Kocsis, J., Reinforced polymer blends. In: Paul, D.R., Bucknall, C.B. (Hrsg.), Polymer Blends, Volume 2: Performance. John Wiley & Sons, Inc., New York, Chichester, Weinheim, Brisbane, Singapore, Toronto, 2000, 395–428.

[26] N.N., Saint-Gobain Vetrotex Deutschland GmbH: Datenblatt – Glass Strand, http://www.vetrotextiles.com/glassstrand2.html.

[27] Friedrich, K., Fracture Mechanical Behavior of Short Fiber Reinforced Thermoplastics. Fortschr.-Berichte der VDI-Reihe 18: Mechanik/Bruchmechanik Nr. 18, VDI-Verlag Düsseldorf, 1984.

[28] Friedrich, K., Fractographic analysis of polymer composites. In: Friedrich, K. (Hrsg.), Application of Fracture Mechanics to Composite Materials. Elsevier Science Publishers B.V., Amsterdam, 1989, 425–487.

[29] Bardenheier, R., Schallemissionsuntersuchungen an polymeren Verbundwerkstoffen – Teil II: Experimentelle Ergebnisse. Zeitschrift für Werkstofftechnik, 11 (1980) 101–110.

[30] Lauke, B., Schultrich, B., Pompe, W., Theoretical Considerations of Toughness of Short-fibre Reinforced Thermoplastics. Akademie der Wissenschaften der DDR – Zentralinstitut für Festkörperphysik und Werkstoffforschung, Dresden, DDR, 1988.

[31] Göldner, H., Pfefferkorn, W., Technische Mechanik: Statik – Festigkeitslehre – Dynamik. VEB Fachbuchverlag, Leipzig, 1987.

[32] Karger-Kocsis, J., Microstructure and fracture mechanical performance of short-fibre reinforced thermoplastics. In: Friedrich, K. (Hrsg.), Application of Fracture Mechanics to Composite Materials. Elsevier Science Publishers B.V., Amsterdam, 1989, 189–247.

[33] Michler, G. H., Electron Microscopy of Polymers. Springer Verlag, Berlin Heidelberg, 2008.

[34] Tadmor, Z., Molecular orientation in injection molding. Journal of Applied Polymer Science, 18 (1974) 1753–1772.

[35] Friedrich, K., Karger-Kocsis, J., Fractography and failure mechanisms of unfilled and short fiber reinforced semi-crystalline thermoplastics. In: Roulin-Moloney, A.C. (Hrsg.), Fractography and Failure Mechanisms of Polymers and Composites. 1989, 437–494.

[36] Fu, S.-Y., Mai, Y.-W., Lauke, B., Xu, G., Yue, C.-Y., Combined effect of fiber content and microstructure on the fracture toughness of SGF and SCF reinforced polypropylene composites. Journal of Materials Science, 37 (2002) 3067–3074.

[37] Fu, S.-Y., Lauke, B., Effects of fiber length and fiber orientation distributions on the tensile strength of short-fiber-reinforced polymers. Composites Science and Technology, 56 (1996) 1179–1190.

[38] Ehrenstein, G. W., Wurmb, R., Verstärkte Thermoplaste – Theorie und Praxis. Angewandte Makromolekulare Chemie, 60/61 (1977) 157–214.

[39] Shieh, Y.-T., Lee, M.-S., Chen, S.-A., Crystallization behavior, crystal transformation, and morphology of polypropylene/polybutene-1 blends. Polymer, 42 (2001) 4439–4448.

[40] Goldbach, G., Zur Umwandlung der polymorphen Struktur von Polybuten-1 unter der Wirkung mechanischer Spannungen. Angewandte Makromolekulare Chemie, 29/30 (1973) 213–227.

[41] Gohil, R. M., Patel, R. D., Polymorphic transformation and multiple melting in Poly(butene-1). Angewandte Makromolekulare Chemie, 64 (1977) 43–57.

[42] Tosaka, M., Kamijo, T., Tsuji, M., Kohjiya, S., Ogawa, T., Isoda, S., Kobayashi, T., High-resolution transmission electron microscopy of crystal transformation in solution-grown lamellae of isotactic Polybutene-1. Macromolecules, 33 (2000) 9666–9672.

[43] Kopp, S., Wittmann, J. C., Lotz, B., Epitaxial crystallization and crystalline polymorphism of poly(1-butene): forms III and II. Polymer, 35 (1994) 908–915.

[44] Erä, V. A., Jauhiainen, T., Thermal analysis of Poly-1-butene. Angewandte Makromolekulare Chemie, 43 (1975) 157–165.

[45] Domininghaus, H., Die Kunststoffe und ihre Eigenschaften. Springer Verlag, Berlin Heidelberg New York, 1998.

[46] Alfonso, G. C., Azzurri, F., Castellano, M., Analysis of calorimetric curves detected during the polymorphic transformation of isotactic Polybutene-1. Journal of Thermal Analysis and Calorimetry, 66 (2001) 197–207.

[47] Marigo, A., Marega, C., Cecchin, G., Collina, G., Ferrara, G., Phase transition II → I in isotactic poly-1-butene: wide- and small-angle X-ray scattering measurements. European Polymer Journal, 36 (2000) 131–136.

[48] Azzurri, F., Flores, A., Alfonso, G. C., Baltá-Calleja, F. J., Polymorphism of isotactic polybutene-1 as revealed by microindentation hardness: 1. kinetics of the transformation. Macromolecules, 35 (2002) 9069–9073.

[49] Azzurri, F., Flores, A., Alfonso, G. C., Sics, I., Hsiao, B. S., Baltá-Calleja, F. J., Polymorphism of isotactic polybutene-1 as revealed by microindentation hardness: Part II: correlations to microstructure. Polymer, 44 (2003) 1641–1645.

[50] Lotz, B., Mathieu, C., Thierry, A., Lovinger, A. J., Rosa, C. D., Ballesteros, O. R. d., Auriemma, F., Chirality constraints in crystal-crystal transformation: Isotactic Poly(1-butene) versus syndiotactic Polypropylene. Macromolecules, 31 (1998) 9253–9257.

[51] Hong, K.-B., Spruiell, J. E., The effect of certain processing variables on the form II to form I phase transformation in Polybutene-1. Journal of Applied Polymer Science, 30 (1985) 3163–3188.

[52] Kopp, S., Wittmann, J. C., Lotz, B., Phase II to phase I crystal transformation in polybutene-1 single crystals: a reinvestigation. Journal of Materials Science, 29 (1994) 6159–6166.

[53] Kalay, G., Kalay, C. R., Structure and physical property relationships in processed Polybutene-1. Journal of Applied Polymer Science, 88 (2003) 814–824.

[54] Starkweather, H. W., Jones, G. A., The heat of fusion of Polybutene-1. Journal of Polymer Science, Part B: Polymer Physics, 24 (1986) 1509–1514.

[55] Nakafuku, C., Miyaki, T., Effect of pressure on the melting and crystallization behaviour of isotactic polybutene-1. Polymer, 24 (1983) 141–148.

[56] Ehrenstein, G. W., Riedel, G., Trawiel, P., Praxis der Thermischen Analyse von Kunststoffen. Carl Hanser Verlag, München, 2003.

[57] Rubin, I. D., Relative stabilities of polymorphs of polybutene-1 obtained from the melt. Journal of Polymer Science, Part B: Polymer Letters, 2 (1964) 747–749.

[58] Thomas, C., Ferreiro, V., Coulon, G., Seguela, R., In situ AFM investigation of crazing in polybutene spherulites under tensile drawing. Polymer, 48 (2007) 6041–6048.

[59] Thomas, C., Seguela, R., Detrez, F., Miri, V., Vanmansart, C., Plastic deformation of spherulitic semi-crystalline polymers: An in situ AFM study of polybutene under tensile drawing. Polymer, 50 (2009) 3714–3723.

[60] Causin, V., Marega, C., Marigo, A., Ferrara, G., Idiyatullina, G., Fantinel, F., Morphology, structure and properties of a poly(1-butene)/montmorillonite nanocomposite. Polymer, 47 (2006) 4773–4780.

[61] Dorset, D. L., McCourt, M. P., Direct determination of polymer crystal structures by electron crystallography – isotactic Poly(1-butene), form (III). Acta Crystallographica, Section B: Structural Science, B50 (1994) 201–208.

[62] Bardenheier, R., Dynamic Impact Testing – VHS High Rate Testing Systems. Instron Ltd., High Wycombe, UK, 2005.

[63] Thoma, K., Measurement of mechanical parameters in the range of high and highest strain rates – Examples of practical application for a wide spectrum of materials. Report 17/02. Fraunhofer-Institut für Kurzzeitdynamik – Ernst-Mach-Institut, 2002.

[64] Xiao, X., Dynamic tensile testing of plastic materials. Polymer Testing, 27 (2008) 164–178.

[65] Dean, G., Read, B., Modelling the behaviour of plastics for design under impact. Polymer Testing, 20 (2001) 677–683.

[66] Cordes, M., Bardenheier, R., Hochgeschwindigkeitsversuche und Crashsimulation – Technische Möglichkeiten. Werkstoffprüfung, Bad Nauheim, 07.–08.12. 2000.

[67] Werner, H., Gese, H., Zur Bedeutung dehnratenabhängiger Werkstoffkennwerte in der Crashsimulation. In: Frenz, H., Wehrstedt, A. (Hrsg.), Kennwertermittlung für die Praxis – Tagungsband Werkstoffprüfung. 2002, 139–146.

[68] Luke, M., Dynamische Kennwertermittlung und Bauteil-Crashtests. Fraunhofer Institut für Werkstoffmechanik, Leistungsbereich Farhzeugtechnik, Leichtbau, 2003.

[69] Schmachtenberg, E., Brinkmann, M., Crashsimulation. Kunststoffe, 11 (2005) 135–138.

[70] DuBois, P. A., Kolling, S., Koesters, M., Frank, T., Material behaviour of polymers under impact loading. International Journal of Impact Engineering, 32 (2006) 725–740.

[71] Frontal Impact Testing Protocol, European New Car Assessment Programme (EuroNACP). March 2004.

[72] Buchele, C., Sicherheitssysteme für Personenkraftwagen. Sicherheitsaspekte in technischen Systemen (SiS), Friedrich-Alexander-Universität Erlangen-Nürnberg 09.12.2004.

[73] American Iron and Steel Institute, Characterization of Fatigue and Crash Performance of New Generation High-Strength Steels for Automtive Applications. 2003.

[74] Borsutzki, M., Cornette, D., Kuriyama, Y., Uenishi, A., Yan, B., Opbroek, E., Recommendations for Dynamic Tensile Testing of Sheet Steels. International Iron and Steel Institute, August 2005.

[75] Hill, S. I., Standardization of High Strain Rate Test Techniques for Automotive Plastics Projects. UDRI: Structural Test Group. UDR-TR-2004-00016, 2004.

[76] Society of Automotive Engineers Japan (SAE J) 2749, High Strain Rate Testing of Polymers. 2008.

[77] SEP 1230, Ermittlung mechanischer Eigenschaften an Blechwerkstoffen bei hohen Dehraten im Hochgeschwindigkeitszugversuch. 2007.

[78] ISO 18872, Plastics – Determination of tensile properties at high strain rates. 2007.

[79] Thoma, K., Junginger, M., Messung mechanischer Kennwerte im Bereich hoher und höchster Dehnraten – Beispiele aus der Praxis für ein weites Spektrum von Werkstoffen. In: Frenz, H., Wehrstedt, A. (Hrsg.), Kennwertermittlung für die Praxis – Tagungsband Werkstoffprüfung. 2002, 13-27.

[80] Häcker, R., Wossidlo, P., Der Einfluss der Belastungsgeschwindigkeit im Zugversuch auf die Anforderungen an die Messtechnik und auf das Probenverhalten. In: Pohl, M. (Hrsg.), Konstruktion, Qualitätssicherung und Schadensanalyse – Tagungsband Werkstoffprüfung. 2004, 61–66.

[81] Hamouda, A. M. S., Hashmi, M. S. J., Testing of composite materials at high rates of strain: advances and challenges. Journal of Materials Processing Technology, 77 (1998) 327–336.

[82] Bleck, W., Larour, P., Bäumer, A., Noack, J., Einflüsse der Messtechnik auf die Ergebnisse von Hochgeschwindigkeitszugversuchen. In: Pohl, M. (Hrsg.), Konstruktion, Qualitätssicherung und Schadensanalyse – Tagungsband Werkstoffprüfung. 2004, 45–54.

[83] Guden, M., Hall, I. W., High strain-rate compression testing of a short-fiber reinforced aluminum composite. Materials Science & Engineering, A: Structural Materials: Properties, Microstructure and Processing, 232 (1997) 1–10.

[84] Häcker, R., Wossidlo, P., Hochgeschwindigkeitszugversuche im Temperaturbereich von -100°C bis 300°C. 2. VHS-Anwendertreffen, Aachen, Germany, 15. September 2005.

[85] Bleck, W., Larour, P., Effect of Strain Rate and Temperature on the Mechanical Properties of LC and IF Steels. IF Steels 2003, Int. Forum for the Properties and Application of IF Steels, Tokio, Japan, 12–14 May 2003.

[86] Bleck, W., Larour, P., Measurement of the mechanical properties of car body sheet steel at high strain rates and non-ambient temperature. Conference Proceedings: Dymat 2003, 7th International conference on mechanical and physical behaviour of material under dynamic loading, Porto, Portugal 2003, 489–493.

Literatur

[87] El-Magd, E., Abouridouane, M., Characterization, modelling and simulation of deformation and fracture behaviour of the light-weight wrought alloys under high strain rate loading. International Journal of Impact Engineering, 32 (2006) 741–758.

[88] Clausen, A. H., Borvik, T., Hopperstad, O. S., Benallal, A., Flow and fracture characteristics of aluminium alloy AA5083-H116 as function of strain rate, temperature and triaxiality. Materials Science & Engineering, A: Structural Materials: Properties, Microstructure and Processing, 364 (2004) 260–272.

[89] Bardenheier, R., Rogers, G., Dynamic Impact Testing. Instron Ltd., High Wycombe, UK, 2003.

[90] Gray-III, G. T., Classic split-Hopkinson pressure bar testing. In: ASM Handbook, Vol. 8, Mechanical Testing and Evaluation. ASM International, 2000, 462–476.

[91] American Iron and Steel Institute, Characterization of Fatigue and Crash Performance of New Generation High-Strength Steels for Automotive Applications. 2003.

[92] Stahl-Eisen-Prüfblätter (SEP) 1230, Ermittlung mechanischer Eigenschaften an Blechwerkstoffen bei hohen Dehraten im Hochgeschwindigkeitszugversuch. 2007.

[93] ISO 18872, Plastics – Determination of Tensile Properties at High Strain Rates. 2007-02.

[94] Gensler, R., Plummer, C. J. G., Grein, C., Kausch, H.-H., Influence of the loading rate on the fracture resistance of isotactic polypropylene and impact modified isotactic polypropylene. Polymer, 41 (2000) 3809–3819.

[95] Bardenheier, R., Borsutzki, M., Anforderungen an Hochgeschwindigkeitsprüfsysteme zur Ermittlung von Kennwerten an Blechwerkstoffen. In: Buchholz, O.W., Geisler, S. (Hrsg.), Herausforderung durch den industriellen Fortschritt – Tagungsband Werkstoffprüfung. 2003, 78–87.

[96] Blumenauer, H., Werkstoffprüfung. Deutscher Verlag für Grundstoffindustrie, Stuttgart, 1994.

[97] Beguelin, P., Kausch, H. H., The effect of the loading rate on the fracture toughness of Poly(methyl methacrylate), Polyacetal, Polyetheretherketone and modified PVC. Journal of Materials Science, 29 (1994) 91–98.

[98] Karger-Kocsis, J., Benevolenski, O. I., Moskala, E. J., Toward understanding the stress oscillation phenomenom in polymers due to tensile impact loading. Journal of Materials Science, 36 (2001) 3365–3371.

[99] Wang, W., Makarov, G., Shenoi, R. A., An analytical model for assessing strain rate sensitivity of unidirectional composite laminates. Composite Structures, 69 (2005) 45–54.

[100] Thoma, K., Junginger, M., Messung mechanischer Kennwerte im Bereich hoher und höchster Dehnraten – Beispiele aus der Praxis für ein weites Spektrum von Werkstoffen. In: Frenz, H., Wehrstedt, A. (Hrsg.), Kennwertermittlung für die Praxis – Tagungsband Werkstoffprüfung. 2002, 13–27.

[101] Baer, W., Häcker, R., Börrnert, J., Werkstoffcharakterisierung duktiler Gusseisenwerkstoffe bei dynamischer Zugbeanspruchung. In: Pohl, M. (Hrsg.), Konstruktion, Qualitätssicherung und Schadensanalyse – Tagungsband Werkstoffprüfung. 2004, 55–60.

[102] Junginger, M., Werner, H., Tham, R., Thoma, K., Schnellzerreißprüfung von Thermoplasten und Bestimmung der mechanischen Werkstoffeigenschaften unter Berücksichtigung lokaler Dehnungen. Amsler Symposium 2001 – World of Dynamic Testing, Gottmadingen, 14.–18. Mai 2001.

[103] Friebe, H., Galanulis, K., Flächenhafte optische Deformationsanalyse in der Hochgeschwindigkeitsbeanspruchung. In: Frenz, H., Wehrstedt, A. (Hrsg.), Kennwertermittlung für die Praxis – Tagungsband Werkstoffprüfung. 2002, 111–116.

[104] Reichelt, J., Trubitz, P., Pusch, G., Charakterisierung des Werkstoffverhaltens unter Zugbelastung bei erhöhten Prüfgeschwindigkeiten. In: Buchholz, O.W., Geisler, S. (Hrsg.), Herausforderung durch den industriellen Fortschritt – Tagungsband Werkstoffprüfung. 2003, 96–102.

[105] Peixinho, N., Pinho, A., Application of Advanced Multiphase Steels in Crashworthiness Structures: Experimental Study and Constitutive Equations. Materials Science Forum, 514–516 (2006) 579–583.

[106] Peixinho, N., Jones, N., Pinho, A., Application of Dual-Phase and TRIP Steels on the Improvement of Crashworthy Structures. Materials Science Forum, 502 (2005) 181–186.

[107]   Avalle, M., Belingardi, G., Vadori, R., Masciocco, G., Characterization of the strain rate sensitivity in the dynamic bending behavior of mild steel plates. Advances in Mechanical Behaviour, Plasticity and Damage, Tours, France, Nov. 7–9 2000.

[108]   Meyers, M. A., Dynamic behavior of materials. John Wiley & Sons, Inc., New York, 1994.

[109]   Wang, Y., Zhou, Y., Xia, Y., A constitutive description of tensile behavior of brass over a wide range of strain rates. Materials Science & Engineering, A: Structural Materials: Properties, Microstructure and Processing, 372 (2004) 186–190.

[110]   Batra, R. C., Love, B. M., Brittle and Ductile Failure of Thermoelastoviscoplastic Solids under Dynamic Loading. In: Gdoutos, E.E. (Hrsg.), Fracture of Nano and Engineering Materials and Structures. Proceedings of the European Conference of Fracture (ECF 16). Springer, Alexandroupolis, Greece, July 3-7 (2006), 805-806 and ECF Full Paper CD: C2.5 pp. 1-6.

[111]   Blazynski, T. Z. (Hrsg.), Materials at high strain rates. Elsevier Applied Science Publishers LTD, New York, 1987.

[112]   Brostow, W., Corneliussen, R. D., Failure of Plastics. Carl Hanser Verlag, München Wien New York, 1986.

[113]   Duan, Y., Saigal, A., Greif, R., Zimmerman, M. A., A uniform phenomenological constitutive model for glassy and semicrystalline polymers. Polymer Engineering and Science, 41 (2001) 1322–1328.

[114]   G'Sell, C., Jonas, J. J., Determination of the plastic behaviour of solid polymers at constant true strain rate. Journal of Materials Science, 14 (1979) 583–591.

[115]   G'Sell, C., Aly-Helal, N. A., Jonas, J. J., Effect of stress triaxiality on neck propagation during the tensile stretching of solid polymers. Journal of Materials Science, 18 (1983) 1731–1742.

[116]   G'Sell, C., Aly-Helal, N. A., Semiatin, S. L., Jones, J. J., Influence of deformation defects on the development of strain gradients during the tensile deformation of polyethylene. Polymer, 33 (1992) 1244–1254.

[117]   Duffo, P., Monasse, B., Haudin, J. M., G'Sell, C., Dahoun, A., Rheology of polypropylene in the solid state. Journal of Materials Science, 30 (1995) 701–711.

[118]   Schang, O., Billon, N., Muracciole, J. M., Fernagut, F., Mechanical behavior of a ductile polyamide 12 during impact. Polymer Engineering and Science, 36 (1996) 541–550.

[119]   Bucaille, J. L., Felder, E., Hochstetter, G., Identification of the viscoplastic behavior of a polycarbonate based on experiments and numerical modeling of the nano-indentation test. Journal of Materials Science, 37 (2002) 3999–4011.

[120]   van der Wal, A., The fracture behaviour of polypropylene and polypropylene-rubber blends. PhD Thesis. University of Twente, 1996.

[121]   Steiner, R., Berechnung von J-R-Kurven aus Kraft-Durchbiegungs-Diagrammen auf Basis des Gelenkprüfkörpers. Fortschr.-Berichte VDI-Reihe 18: Mechanik/Bruchmechanik Nr. 208, VDI-Verlag Düsseldorf, 1997.

[122]   Hamdan, S., Swallowe, G. M., The strain-rate and temperature dependece of the mechanical properties of polyetherketone and polyetheretherketone. Journal of Materials Science, 31 (1996) 1415–1423.

[123]   Bardenheier, R., Schallemissionsuntersuchungen an polymeren Verbundwerkstoffen – Teil I: Das Schallemissionsmeßverfahren als quasi-zerstörungsfreie Werkstoffprüfung. Zeitschrift für Werkstofftechnik, 11 (1980) 41–46.

[124]   DIN EN 1330-9, Zerstörungsfreie Prüfung – Terminologie – Teil 9: Begriffe der Schallemissionsprüfung. 2009-09.

[125]   Ramirez-Jimenez, C. R., Papadakis, N., Reynolds, N., Gan, T. H., Purnell, P., Pharaoh, M., Identification of failure modes in glass/polypropylene composites by means of the primary frequency content of the acoustic emission event. Composites Science and Technology, 64 (2004) 1819–1827.

[126]   Bohse, J., Acoustic emission characteristics of micro-failure processes in polymer blends and composites. Composites Science and Technology, 60 (2000) 1213–1226.

Literatur

[127] Grosse, C. U., Ohtsu, M. (Hrsg.), Acoustic Emission Testing – Basics for Research – Applications in Civil Engineering Springer Verlag, Berlin Heidelberg, 2008.

[128] N.N., Kompendium Schallemissionsprüfung – Acoustic Emission Testing (AT) – Grundlagen, Verfahren und praktische Anwendung. DGZfP-Fachausschuss Schallemissionsprüfverfahren, 2008.

[129] Barré, S., Benzeggagh, M. L., On the use of acoustic emission to investigate damage mechanisms in glass-fibre-reinforced polypropylene. Composites Science and Technology, 52 (1994) 369–376.

[130] Ségard, E., Benmedakhene, S., Laksimi, A., Laï, D., Damage analysis and the fibre-matrix effect in polypropylene reinforced by short glass fibres above glass transition temperature. Composite Structures, 60 (2003) 67–72.

[131] Huguet, S., Godin, N., Gaertner, R., Salom, L., Villard, D., Use of acoustic emission to identify damage modes in glass fibre reinforced polyester. Composites Science and Technology, 62 (2002) 1433–1444.

[132] Johnson, M., Gudmundson, P., Broad-band transient recording and characterization of acoustic emission events in composite laminates. Composites Science and Technology, 60 (2000) 2803–2818.

[133] Burzić, Z., Zrilić, M., Sedmak, S., Mitraković, D., Application of acoustic emission for monitoring fracture mechanics in composite materials. Conference Proceedings: Third International Symposium on Acoustic Emission from Composite Materials AECM-3, Paris, France, July 17–21, 1989, 422–431.

[134] Mouhmid, B., Imad, A., Benseddiq, N., Benmedakhène, S., Maazouz, A., A study of the mechanical behaviour of a glass fibre reinforced polyamide 6,6: Experimental investigation. Polymer Testing, 25 (2006) 544–552.

[135] Dogossy, G., Czigány, T., Failure mode characterization in maize hull filled polyethylene composites by acoustic emission. Polymer Testing, 25 (2006) 353–357.

[136] Kocsis, Z., Czigány, T., Investigation of the debonding process in wood fiber reinforced polymer composites by acoustic emission. Materials Science Forum, 537–538 (2007) 199–206.

[137] Biskup, U., Kircher, K., Weber, G., Charakterisierung der Verbundhaftung in glasfaserverstärktem Polycarbonat durch die Schallemissionsanalyse. Angewandte Makromolekulare Chemie, 108 (1982) 113–121.

[138] Xu, T., Lei, H., Xie, C. S., Investigation of impact fracture process with particle-filled polymer materials by acoustic emission. Polymer Testing, 21 (2002) 319–324.

[139] Yu, Y.-H., Choi, J.-H., Kweon, J.-H., Kim, D.-H., A study on the failure detection of composite materials using an acoustic emission. Composite Structures, 75 (2006) 163–169.

[140] Giordano, M., Calabrò, A., Esposito, C., Salucci, C., Nicolais, L., Analysis of acoustic emission signals resulting from fiber breakage in single fiber composites. Polymer Composites, 20 (1999) 758–770.

[141] de Groot, P. J., Wijnen, P. A. M., Janssen, R. B. F., Real-time frequency determination of acoustic emission for different fracture mechanisms in carbon/epoxy composites. Composites Science and Technology, 55 (1995) 405–412.

[142] Ni, Q.-Q., Iwamoto, M., Wavelet transform of acoustic emission signals in failure of model composites. Engineering Fracture Mechanics, 69 (2002) 717–728.

[143] Kardelky, S., Einfluss der Nukleierungsmittelart auf die Deformations- und Bruchmechanismen von medial beanspruchten PP/GF-Verbunden. Diplomarbeit, Martin-Luther-Universität Halle-Wittenberg, 2002.

[144] Schröder, D., Kombinierte Wirkung des Faservolumen- und Nukleierungsmittelgehaltes auf das mechanische Eigenschaftsniveau von PP/GF-Verbunden. Diplomarbeit. Martin-Luther-Universität Halle-Wittenberg, 2003.

[145] DIN EN ISO 527-2, Kunststoffe – Bestimmung der Zugeigenschaften – Teil 2: Prüfbedingungen für Form- und Extrusionsmassen. 1996-07.

[146] DIN EN ISO 3451-1, Kunststoffe – Bestimmung der Asche – Teil 1: Allgemeine Grundlagen. 2008.

[147] DIN EN ISO 1183-1, Kunststoffe – Verfahren zur Bestimmung der Dichte von nicht verschäumten Kunststoffen – Teil 1: Eintauchverfahren, Verfahren mit Flüssigkeitspyknometer und Titrationsverfahren. 2004-05.

Literatur

[148] Engler, M., Untersuchung der verarbeitungsbedingten Eigenschaftsänderungen in einem spritzgegossenen Prüfkörper mittels instrumentierter Härtemessung und Differential Scanning Calorimetry. Studienarbeit, Martin-Luther-Universität Halle-Wittenberg, 2006.

[149] ISO 22314, Plastics – Glass-fibre-reinforced Products – Determination of Fibre Length. 2006-05.

[150] Bronstein, I. N., Semendjajew, K. A., Taschenbuch der Mathematik. BSB B.G. Teubner Verlagsgesellschaft, Leipzig, 1985.

[151] DIN EN ISO 527-1, Kunststoffe – Bestimmung der Zugeigenschaften – Teil 1: Allgemeine Grundsätze. 1996-04.

[152] DIN EN ISO 178, Kunststoffe – Bestimmung der Biegeeigenschaften. 2006-04.

[153] DIN EN ISO 14577-1, Metallische Werkstoffe – Instrumentierte Eindringprüfung zur Bestimmung der Härte und anderer Werkstoffparameter – Teil 1: Prüfverfahren. 2003-05.

[154] DIN EN ISO 2039-1, Kunststoffe – Bestimmung der Härte – Teil 1: Kugeleindruckversuch. 2003-06.

[155] DIN EN ISO 179-1, Kunststoffe – Bestimmung der Charpy-Schlageigenschaften – Teil 1: Nichtinstrumentierte Schlagzähigkeitsprüfung. 2006-05.

[156] Grellmann, W., Seidler, S., Hesse, W., Prüfung von Kunststoffen – Instrumentierter Kerbschlagbiegeversuch – Prozedur zur Ermittlung des Risswiderstandsverhaltens mit dem instrumentierten Kerbschlagbiegeversuch. MPK-IKBV: 2007-01 Teil I und Teil II, 2007.

[157] Oluschinski, A., Schoßig, M., Bierögel, C., Grellmann, W., winIKBV – Version: 2.0.3.0, Polymer Service GmbH Merseburg, 2009-11.

[158] Jungbluth, M., Untersuchungen zum Einfluß der Prüfkörperdicke und der Temperatur auf die Zähigkeitseigenschaften von PVCC und PVC bei stoßartiger Beanspruchung. Diplomarbeit. Technische Hochschule Carl Schorlemmer Leuna-Merseburg, 1982.

[159] Grellmann, W., Beurteilung der Zähigkeitseigenschaften von Polymerwerkstoffen durch bruchmechanische Kennwerte. Habilitation. Technischen Hochschule Carl Schorlemmer Leuna-Merseburg, 1985.

[160] Jungbluth, M., Untersuchungen zum Verformungs- und Bruchverhalten von PVC-Werkstoffen. Dissertation. Technischen Hochschule Carl Schorlemmer Leuna-Merseburg, 1987.

[161] Grellmann, W., Lach, R., Seidler, S., Experimental determination of geometry-independent fracture mechanics values J, $CTOD$ and K for polymers. International Journal of Fracture, 118 (2002) L9–L14.

[162] Grellmann, W., Seidler, S., Lach, R., Geometrieunabhängige bruchmechanische Werkstoffkenngrößen – Voraussetzung für die Zähigkeitscharakterisierung von Kunststoffen. Materialwissenschaft und Werkstofftechnik, 32 (2001) 552–561.

[163] Grellmann, W., Sommer, J.-P., Beschreibung der Zähigkeitseigenschaften von Polymerwerkstoffen mit dem J-Integralkonzept. Fracture Mechanics – Micromechanics – Coupled Fields, FMC-Series No. 17 (1985) 48–72.

[164] Grellmann, W., Sommer, J.-P., Hoffmann, H., Michel, B., Application of different J-integral evaluation methods for the description of toughness properties of polymers. Conference Proceedings: 1st Conference on Mechanics, Praha, 1987, 129–133.

[165] Halliday, D., Resnick, R., Walker, J., Physik. Wiley-VCH GmbH & Co. KGaA, Weinheim, 2005.

[166] DIN EN ISO 11357-1, Kunststoffe – Dynamische Differenz-Thermoanalyse (DSC) – Teil 1: Allgemeine Grundlagen. 1997-11.

[167] ASTM E 976-05, Standard Guide for Determining the Reproducibility of Acoustic Emission Sensor Response. 2005.

[168] ASTM E 2374-04, Standard Guide for Acoustic Emission System Performance Verification. 2004.

[169] Butz, T., Fouriertransformation für Fußgänger. Vieweg+Teuber Verlag, Wiesbaden, 2009.

[170] Blatter, C., Wavelets: neuartige Bausteine der konstruktiven Analysis. 22. Eichstätter Kolloquium zur Didaktik der Mathematik, Katholische Universität Eichstätt-Ingolstadt, 23. Februar 2006.

Literatur

[171] Hubbard, B. B., Wavelets – Die Mathematik der kleinen Wellen. Birkhäuser Verlag, Basel Boston Berlin, 1997.

[172] Goupillaud, P., Grossmann, A., Morlet, J., Cycle-octave and related transforms in seismic analysis. Geoexploration, 23 (1984) 85–102.

[173] Blatter, C., Wavelets – Eine Einführung. Friedr. Vieweg & Sohn Verlagsgesellschaft mbH, Braunschweig/Wiesbaden, 2003.

[174] Suzuki, H., Kinjo, T., Hayashi, Y., Takemoto, M., Ono, K., Wavelet transform of acoustic emission signals. Journal of Acoustic Emission, 14 (1996) 69–84.

[175] Grosse, C. U., Ruck, H.-J., Bahr, G., Analyse von Schallemissionssignalen unter Verwendung der Wavelet-Transformation. 13. Kolloquium Schallemission, Jena, 27.–28.9. 2001.

[176] Oluschinski, A., SEA-Tool – Version: 1.1, Polymer Service GmbH, Merseburg, 2008.

[177] Schmidt, P. F. (Hrsg.), Praxis der Rasterelektronenmikroskopie und Mikrobereichsanalyse. Band 444. Expert Verlag, Renningen-Malmsheim, 1994.

[178] Göcke, R., Präparation – Überblick über Präparationsmethoden. In: Schmidt, P.F. (Hrsg.), Praxis der Rasterelektronenmikroskopie und Mikrobereichsanalyse. Expert Verlag, Renningen-Malmsheim, 1994, 672–678.

[179] DIN EN ISO 1133, Kunststoffe – Bestimmung der Schmelze-Massefließrate (MFR) und der Schmelze-Volumenfließrate (MVR) von Thermoplasten. 2005.

[180] Quispitupa, A., Shafiq, B., Just, F., Serrano, D., Acoustic emission based tensile characteristics of sandwich composites. Composites: Part B, 35 (2004) 563–571.

[181] VDI 3822 Blatt 2.1.2, Schäden an thermoplastischen Kunststoffprodukten durch fehlerhafte Verarbeitung. 2010.

[182] VDI 3822 Blatt 2.1.10, Bedeutende instrumentelle Analysemethoden für die Schadensanalyse an thermoplastischen Kunststoffprodukten. 2010.

[183] Schoßig, M., Grellmann, W., Mecklenburg, T., Characterization of the fracture behavior of glass-fiber reinforced thermoplastics based on PP, PE-HD and PB-1. Journal of Applied Polymer Science, 115 (2010) 2093–2102.

[184] Schoßig, M., Bierögel, C., Grellmann, W., Mecklenburg, T., Mechanical behavior of glass-fiber reinforced thermoplastic materials under high strain rates. Polymer Testing, 27 (2008) 893–900.

[185] Döpping, K., Ermittlung der Schädigungsmechanismen und -kinetik von glasfaserverstärkten Polyolefinwerkstoffen unter Verwendung hybrider Methoden der Werkstoffprüfung. Diplomarbeit. Martin-Luther-Universität Halle-Wittenberg, 2008.

[186] Cantwell, W. J., Roulin-Moloney, A. C., Fractography and failure mechanisms of unfilled and particulate filled epoxy resins. In: Roulin-Moloney, A.C. (Hrsg.), Fractography and Failure Mechanisms of Polymers and Composites. Elsevier Science, 1989, 233–290.

[187] Schoßig, M., Zankel, A., Bierögel, C., Pölt, P., Grellmann, W., ESEM investigations for assessment of damage kinetics of short glass fibre reinforced thermoplastics – Results of *in situ* tensile tests coupled with acoustic emission analysis. Composites Science and Technology, (2010) submitted.

[188] Schoßig, M., Zankel, A., Bierögel, C., Pölt, P., Grellmann, W., ESEM investigations for assessment of damage kinetics of short glass fibre reinforced thermoplastics – Correlations between frequency ranges and damage mechanisms with the help of wavelet transform. Composites Science and Technology, (2010) submitted.

[189] Grellmann, W., Seidler, S., Michel, B., Will, P., Analysis of fracture behaviour of fibre reinforced polypropylene. Conference Proceedings: 8th European Conference on Fracture, Turin, 1990, 213–217.

Anhang

GLEICHUNGEN

$$z = \frac{\bar{x} - \bar{y}}{\sqrt{\frac{\sigma_x^2}{n} + \frac{\sigma_y^2}{n}}}$$

Gl. A.1

... $\bar{x}$ und $\bar{y}$ die Mittelwerte der zu prüfenden $J_{\text{id}}^{\text{ST}}$-Werte
... $\sigma_{x/y}$ die Standardabweichung
... n die Anzahl der Messwerte

$|z| > z_\alpha$ mit $z_\alpha = 1{,}96$ für $\alpha = 0{,}05$

Gl. A.2

$$K_{\text{Si}} = \frac{F_\text{S} \cdot s}{B \cdot W^{3/2}} \cdot f\left(\frac{a}{W}\right)$$

Gl. A.3

$$\delta_{\text{Si}} = \frac{1}{4} \cdot (W - a) \cdot \frac{4 \cdot f_\text{s}}{s}$$

Gl. A.4

$$J_{\text{Si}} = \eta_{\text{el}} \cdot \frac{A_\text{S}}{B \cdot (W - a)}$$

Gl. A.5

TABELLEN

Tabelle A.1: Kugeldruckhärte und aufgebrachte Prüfkräfte F_m für die glasfaserverstärkten Werkstoffe

Matrixwerkstoff	Glasfasergehalt φ_V (-)	HB (N/mm²)	SA	F_m (N)
PP	0	80	1,1	358
	0,039	87	1,7	358
	0,083	97	1,0	358
	0,135	100	1,4	358
	0,193	109	1,7	358
	0,264	120	2,5	358
PE-HD	0	44	0,5	132
	0,041	47	1,1	132
	0,087	58	1,4	132
	0,140	65	3,1	358
	0,201	71	5,7	358
	0,273	73	3,9	358
PB-1	0	39	1,8	132
	0,040	45	0,9	132
	0,085	52	2,2	132
	0,136	58	1,8	132
	0,196	80	6,9	358
	0,266	87	4,3	358

Tabelle A.2: Berechnete z-Werte bei einer Annahme der Irrtumswahrscheinlichkeit α von 0,05; Vergleich der PE-HD- und PB-1-Werkstoffe

Masseanteil Ψ (-)	z-Wert (-)	z_α bei $\alpha = 0{,}05$
0	5,98	
0,1	3,16	
0,2	5,15	1,96
0,3	4,34	
0,4	-2,25	
0,5	-5,39	

Tabelle A.3: Martenshärte HM, elastischer Eindringmodul E_{IT} und elastischer Anteil der Eindringarbeit η_{IT} aus der registrierenden Mikrohärtemessung für die glasfaserverstärkten Polyolefine

Matrixwerkstoff	Glasfasergehalt φ_V (-)	HM (N/mm²)	SA	$E_{IT}/(1-v_s^2)$ (GPa)	SA	η_{IT} (-)
PP	0	83,6	3,8	1,89	0,11	0,44
	0,039	92,5	1,8	2,24	0,04	0,42
	0,083	98,2	2,2	2,31	0,14	0,43
	0,135	114,6	4,4	2,80	0,15	0,41
	0,193	130,9	5,5	3,45	0,35	0,37
	0,264	154,4	7,0	4,45	0,19	0,33
PE-HD	0	55,2	0,9	1,84	0,03	0,30
	0,041	60,2	2,4	2,04	0,03	0,30
	0,087	67,1	2,0	2,31	0,12	0,29
	0,140	75,8	1,9	2,77	0,11	0,27
	0,201	81,7	4,5	2,90	0,08	0,28
	0,273	95,0	2,1	3,41	0,07	0,28
PB-1	0	60,2	0,3	1,13	0,01	0,57
	0,040	54,9	2,2	1,06	0,05	0,53
	0,085	61,4	3,4	1,25	0,06	0,51
	0,136	66,5	2,4	1,39	0,04	0,50
	0,196	76,9	3,5	1,67	0,10	0,48
	0,266	95,8	4,0	2,25	0,09	0,43

Anhang

Tabelle A.4: Berechnete z-Werte bei einer Annahme der Irrtumswahrscheinlichkeit α von 0,05

Matrixwerkstoff	Glasfasergehalt φ_V (-)	J_{Id}^{ST} (N/mm)	σ (-)	z (-)	z_α bei $\alpha = 0{,}05$
PB-1	0	7,5	1,0	-	1,96
	0,040	7,4	0,4	0,86	
	0,085	8,4	0,4	-7,76	
	0,136	8,4	0,5	-7,2	
	0,196	8,1	1,4	-2,03	
	0,266	6,8	0,7	4,70	

Tabelle A.5: Berechnete und gemessene Anzahl der reflektierten Spannungswellen für die PP/GF- und PB-1/GF-Verbunde

Werkstoff	Geschwindigkeit der elastischen Spannungswelle c (m/s)	Traversengeschwindigkeit v_T (m/s)	berechnete Anzahl reflektierter Spannungswellen N (-)	gemessene Anzahl reflektierter Spannungswellen N (-)
PP	1396	20	4,4	4,8 ± 1,9
PP/20	2183		3,5	1,3 ± 0,2
PP/30	2465		3,6	1,3 ± 0,2
PP/40	2688		3,6	1,2 ± 0,2
PP	1396	10	8,8	18,8 ± 4,2
PP/20	2183		7,0	4,1 ± 0,6
PP/30	2465		7,2	4,8 ± 0,8
PP/40	2688		7,3	4,0 ± 0,4
PP	1396	5	17,7	nicht bestimmbar
PP/20	2183		14,0	nicht bestimmbar
PP/30	2465		14,3	10,3 ± 0,6
PP/40	2688		14,5	9,9 ± 0,6
PB-1	841	20	8,5	8,4 ± 1,5
PB-1/20	1665		3,2	1,3 ± 0,2
PB-1/30	1966		3,3	1,4 ± 0,1
PB-1/40	2205		3,3	1,3 ± 0,2
PB-1	841	10	17,0	21,4 ± 4,3
PB-1/20	1665		6,3	4,9 ± 0,6
PB-1/30	1966		6,7	4,3 ± 0,8
PB-1/40	2205		6,6	3,9 ± 0,4
PB-1	841	5	33,9	nicht bestimmbar
PB-1/20	1665		12,7	13,0 ± 0,1
PB-1/30	1966		13,4	12,5 ± 1,1
PB-1/40	2205		13,2	12,9 ± 2,5

Tabelle A.6: Werkstoffkonstanten für die Anpassung des modifizierten G'SELL-JONAS-Modells

Material-konstanten	unverstärktes PP		verstärktes PP		unverstärktes PB-1		verstärktes PB-1		Literaturwerte		
	$< 20\ s^{-1}$	$> 20\ s^{-1}$	$< 20\ s^{-1}$	$> 20\ s^{-1}$	$< 20\ s^{-1}$	$> 20\ s^{-1}$	$< 20\ s^{-1}$	$> 20\ s^{-1}$	[116]	[118]	[119]
m	0,03	0,15	0,045	0,15	0,03	0,14	0,045	0,20	0,075	0,01	0,046
w	2,62	1,55	2,79	1,8	1,13	0,72	1,77	0,91	40	10	-
h	170	184	1750	1800	8	8.5	1500	1600	0,41	0.80	0,90
a	400	400	400	400	400	400	400	400	-	870	774

Tabelle A.7: Mittelwert der Frequenz des maximalen Peaks des Bleistiftminenbruchs

	Frequenz (kHz)	z_α bei $\alpha = 0,05$	z (-)	Entscheidung $z_\alpha > |z|$
Sensor 1	121 / 5,17	2,575	2,525	Ja
Sensor 2	127 / 0,44		2,525	Ja

Tabelle A.8: Verlängerung und Zeiten der Bereichseinteilung für die PP-Werkstoffe

Werkstoff	l_B (mm)	Δl_I (mm)	Δl_{II} (mm)	Δl_{III} (mm)	t_B (s)	Δt_I (s)	Δt_{II} (s)	Δt_{III} (s)
PP/10	1,40	0,70	0,50	0,20	8,0	4,0	2,8	1,2
PP/20	1,20	0,70	0,30	0,20	6,9	4,0	1,8	1,1
PP/30	0,80	0,40	0,20	0,20	6,3	3,2	1,6	1,5
PP/40	0,79	0,35	0,25	0,19	5,0	2,8	1,7	0,5
PP/50	0,58	0,30	0,20	0,08	4,4	2,2	1,5	0,7

Tabelle A.9: Verlängerung und Zeiten der Bereichseinteilung für die PE-HD-Werkstoffe

Werkstoff	l_B (mm)	Δl_I (mm)	Δl_{II} (mm)	t_B (s)	Δt_I (s)	Δt_{II} (s)
PE-HD/10	1,21	0,80	0,40	7,1	4,8	2,3
PE-HD/20	0,91	0,65	0,26	5,5	4,0	1,5
PE-HD/30	0,91	0,80	0,11	4,6	4,1	0,5
PE-HD/40	0,72	0,58	0,14	3,7	3,0	0,7
PE-HD/50	0,52	0,4	0,12	3,2	2,5	0,7

Anhang

Tabelle A.10: Verlängerung und Zeiten der Bereichseinteilung für die PB-1-Werkstoffe

Werkstoff	l_B (mm)	Δl_I (mm)	Δl_{II} (mm)	Δl_{III} (mm)	t_B (s)	Δt_I (s)	Δt_{II} (s)	Δt_{III} (s)
PB-1/10	1,65	0,60	0,60	0,45	11,0	4,00	4,00	3,0
PB-1/20	1,50	0,80	0,40	0,30	8,0	4,25	2,15	1,6
PB-1/30	1,30	0,50	0,40	0,40	6,9	2,50	2,50	1,9
PB-1/40	0,88	0,38	0,30	0,20	5,8	2,50	2,20	1,1
PB-1/50	0,92	0,18	0,62	0,12	5	1,00	3,40	0,6

Tabelle A.11: Kraft F_s, Durchbiegung f_s und Energie A_s am Schädigungsbeginn für die glasfaserverstärkten Polyolefine

Matrix-werkstoff	Glasfasergehalt φ_V (-)	F_s (N)	SA	f_s (mm)	SA	A_s (Nmm)	SA
PP	0,039	106,0	24,8	0,253	0,09	10,7	9,1
	0,083	110,4	56,1	0,244	0,08	13,3	12,8
	0,135	161,2	55,2	0,275	0,08	18,3	16,2
	0,193	153,5	3,0	0,210	0,01	13,0	1,0
	0,264	216,8	46,3	0,236	0,06	22,5	11,7
PE-HD	0,041	106,3	13,3	0,302	0,06	14,4	5,3
	0,087	120,9	35,6	0,247	0,09	14,8	12,3
	0,140	167,9	29,0	0,311	0,05	24,8	9,0
	0,201	157,6	15,2	0,222	0,04	16,5	5,7
	0,273	160,6	9,1	0,205	0,02	15,0	0,8
PB-1	0,040	89,5	22,7	0,504	0,13	20,0	10,1
	0,085	121,2	57,8	0,520	0,18	31,8	25,2
	0,136	124,9	53,9	0,320	0,14	21,5	15,9
	0,196	164,2	55,8	0,356	0,09	28,5	17,0
	0,266	204,2	61,2	0,318	0,12	29,5	19,1

Bilder

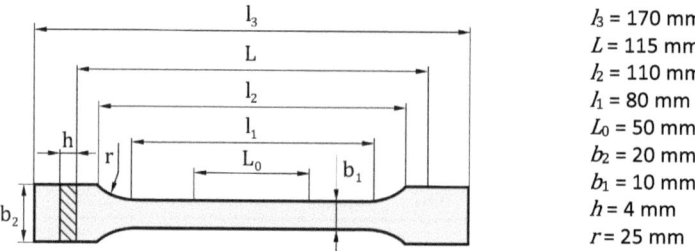

$l_3 = 170$ mm
$L = 115$ mm
$l_2 = 110$ mm
$l_1 = 80$ mm
$L_0 = 50$ mm
$b_2 = 20$ mm
$b_1 = 10$ mm
$h = 4$ mm
$r = 25$ mm

Bild A.1: Prüfkörperabmessungen des Vielzweckprüfkörpers Typ-1A nach DIN EN ISO 527-2 [1]

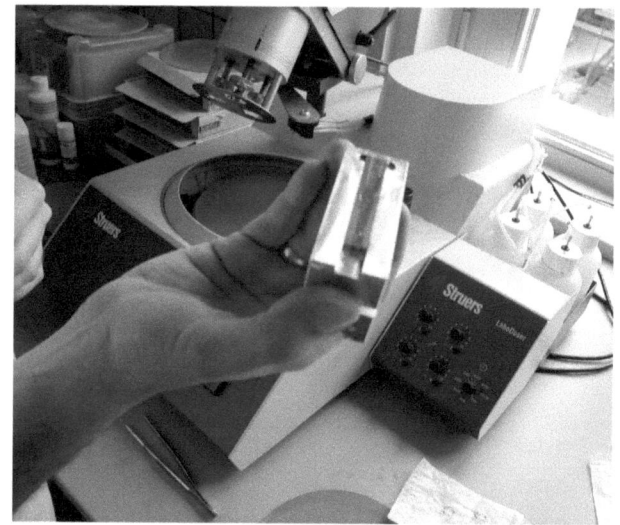

Bild A.2: Aluminiumquader für die Polierung von Prüfkörpern

Anhang

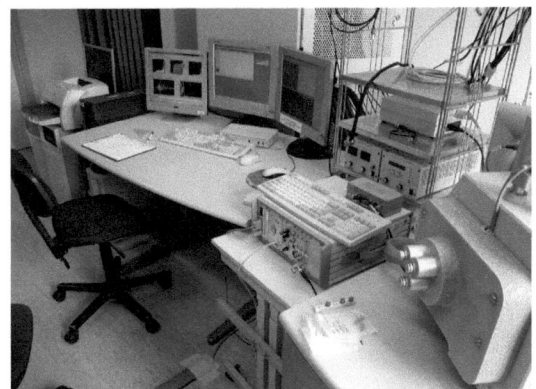

Bild A.3: Messplatz für den *in-situ* Zugversuch mit simultaner Aufzeichnung der Schallemissionen

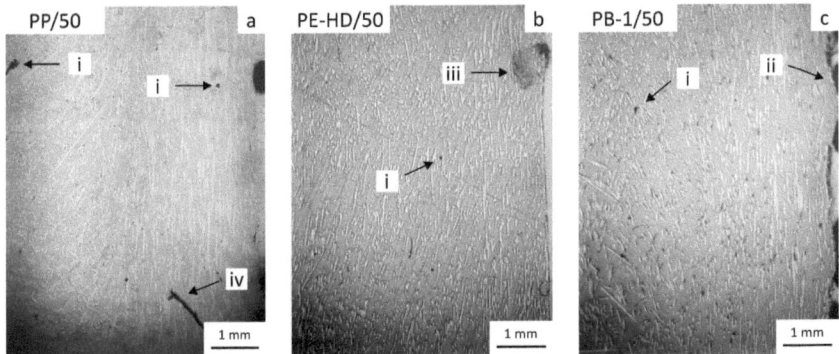

i – herstellungsbedingte Löcher, ii – lokales Aufschmelzen, iii – Schmutz, iv – Emulsionsrückstände

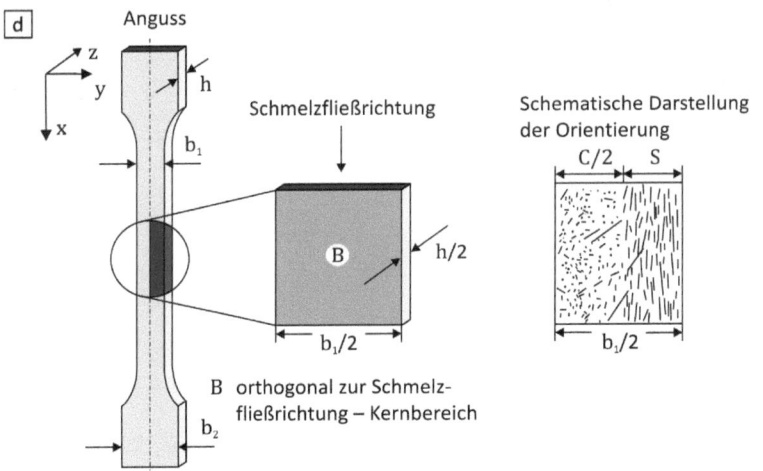

Bild A.4: Lichtmikroskopische Aufnahmen vom Kernbereich für PP/50 (a), PE-HD/50 (b) und PB-1/50 (c) der polierten Proben sowie eine schematische Darstellung der Ausbildung der Orientierung (d)

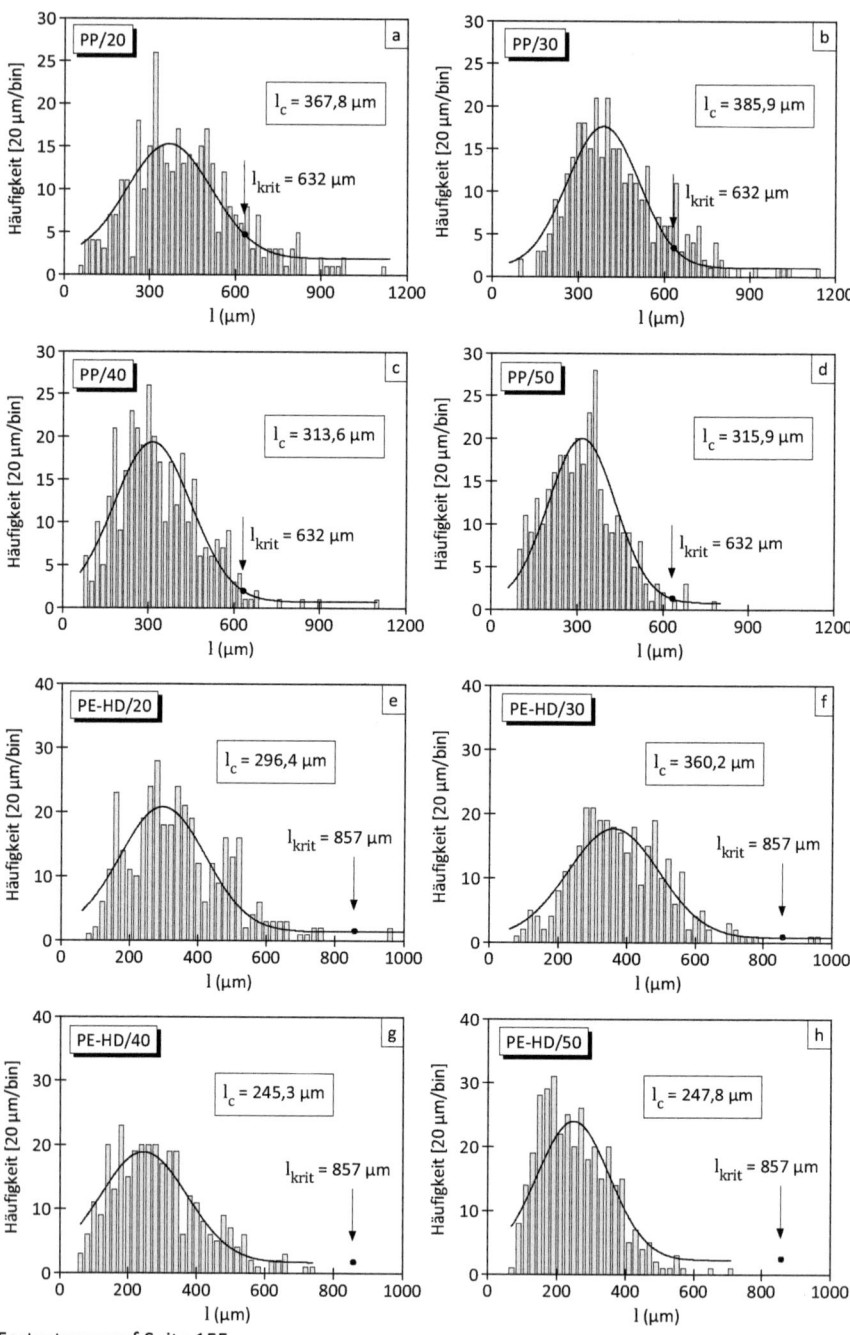

Fortsetzung auf Seite 155

Anhang

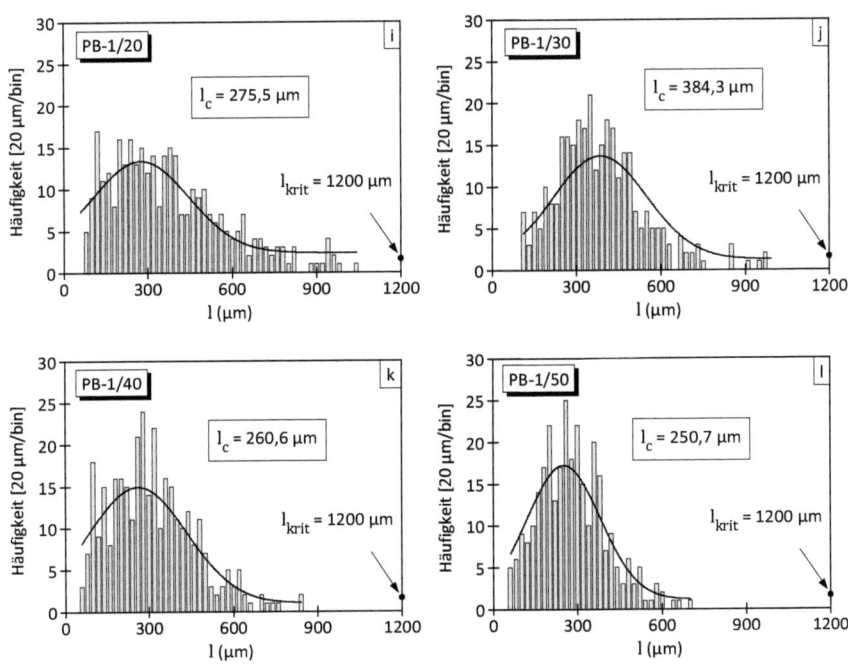

Bild A.5: Darstellung der Häufigkeitsverteilung der Glasfaserlängen *l* und der Gauß-Funktionen für das PP- (a–d), PE-HD- (e–h) und PB-1-Werkstoffsystem (i–l)

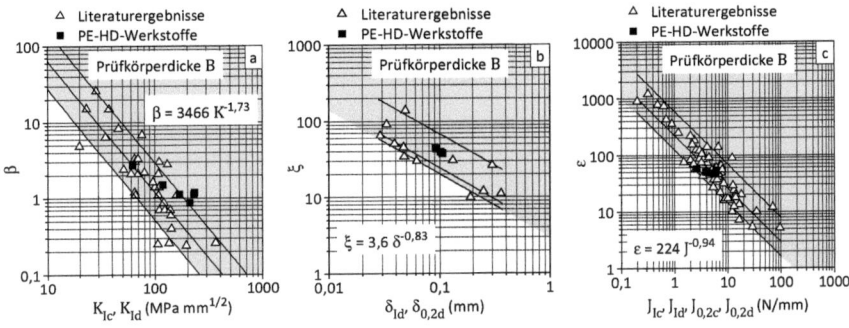

Bild A.6: Geometrieunabhängigkeit der bruchmechanischen Kennwerte von der Prüfkörperdicke B für die Geometriefaktoren β, ε und ξ der untersuchten PE-HD-Werkstoffe; Literaturwerte von [162] übernommen

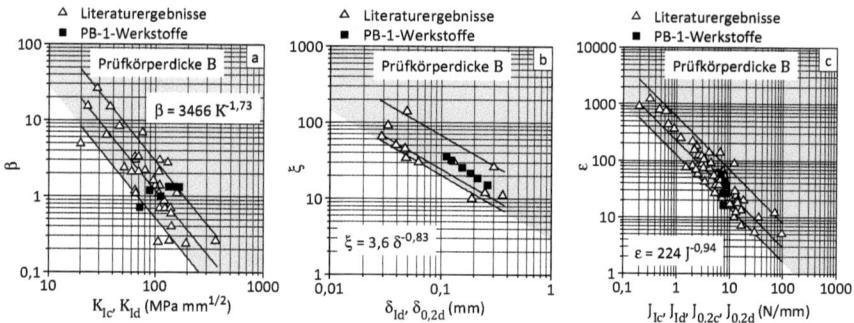

Bild A.7: Überprüfung der Geometrieunabhängigkeit der bruchmechanischen Kennwerte von der Prüfkörperdicke B für das PB-1-Werkstoffsystem durch die Ermittlung der Proportionalitätskonstanten β, ε und ξ, Literaturwerte entnommen von [162]

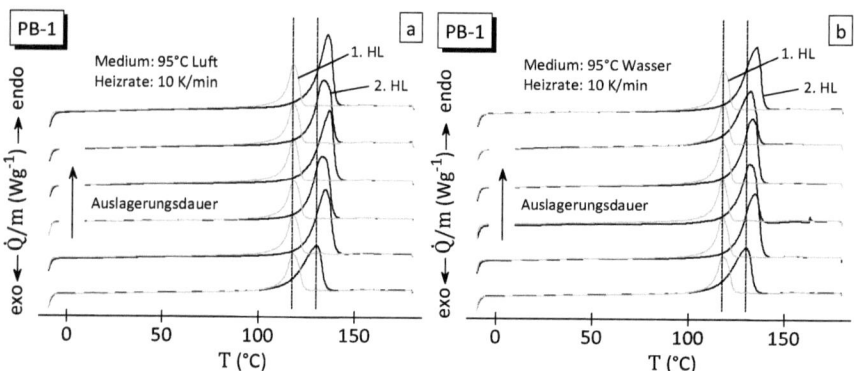

Bild A.8: DSC-Kurven von PB-1 nach erfolgter Auslagerung in Luft (a) und Wasser (b) bei 95°C

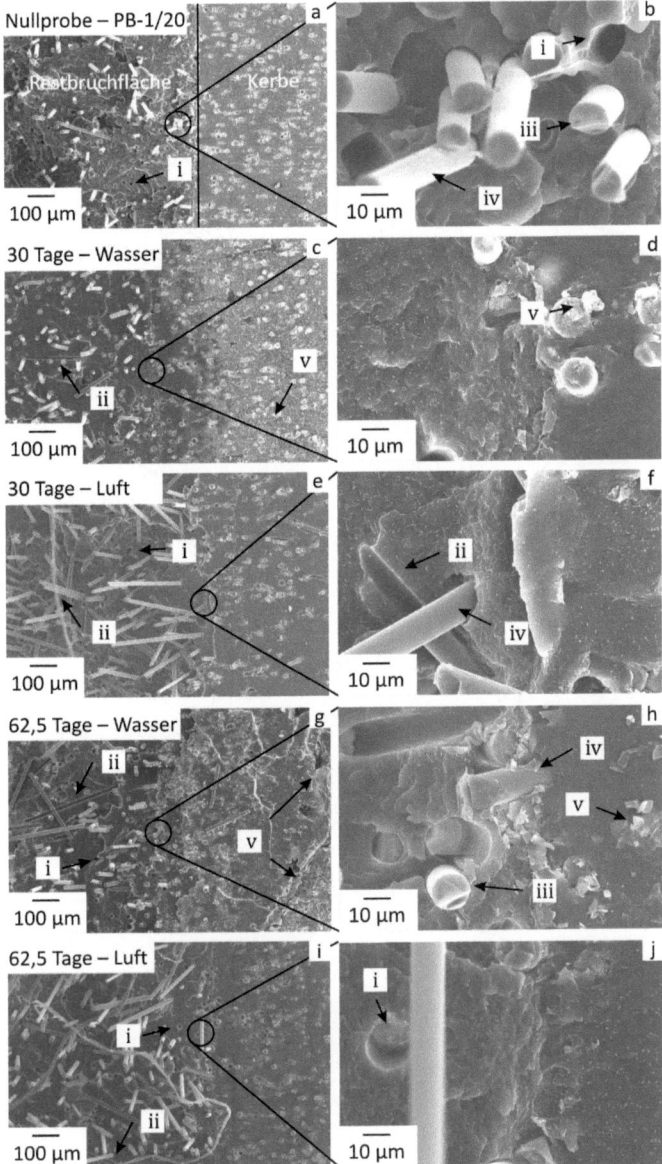

Bild A.9: REM-Aufnahmen der Bruchflächen von PB-1/20 nach erfolgter Auslagerung in Luft und Wasser bei 95 °C; i – Lochbildung infolge herausgezogener Glasfasern, ii – Abdruck einer herausgezogenen Faser, iii – Glasfaserbuch, iv – nicht mit Matrixmaterial benetzte Faser, v – Ablagerungen durch die Auslagerung in mineralisierten Wasser

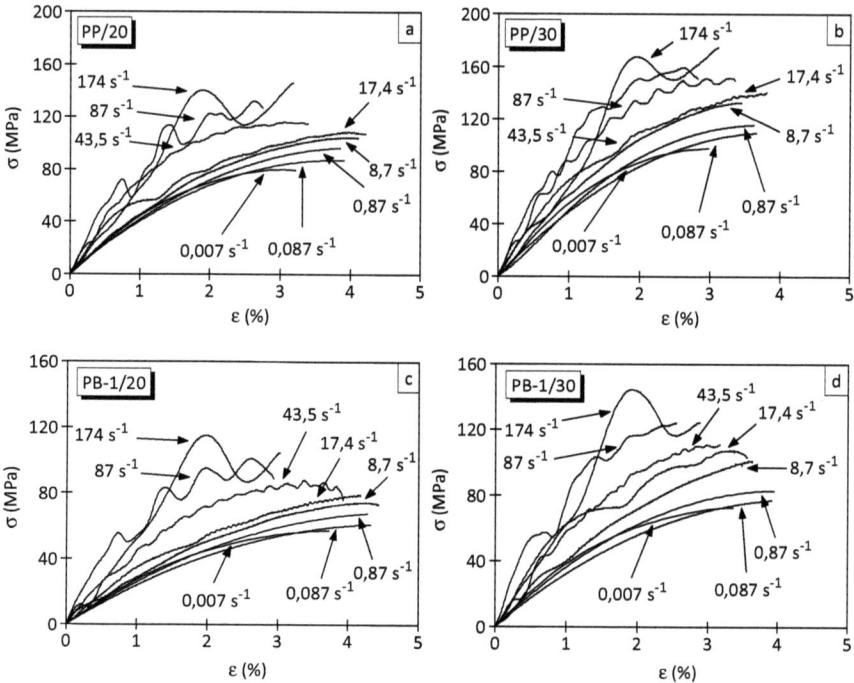

Bild A.10: Spannungs-Dehnungs-Diagramme für PP/20 (a), PP/30 (b), PB-1/20 (c) und PB-1/30 (d) in Abhängigkeit von der Dehnrate [184]

Anhang

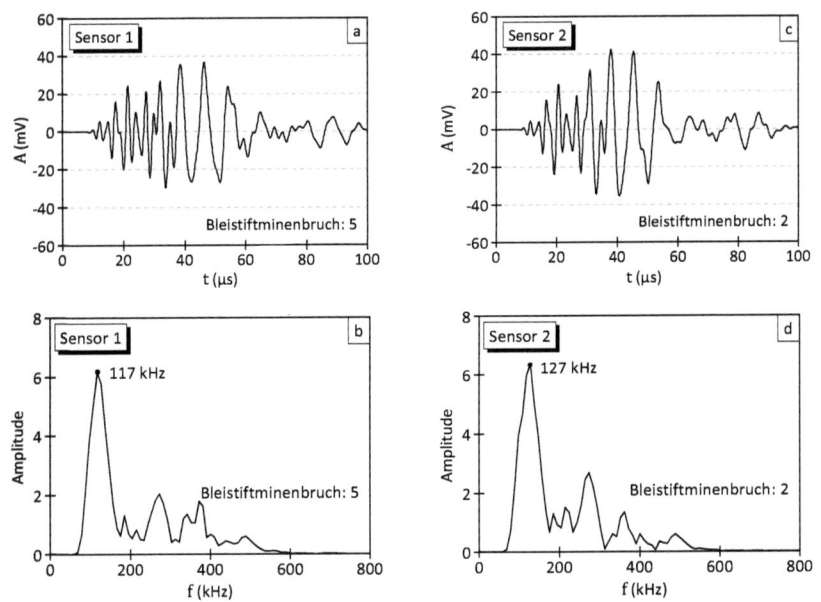

Bild A.11: Aufgezeichnete transiente Signale sowie das Ergebnis der Fouriertransformation für ausgewählte Bleistiftminenbrüche für den Sensor 1 (a–b) und Sensor 2 (c–d)

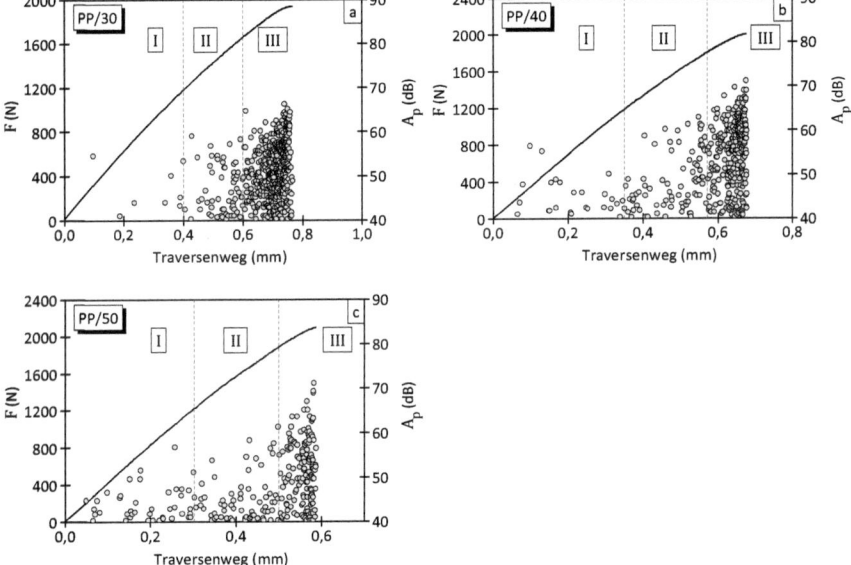

Bild A.12: Darstellung der Verteilungsfunktionen der Amplitudenwerte A_p für PP/30 (a), PP/40 (b) und PP/50 (c) im Zugversuch

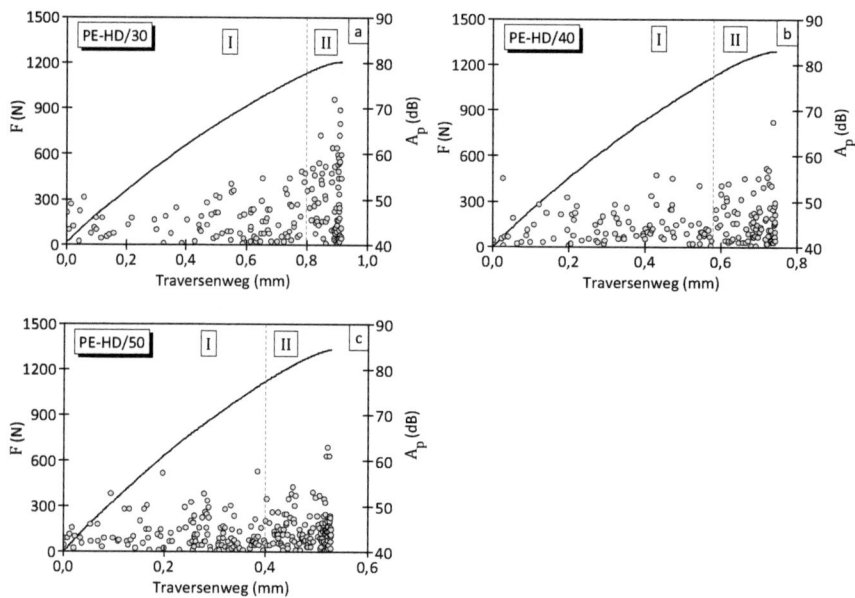

Bild A.13: Darstellung der Verteilungsfunktionen der Amplitudenwerte A_p für PE-HD/30 (a), PE-HD/40 (b) und PE-HD/50 (c)

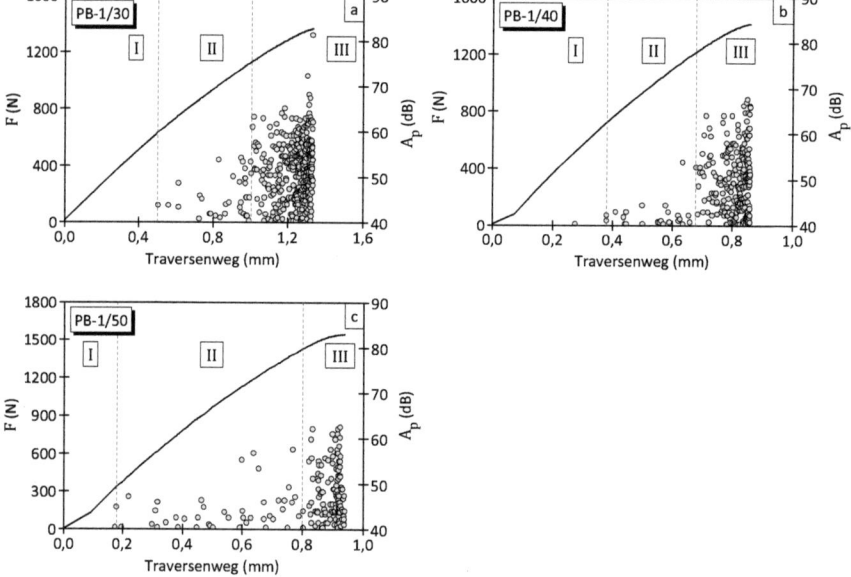

Bild A.14: Darstellung der Verteilungsfunktionen der Amplitudenwerte A_p für PB-1/30 (a), PB-1/40 (b) und PB-1/50 (c)

Anhang

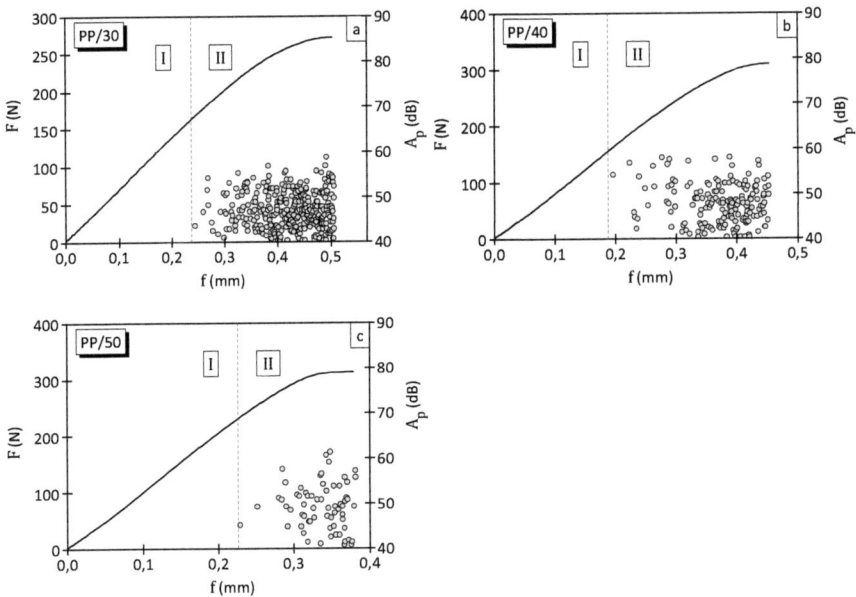

Bild A.15: Funktionaler Zusammenhang zwischen der Kraft F, den Amplitudenwerten A_p und der Durchbiegung f für PP/30 (a), PP/40 (b) und PP/50 (c)

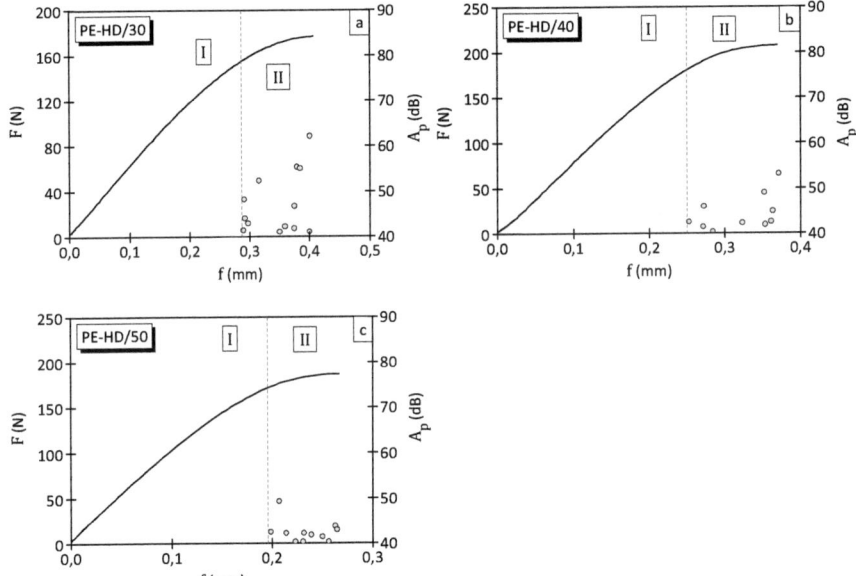

Bild A.16: Funktionaler Zusammenhang zwischen der Kraft F, den Amplitudenwerten A_p und der Durchbiegung f für PE-HD/30 (a), PE-HD/40 (b) und PE-HD/50 (c)

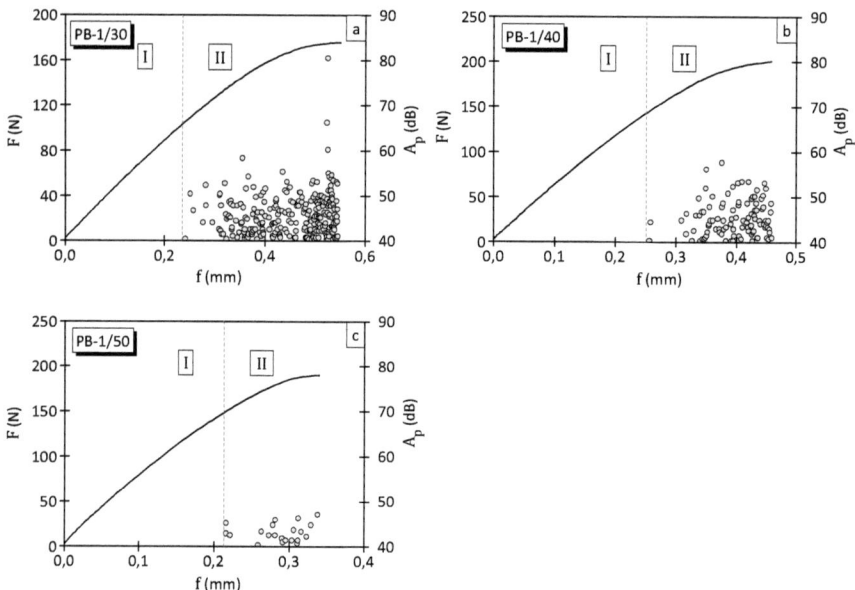

Bild A.17: Funktionaler Zusammenhang zwischen der Kraft F, den Amplitudenwerten A_p und der Durchbiegung f für PB-1/30 (a), PB-1/40 (b) und PB-1/50 (c)

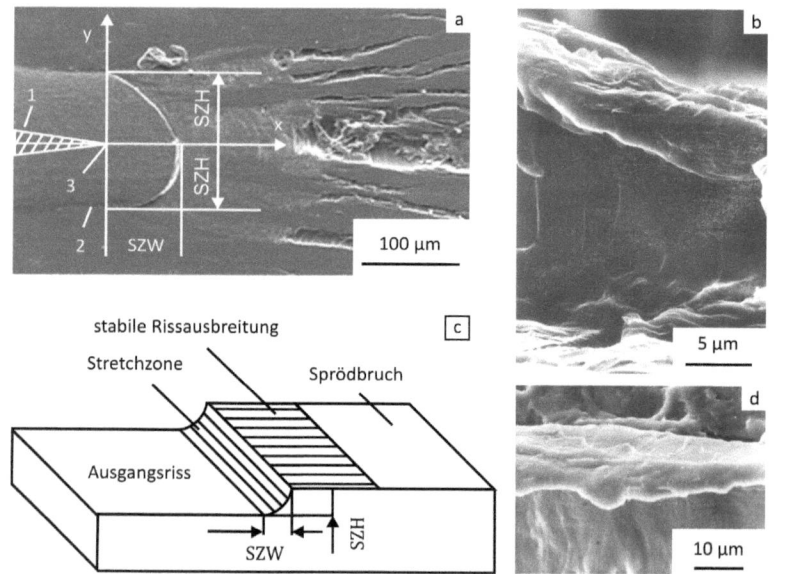

Bild A.18: Ausbildung der Stretchzone vor der Rissspitze: Verformung der Rissspitze während der Belastung (1 – vor der Belastung, 2 – nach der Belastung, 3 – ursprüngliche Rissspitze) (a), REM-Aufnahme der Stretchzonenhöhe von PP (b), schematische Darstellung einer Bruchfläche (c) und REM-Aufnahme der Stretchzonenweite von PP (d) [15]

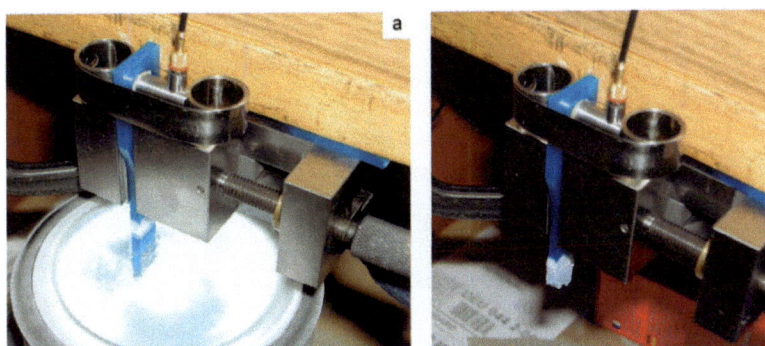

Bild A.19: Kryobruch des glasfaserverstärkten PP/20 mit einseitiger Kühlung der Prüfkörper und appliziertem akustischen Sensor (a) sowie Darstellung des Prüfkörpers nach Versuchsende (b)

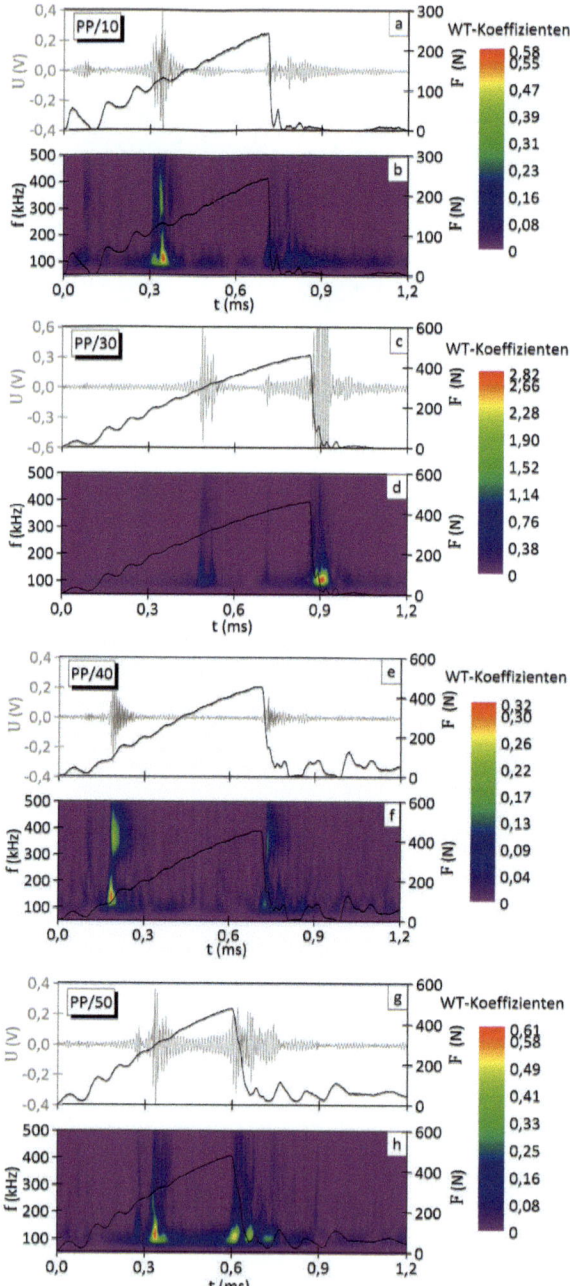

Bild A.20: *F-t*-Diagramme und Schallemissionscharakteristik für PP/10 (a–b), PP/30 (c–d), PP/40 (e–f) und PP/50 (g–h)

Anhang

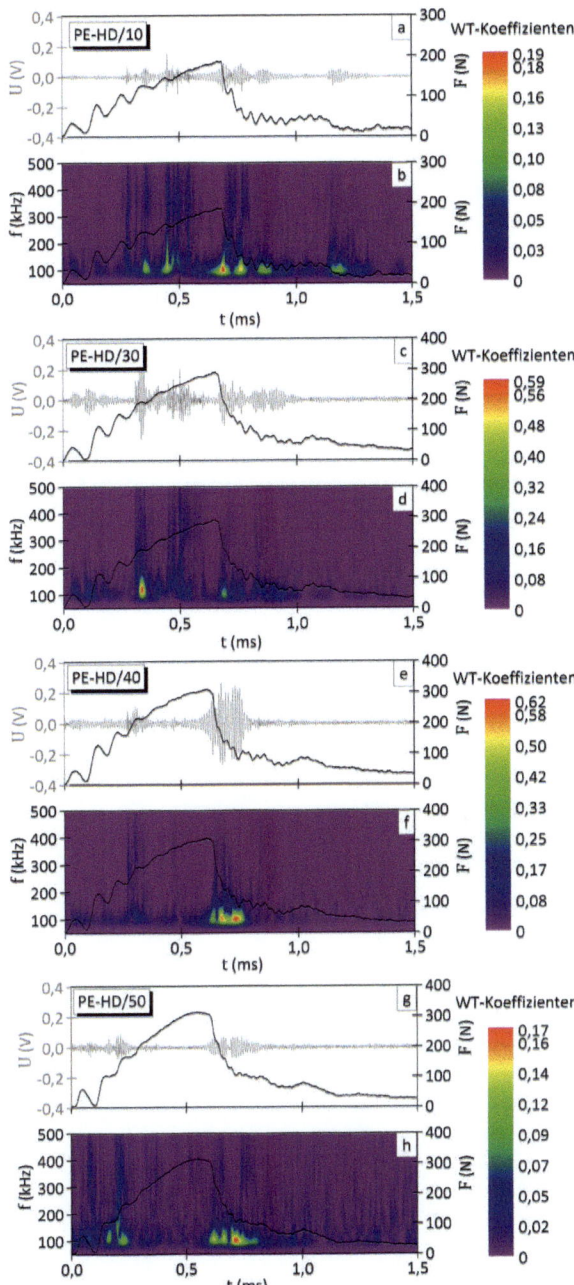

Bild A.21: *F-t*-Diagramme und Schallemissionscharakteristik für PE-HD/10 (a–b), PE-HD/30 (c–d), PE-HD/40 (e–f) und PE-HD/50 (g–h)

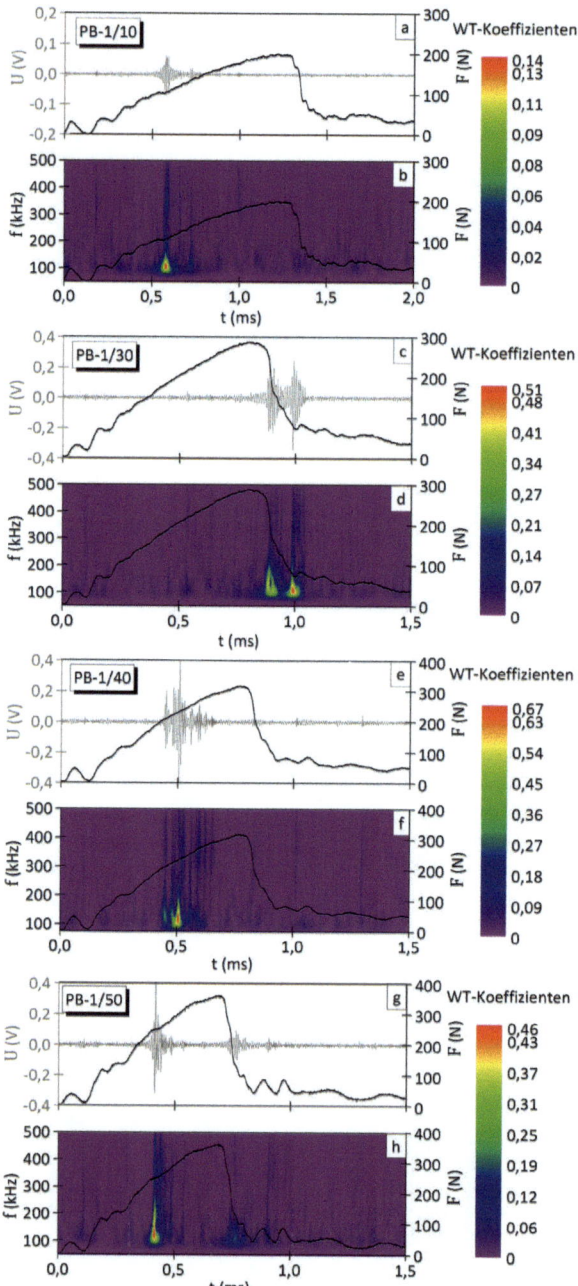

Bild A.22: F-t-Diagramme und Schallemissionscharakteristik für PB-1/10 (a–b), PB-1/30 (c–d), PB-1/40 (e–f) und PB-1/50 (g–h)

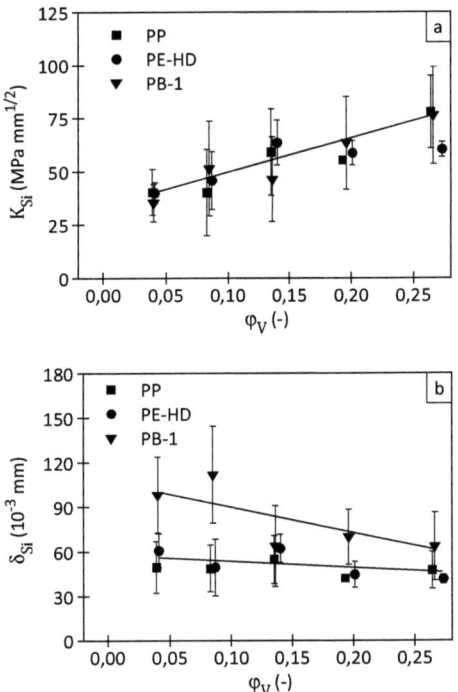

Bild A.23: K_{Si}- (a) und δ_{Si}-Werte (b) der Werkstoffsysteme in Abhängigkeit vom Glasfaservolumengehalt

MIX
Papier aus verantwortungsvollen Quellen
Paper from responsible sources
FSC® C105338

If you have any concerns about our products,
you can contact us on
ProductSafety@springernature.com
In case Publisher is established outside the EU,
the EU authorized representative is:
**Springer Nature Customer Service Center GmbH
Europaplatz 3, 69115 Heidelberg, Germany**

Printed by Libri Plureos GmbH
in Hamburg, Germany